攪乱が再生する豊かな大地

景観の生態史観

森本幸裕 編

京都通信社

古代の山城原野の原植生の面影をいまに残す下鴨神社「糺の森」

はじめに

　「景観」も「生態」も近頃、流行している。
　まず、「景観」の方だが、京都市では新・景観条例ができたし、優れた文化的な景観も世界遺産にも登録されるようになって、伝統的な美しい景観の継承が図られるようになってきた。一方「生態」の方も、地球環境と生物多様性の危機が知れわたるようになって、生物の絶滅をなんとかしなければとの理解もずいぶん進んできたのは嬉しい。生物共生の世界を目指すことは、国際条約や国の基本法でも定められるようになったのである。
　とはいっても、美しい景観や生物多様性を守る動きはまだほんのささやかなものだ。だから、子供や孫の世代のアカトンボよりも、ついつい目先の利便性を優先しがちな現実の地球社会では、生物多様性の損失の程度が、もう地球の安全運転の限界を超えたともいわれる。人類の科学も技術も経済も年々「発展」しているはずなのに、なぜ生物多様性の危機は深化するばかりなのだろうか。
　考えてみると、守るのが人間なら壊すのも人間。それが別の人間だから問題が深刻になる。なら統合すればいいのだが、学術の世界も実業の世界と同様に、「選択と集中」で論文を稼ぐのが出世に効果的であることが足かせだ。そこで、本書はそうした課題を克服する鍵をふたつ意図している。
　ひとつは、「景観」と「生態」を身近なレベルから地球レベルまで、人間の営みとともに統合すること。国交省と農水省と環境省を文化庁が統合するようなものとでもいおうか。カエルの生態の専門家でありながら水文学や農村計画や環境経済学の専門家であることは難しいが、これを総体として取り組もうというのが「景観生態学」の醍醐味である。私の研究室に来た若者らが、多様な興味と特技をもって、こうした研究に一緒に取り組んでくれた。本書の分担執筆はもちろん、編集にも参加してくれた。
　もうひとつは、既に縦割り行政や分化した専門学術に入り込みかけている大学院レベルの人だけでなく、いやむしろ社会の様々な分野で今後活躍する高校生に「景観生態学」の見方を身につけてもらうことだ。
　その見方とは、「景観」も「生態」もエネルギーや物質の流れや攪乱、つまりプロセスがあることが生きている証拠であること。すばらしい景観も、

絶滅危惧種も単に立ち入り禁止で「保護」することでは守れないということだ。洪水や山火事などの攪乱は、短期的に見ると災いであっても、もうひとつ大きなレベルの空間と時間のスケールから見ると、次世代の再生を促す活力でもあるわけだ。

この攪乱には、自然に発生するものもあるし、庭園の剪定や農耕は人為的な攪乱と捉えることができる。景観はそうした大陸移動のような超長期の大きな動きから、日々の気象やチョウの羽ばたきのような小さな動きまでが重層的に折り重なって形成されていると見ることができる。やや大げさな書名『景観の生態史観』に込めた意味はそのようなところにある。

このような見方でもって、都市、農山村、さらに海外のフィールドで、私の研究室に来た若者らと共同研究を展開した成果が本書である。彼らと、京都通信社の井田典子さんを含めた編集会議の結果、少しは整理して、つぎのような構成をもつことになった。

第1章……総論：攪乱と再生という景観生態学の見方の紹介
第2章……基盤条件としての攪乱：生息環境の多様性が、生物多様性の基盤
第3章……自然攪乱への文化的適応：結果としての美しい里地里山と生物多様性
第4章……人為攪乱の最適化：都市化の生物多様性に及ぼす影響を中心に
第5章……都市での自然再生：その可能性と限界
第6章……震災復興：震災の景観生態学的見方と復興の方向性

このほかに、この分野に興味をもってもらうための景観生態学のキーワードなどのコラム記事もちりばめた。体系的ではない代わりに、それぞれ独立して充実した内容なので、気がむいたところから読んでほしい。

人間が生活するうえで避けられない開発と、生活の基盤でもある生物多様性の保全・再生のトレードオフに、どう折り合いをつけるのか。『景観の生態史観』でその手掛かりとなる原理を探り、多岐にわたる現場での解を考えるのに役だててほしい。

森本 幸裕　（京都大学名誉教授）

もくじ

はじめに .... 森本幸裕 ... 2

第1章　日本の自然はモザイク模様 9

- 1-01　攪乱プロセスが生みだすハビタットの多様性と資源 .... 森本幸裕 ... 10
- 1-02　千年の都の攪乱と再生の景観生態学 .... 森本幸裕 ... 16
- 1-03　温暖化したら、植物たちは…… .... 堀川真弘 ... 20
- 1-04　あなたは自然にいくら払いますか .... 浅野耕太 ... 24

第2章　ほどほどに「乱される」ことでつながる命 29

- 2-01　「田んぼ」は、ほんものの自然じゃない？ .... 夏原由博 ... 30
- 2-02　農作業の攪乱を巧みに利用する生きものたち .... 夏原由博 ... 34
- 2-03　湿地としての田んぼの価値 .... 夏原由博 ... 37
- 2-04　マガンの越冬地、フナの産卵場所にもなる田んぼ .... 夏原由博 ... 41
- 2-05　ダルマガエルの棲む水田 .... 内藤梨沙 ... 46
- 2-06　ハス田と人の手が守った生物多様性 .... 鎌田磨人 ... 50
- 2-07　勢力を拡大するツルヨシは劣化する河川環境の象徴か？ ...... 丹羽英之 ... 54
- 2-08　連続的に変化する川を捉える .... 丹羽英之 ... 58
- 2-09　イリ川のデルタ湿地帯は、なぜ塩害を免れているのか .... 守村敦郎 ... 62
- 2-10　淀川のシンボルフィッシュの復活にかける .... 柳原季明 ... 66
- 2-11　モリアオガエルはどこにいる？ .... 伊勢 紀 ... 70
- 2-12　台風で破壊された森はどう再生されるべきか .... 森本淳子 ... 76
- 2-13　保護が招く自然のツツジ群落の衰退 .... 森本淳子 ... 80
- 2-14　「安定が大敵」の砂浜の植物 .... 笹木義雄 ... 86
- 2-15　ウロは哺乳類、鳥類の貴重なハビタット .... 橋本啓史 ... 90
- 2-16　糺の森の植生の変遷――アラカシの脅威 .... 田端敬三 ... 92

第3章 「災い」を「恵み」にかえる賢い適応 ………………… 95
- 3-01 湖西の里山景観が現代に贈るメッセージ………………… 堀内美緒 … 96
- 3-02 豪雪地帯に暮らす里山の知恵 ……………………………… 深町加津枝 … 100
- 3-03 「にほんの里」のイメージと現実 ………………………… 岩田悠希 … 104
- 3-04 火入れと利用が守る草原の生態系 ………………………… 高橋佳孝 … 108
- 3-05 屋敷林という景観に秘められた先人の知恵 ……………… 岩田悠希 … 112

第4章 都市化の影響と最適化のバランス ………………… 119
- 4-01 生態学の視点で都市空間をみつめると…… ………… 夏原由博＋橋本啓史 … 120
- 4-02 都市にうまく棲みついた鳥たち …………………………… 橋本啓史 … 123
- 4-03 エコロジカル・ネットワークの可能性と未来 …………… 橋本啓史 … 126
- 4-04 竹を侵略者にしてしまった日本人の後悔 ………………… 柴田昌三 … 132
- 4-05 熱帯雨林の野生動物の塩なめ場とその保全 ……………… Jason Hon … 136
- 4-06 多様性保全の方向を示唆するシダ植物と微地形の相性 … 村上健太郎 … 142
- 4-07 絵図と古文書で読み解く社寺林の秘密 …………………… 今西亜友美 … 146
- 4-08 「管理された攪乱」によって保全される日本庭園のコケ植物 … 大石善隆 … 152
- 4-09 階段を上るオオサンショウウオ …………………………… 田口勇輝 … 156
- 4-10 みんなで取り組む流域治水〈ソフト編〉 ………………… 山下三平 … 160
- 4-11 みんなで取り組む流域治水〈賢いハード編〉 …………… 山下三平 … 163

第5章　「生きもの目線」にもとづく自然再生　　167

- 5-01　都市の自然環境のグランドデザインと生物多様性　　森本幸裕 … 168
- 5-02　都市緑化技術の新しき展開に夢を託す　　森本幸裕 … 172
- 5-03　自然林を再生する人類の叡智と自然観　　千原 裕 … 178
- 5-04　自立した森「自然文化園」の挑戦　　千原 裕 … 180
- 5-05　生きものの聖域「いのちの森」の誕生　　田端敬三 … 185
- 5-06　都市公園でトリュフを見つけた！　　大藪崇司 … 187
- 5-07　生態系モニタリングにみる驚嘆すべき15年の変遷　　田端敬三 … 191
- 5-08　名古屋の自然環境インフラ──努力と成果　　加藤正嗣 … 194

第6章　震災復興　生態学からのアプローチ　　201

- 6-01　震災復興の二つの道、「要塞型」と「柳に風型」　　森本幸裕 … 202
- 6-02　東日本大震災の湿地への影響と水鳥　　須川 恒 … 206
- 6-03　用と美を兼ね備えた白砂青松の景観と大震災　　今西純一 … 210
- 6-04　復興へのシンボルとなる被災地の社叢　　糸谷正俊 … 214

執筆者の紹介 … 218
おわりにかえて
「景観生態学」のまなざしをたずさえて、いざ、フィールドへ！ … 223

コ ラ ム

生物多様性ってなに？　調査手法と評価方法

❶ フラクタル ……………………………………………………… 森本幸裕 …… 19
❷ 環境容量という指標を展開する ……………………………… 大西文秀 …… 45
❸ 標識再捕獲法 …………………………………………………… 内藤梨沙 …… 49
❹ GISは「読み書きそろばん」並みの必須ツール …………… 鎌田磨人 …… 74
❺ 宇宙や空から地上を3次元で観測するリモートセンシング … 今西純一 …… 84
❻ 安定同位体比でわかる生態系 ………………………………… 夏原由博 …… 116
❼ ICレコーダーで鳥類を調査すると…… ……………………… 藪原槙子 …… 130
❽ 野生動物調査の主役に躍りでた自動撮影カメラ …………… 塩野﨑和美 … 140
❾ スギゴケの葉につく命の露を守る …………………………… 飯田義彦 …… 150
❿ 葉っぱが光る!? 植物の健康診断の最前線 …………………… 今西純一 …… 176
⓫ ベトナム、フォン川のシジミ　伝統を明日へと繋げるために ……… 鷲谷寧子 …… 198

第 **1** 章

日本の自然は
モザイク模様

「にほんの里100選」に選ばれた奈良県明日香村。棚田や河川敷、雑木林など、多様な緑地が混在する（撮影・岩田悠希）

1-01 攪乱プロセスが生みだすハビタットの多様性と資源

森本幸裕（京都大学名誉教授）

　日本列島と周りの海の生物の多様性と生産力は、世界に誇るべきものだ。
　哺乳類でみると、大陸の中国のほうが種の総数は多いが、単位面積あたりでは日本は中国の6倍。同じ温帯の島国で面積もちかいイギリスと本州とで生息する陸生哺乳類の種をくらべても、48:58で本州のほうが多い。そのうえ、本州は39種が日本の固有種であるのに対して、イギリスに固有種はいない。
　右表に示したように、植物相も同じ緯度の地域や国とくらべてたいへん多様性に富む。この理由はなにか。それは日本列島が活発な地殻変動帯に位置していること、それに大陸と接していた地史に由来する。

多様な地盤に多様な生物

　東日本大震災をもたらした太平洋プレート、北米プレートに加えて、予期されている東海地震の原因となるフィリピン海プレート、ユーラシアプレートの4枚の活発なプレートが日本列島でせめぎあっている（図1）。それゆえ、急峻な山と小さな流域の急流の川、それに小さな平野という細やかな地形が南北に伸びる。おまけに、氷河時代のあとは海面が上がって日本海ができたことで暖流が入り込み、冬の大陸からの寒風はたっぷりと水分を含む。日本海側は、居住地としては世界一の豪雪地帯となるいっぽうで、太平洋側は空っ風が吹きつける。
　これほど多様な地質と地形と気候がみられる地域は、世界中を探しても類をみない。「箱庭」といっても言いすぎではない。
　生物の多様性の基盤に

図1　活発な4枚のプレートがせめぎあう日本列島

は生息環境(ハビタット)の多様性があり、その多様性は大地と水と空気の動きによってかたちづくられる。言いかえれば、生物多様性という「要素」の多様性はハビタットという「パターン」の多様性に対応し、その構造は地圏、水圏、気圏の「プロセス」を原動力としてかたちづくられている(図2)。

植物の属(上段)と種数		シダ植物	裸子植物	双子葉類	単子葉類	合計
日本	北緯30°-45.5°	81 401	17 39	737 2,353	275 1,064	1,110 3,857
北アメリカ東北部	北緯36.5°-48°	32 108	10 26	438 1,727	178 974	658 2,835
ニュージーランド	南緯34°-47.5°	47 164	5 20	233 1,249	115 438	400 1,871

表　日本とほぼ同緯の地域との植物相の多様性の比較 (菰田ら、2000)

地盤の動きがもたらす資源

地球では月と異なり、活発に物質が動く。だから災害も発生するが、恵みも多い。たとえば断層は震災をもたらすが、山が多くて峠越えがたいへんなわが国にできたまっすぐの断層の裂け目は、貴重な街道となっ

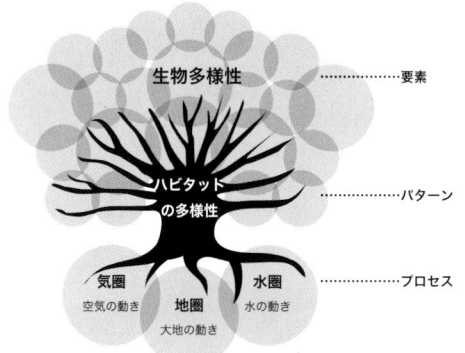

図2　生物の多様性を生み出すパターンとプロセス
地圏、水圏、気圏の「プロセス」を原動力としてかたちづくられるハビタットという「パターン」に対応し、生物多様性が育まれる

た。関西では西国街道、西高野街道、奈良の上津道、花折街道など、ほぼすべての旧街道は、なんらかの断層を利用してできた道である(18ページ、図3)。

わが国には86の活火山がある。雲仙普賢岳は、噴火の火砕流が大惨事を引き起こした。わが国の歴史的な惨事の一つである天明の大飢饉(江戸時代中期)は、浅間山やアイスランドの火山の噴火がもたらした火山灰が太陽の日射を遮ったことが原因であったと考えられている。だが、この火山灰は生産性の高い土壌の母材を供給する。東京の山手の街路樹のケヤキやサクラは、大阪とくらべてはるかに大きく育つ。大阪は岩石が風化した鉱物質土壌であるのに対し、関東はクロボクとよばれる火山灰から生成した土壌が分厚く堆積しているからだ。この軽い土壌は、空気と水分を含んだうえに地中深くまで通気性がよく、樹木の根系が深くまで伸長できるからだ。

わが国で6,800か所という地滑り地帯は、湧き水と土という資源に恵まれており、古くからその多くが棚田として利用されてきた。山は褶曲と断層で形成されることから、地滑りと浸食が絶え間なく発生し、豪雨になると急傾斜地を中心に斜面崩壊や土石流が発生する。しかし、このおかげで土壌という資源の母材が供給されることも忘れてはならない。

東北地方太平洋沖地震で被災した宮城県南三陸町の志津川河口(6-02)

巨大津波に抗して残った仙台市の海岸近くの「狐塚」の木立(6-04)

田んぼの景観と生態系は、人為的な攪乱によって維持されている(2-01)

天山山脈の雪解け水による洪水攪乱がイリ川デルタ湿地帯の塩害を防ぐ(2-09)

台風で全壊した人工林。災害は森の再生のきっかけになることも(2-12)

放牧は、野生ツツジの群落の維持に不可欠な攪乱だった(2-13)

治水優先の河川改修で攪乱の機会は減少し、生きものの姿も稀に(2-07)

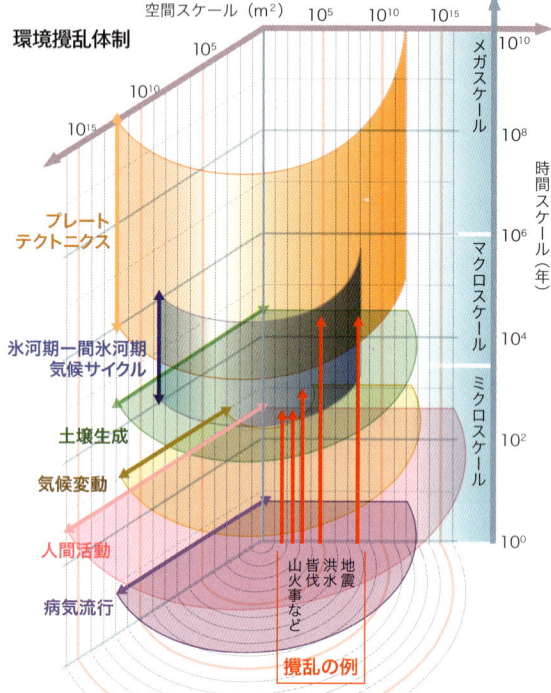

景観のパターンは、攪乱によって形成される。攪乱には地球規模で時間的にも長年月のプレートテクトニクスから、局地的で短期間のものがある。人間による攪乱は時間的に短いが、グローバルなものもある

図3 攪乱の生起するレベルと、生物の反応および、その結果としての植生パターンを観察するのに必要な空間的・時間的なスケールを表現した図

屋敷林の機能や形態、樹種は、地域の風土や暮らしのありようを映す(3-05)

火入れや刈り取り、放牧など人為的な攪乱によって維持される草原(3-04)

豪雪地帯の京都府宮津市上世屋にはブナが優占する森が拡がる(3-02)

筍畑として手入れの行き届いた竹林(左)と放置されて荒れた竹林(4-04)

地形のわずかな違いが生息地に反映するシダ植物は多様性保全の指標(4-06)

万博記念公園の「自然文化園」は「自立した森」をコンセプトに計画された(5-03)

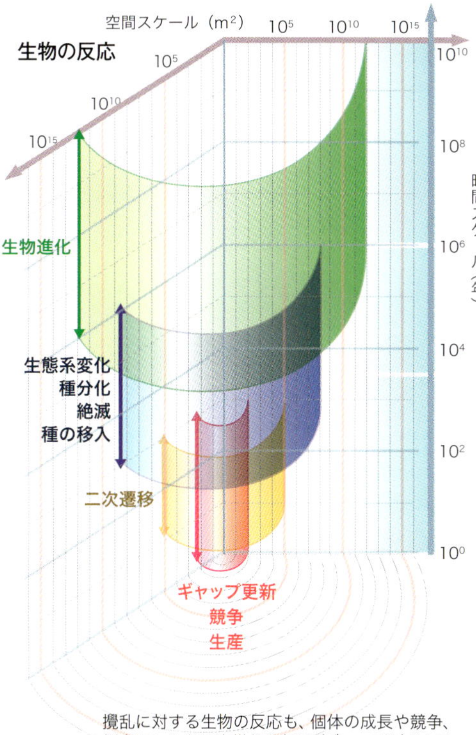

撹乱に対する生物の反応も、個体の成長や競争、倒木にともなう次世代の侵入（ギャップダイナミクス）のような小さなスケールから、プレートテクトニクスに対応した生物進化まで、階層的にみることができる

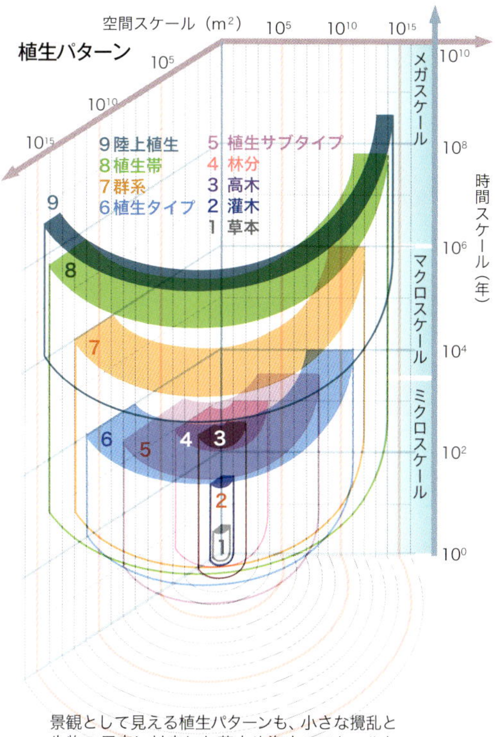

景観として見える植生パターンも、小さな撹乱と生物の反応に対応した草本や潅木のスケールから、気候帯に対応した常緑広葉樹林帯などの植生、大陸に対応した陸上植生のように、階層構造を形成している

Delcourt *et al.* (1983)をもとに作成

除草や落葉清掃など、庭園での管理された撹乱がコケ植物の保全に貢献(4-08)

人為的に設けた階段を利用して遡上するオオサンショウオ(4-09)

都心に自然を再生させた「いのちの森」のコナラ林でトリュフを発見！(5-06)

撹乱プロセスが生みだすハビタットの多様性と資源——森本幸裕

土壌は植物の培地となり、動物の住処となる。森林はこの土壌を一定保持するが、急傾斜地や深層崩壊には無力だ。空気と水からは炭素、酸素、水素が生物に供給され、土壌から植物に供給される元素は植物の必須要素である窒素、カリ、カルシウム、リン、イオウ、塩素、ホウ素、鉄、マンガン、亜鉛、銅、モリブデン、ニッケルだ。動物には、セレン、クロムなども必須だ。

大気と水の動きが生みだす資源

地圏ではゆっくりとしたマントル対流が大陸を動かし、火山活動とこれにともなう熱水の流れが各種の鉱床を形成してきた。これに対して、気圏と水圏には、おもに太陽エネルギーによって引き起こされる大気と早い流れの水がある。貴重な淡水資源は、この水の循環によってもたらされる。絶対量からみると、地球上に存在する水のわずか2.5%が淡水で、しかもその多くが氷河や深い地下水として存在していて使えない。ときに洪水氾濫も発生するが、いくら少なくても流れている循環系の水だからこそ、人間や生物が利用できるのだ。

　四大文明はすべて大河のほとりに成立した。川は毎年雨期になると氾濫し、肥沃な土と水分が供給されることで大規模な農耕（氾濫農耕）が可能になった。

生物がつくりだす環境

水や大地の動きがつくりだす生息環境に、多様な生物が生息しているが、生物はこうした地学的なプロセスがつくる環境に受動的に「適応」してきただけではない。もし、地球が無生物なら、大気組成は火星や金星と類似の炭酸ガス98％となる。さらに60気圧、表面温度240－350度という「物理化学的な平衡状態」になるはずと指摘したのは、「ガイア仮説*1」で著名なイギリスの科学者、ジェームズ・ラブロック（1919－）だ。これを現在の状態に変えた主役は最初の光合成生物、シアノバクテリアなどの生物だ。

　身近なレベルで考えると、私たちは砂漠化した土地を緑化したり、防風林を育てたり、都市に緑地をつくったりすると、気候がマイルドになることを知っている。複雑な構造の森林には多様な生物が共存していて、さまざまな大きさの樹木や草、落ち葉などの生物起源の多様な要素が、さらに多様な動植物の生息環境をつくっていることも知っている。

　いっぽう、樹木が倒れてできる明るい空間をギャップという。1本の老木が倒れてできる小さなギャップから台風などで発生する大規模な攪乱跡地ではCWD（粗大木質残骸）とよばれる倒木の幹や根株が新たな環境をつくる。それは動物や昆虫、キノコなどにとって大事な資源となり、生息環境の多様さもそ

---

*1 ガイア仮説　地球を「自己調節能力をもった一つの生命体（有機体）」とみなす考え方。

こから生みだされる。つまり、大地や空気や水の流れと攪乱で形成される生物生息環境の多様さは、生物多様性の基盤となる一方、生物自身も生息環境の多様化に貢献するとともに、環境変動に一定の緩衝作用を付与しているといえる。

自然攪乱と人為攪乱のスケールと階層構造

このような攪乱とその後の再生を整理してみよう。攪乱といっても樹木が１本倒れるような頻繁に起こる小さな規模から、大規模風倒のように希だが広範囲のものもあって、時間軸と空間軸を階層構造的に捉えることができる。

攪乱プロセスが生起するレベルと、これに対応する生物の反応、その結果としての植生のパターンの対比を描いたのが図３である。プロセスと攪乱には自然的なものだけでなく、人間の営為も含まれる。われわれの目にはいる景観のパターンは、まさに個々の攪乱に対応しているとみられる。その景観の構造と変化、その要因を読み解き、これからの対応を考えようとするのが景観生態学であり、ランドスケープ・プランニングなのである。

かつての人為攪乱は、畑や水田などの耕作や林業、漁業、放牧などの一次産業が主要なものであった。自然のストックをそのまま収穫して再生を待つ漁業に対して、管理された攪乱のあとの再生部分を収穫するのが農業と捉えることができる。つまり、ともにフロー（流れ）の一部を収穫するのだが、どちらも伝統的に規模は小さくモザイク的であった。しかし、本体のストック（生態系や生物多様性）へのインパクトが少ない段階の伝統的なものと、現代の大規模モノカルチャーとでは、かなり意味が異なる。いわゆる里山は、ストックとしては土地の多様な環境にモザイク的に攪乱（収穫）を加えつつ、遷移初期の高い生産性に依存してきたものだ。

流れは秩序や構造をもたらす原動力

大陸と海という大きな構造から、鉱物、地層、山、川、砂と泥、湖、湧水などの小さな秩序はフラクタル的（19ページ）で、部分と全体が相似していることが多い。間欠的な流れは攪乱となって、旧秩序の上に新しい秩序をつくる。生物の営みも物質とエネルギーの流れの一端を担い、非定常的な攪乱（倒木、洪水氾濫、土石流、火事などと人間による適度な収穫）で生じた新たな「空隙」は、生物多様性と生産力の再生の場となる。

だが、現代の工業化、都市化、侵略的外来種の侵入は、非可逆的に生物多様性への大きな攪乱となっていることが少なくない。生物多様性と生産力を損なわない土地利用の地球全体の計画とデザイン、それにプログラムが、景観生態学の課題である。

1-02 千年の都の攪乱と再生の景観生態学

森本幸裕（京都大学名誉教授）

> 「ゆく河の流れは絶えずして、しかも、もとの水にあらず。よどみに浮かぶうたかたは、かつ消えかつ結びて、久しくとどまりたるためしなし」。鎌倉時代の文人、鴨長明が『方丈記』の冒頭に描写したのは、景観生態学の基本概念、「シフティング・モザイク」ともいえる。生態系は定常状態ではなく、空間的なモザイク構造は時間的に変化する。しかし、全体の特徴は持続する

　千年の都、京都といえども、山々の骨格と鴨川の位置以外に平安時代の名残を見ることは難しい。現在の御苑の位置や碁盤の目の街路が秀吉の時代に再構築されたように、「攪乱」と「再生」とが幾重にも重なりあう。洪水や地震などの自然災害とともに、疫病の流行や戦乱、大火も多かった。だが、なぜか京都はそのたびに再生してきた。

プロセスとパターンの規範は「風水」

　その大きな理由の一つに、ときに災いももたらす自然環境を巧みに利用する「土地利用」がありそうだ。中国の長安（現在の西安）にならった都市計画の論理は、東アジアの歴史都市に広くみられる規範「風水」にある。山を背にして水に臨む地において、支配者は南向きの居を構える。それは長年にわたって自然の恵み「生態系サービス」を持続的に享受し、災害を避けつつ、都市を統治する知恵だ。

　景観生態学的に解釈すれば、①後背の山地と森林の保全、②扇状地、微高地の都市的利用と隣接する河川と湿地の利用が京都の都市景観の根幹だ。風水では自覚的には語られないが、大地も動く。つまり、③地殻変動帯だからこそ形成される鉱物資源の点でも、京都は奈良より恵まれていた。

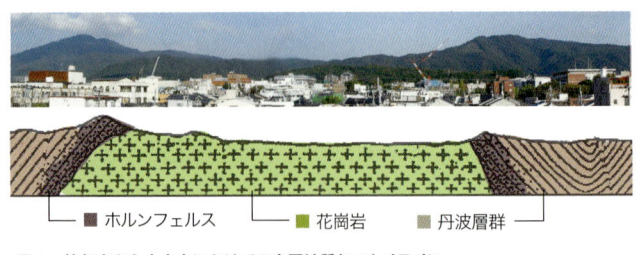

図1　比叡山から大文字にかけての表層地質とスカイライン
『京都五億年の旅』地学団体研究会京都支部（1976）をもとに作成

表層地質と地形

　比叡山から如意ヶ岳（大文字山）にかけての美しい山並み景観は、堆積岩である丹波層群のあいだに貫入した花崗岩に秘密が

ある。花崗岩は深くまで風化が進んで浸食されやすくて低くなったのだが、マグマが貫入したときの熱で周りの堆積岩が変成して固くなったホルンフェルス（固い牛の角という意味）という接触変成岩は浸食に耐える（図1）。それが美しいスカイラインを形成した。浸食された花崗岩の砂は白川砂として銀閣寺の庭の砂山、銀沙灘となった。水や炭素など、一般にいう生態系の物質循環は「速い循環」だが、はるかにゆっくりした「遅い循環」が大地の動きだ。マントル対流に乗ったプレートの動きにともなう時間スケールのたいへん長い循環も地球には存在する。これが月のように地圏の動きのない死の世界と根本的に違うところだ。

図2　現在の京都市の地区類型
『京都の景観』京都市都市計画局（2009）をもとに作成

流れる水、溜まる水

　明治期の地形図を見ると、山から出た高野川と賀茂川はすぐに伏流してしまって澪筋がほとんど見えない。この潜った水が湧水となるのが、賀茂川と高野川の合流点あたり。糺の森では御手洗社のあたりだ。また、伏見の酒造りの井戸など、盆地の湧水は、流れる川水とともに貴重な生態系の恵みだ。

　近代都市としての京都の発展は、琵琶湖の水を利用した「疏水」にはじまる。もとの風水資源に琵琶湖の水を加えて、日本初の本格的水力発電と市電の運行、水運に寄与しただけでなく、疏水の水は東山一帯の日本庭園群を中心とする風致景観を生みだす原動力となった。流れる水が多様な立地をつくる名勝庭園の美しい池には、琵琶湖で絶滅危惧種となった魚も生息する。

　一定の期間滞留する水もある。賀茂川の運んだ土砂が塞いでできた深泥池は氷河時代の名残り、ミツガシワ、カキツバタをはじめ、多様な湿生生物群集をみることのできるミズゴケ湿原だ。これほどに豊かでユニークな生物群集が現存するのは京都の誇りだ。

朱雀「巨椋池」の衰退

　これに対して劣化してしまった水辺も多い。その一つが、神泉苑。戦時中の疎開で京都一の目抜き通りとなった御池通の名の由来でもある。いまは小さな池と神社が残るが、家康の二条城建設で大半が堀にされるまでは、広大な湿地であった。弘法大師の雨乞いはこの池で行なわれたという。

　もっとも残念なのが、巨椋池。平安京の四神、つまり北の玄武（船岡山）、東の

青龍（鴨川）、西の白虎（山陰道）に対して、南の朱雀のシンボルとも考えられる広大な氾濫原湿地であった。琵琶湖からの宇治川、奈良からの木津川、そして京都からの桂川の三川合流地帯にあった西日本最大の遊水池で、天然記念物にも指定された生物多様性の宝庫だった。

　その理由の一つは、冬の渇水期は小さくなり、梅雨や台風シーズンには広くなるダイナミックなプロセス、水の動きだ。抽水植物のマコモが複雑な池岸線や浮島を形成し、多様な生息環境を水生生物に提供していた。その巨椋池の恵みは魚介類だけでなく、江戸時代以降には、ハスを愛でる「観蓮」文化の名所でもあった。この巨椋池は明治のはじめに宇治川と切り離されて以来、汚染が進み、昭和初期には干拓されて水田となった。湿地の生物多様性と多様な生態系サービスは、米生産とトレードオフされた。

低利用が招く生物多様性の危機

　「鞍馬の火祭」で子どもたちの担ぐ松明は、「山で柴刈り」をしたコバノミツバツツジという美しい落葉性のツツジ。里山が使われなくなった現在は、マツ枯れと植生遷移が進んで陰樹が増え、陽地を好むこのツツジも消えつつある。京都五山の送り火に使うアカマツも、もう地元では賄えない。マツと共生していた京松茸も、ほとんどとれなくなった。マツ林のあとに形成されたコナラ林やシイ林は現在、カシノナガキクイムシによるナラ枯れ被害が大径木に顕著だ。このように、一見すると緑の豊かな京都三山では、放置されたことによって、じつに悲しい生態系の大変動が起こっている。

　祇園祭に使われる厄除け粽。これをつくるチマキザサは、主要な林床植物だが、京都の北山一帯では、数年前の一斉開花のあとに枯れた。通常なら種子で更新するはずだが、天敵の消えた森で大繁殖をはじめたニホンジカが食べるので、絶滅の危機にある。

　歴史的には風水立地をいかして持続可能な自然資源利用の文化を謳歌してきた京都だが、その資源を利用しなくなったことが、逆に生物多様性の危機を招いているといえる。燃料、食料、森林資源を外国から輸入して、いわばメタボ化した私たちの都市と生態系のシェイプアップが生態系の課題といえよう。

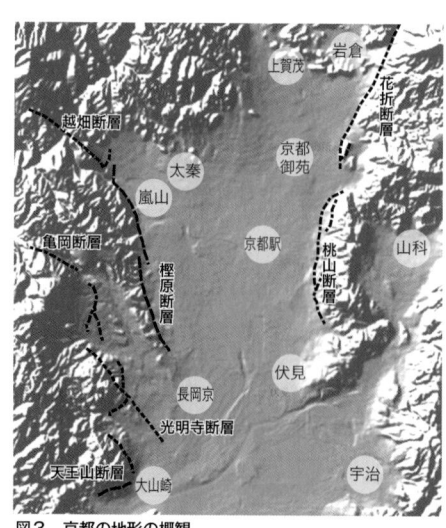

図3　京都の地形の概観

生物多様性ってなに？

調査手法と評価方法 ❶

フラクタル

森本幸裕（京都大学名誉教授）

フラクタルというのは、直感的に言えば、部分と全体が相似の関係にあること。たとえば、入道雲のモコモコとした形は、ズームアップしても似た形になる。大きな構造が相似の小さな構造を含む、つまり入れ子状態のこと。図1は東北地方のリアス式海岸線で、左は宮古から石巻まで、真ん中はその10倍、右は100倍の縮尺で描いたもの。

海岸線の長さを地図上でデバイダを使って計測するとき、その単位長さを細かくすればするほど、海岸線の長さは長くなる。長さの決まった1次元の線ではないし、かといって2次元の平面でもない。計測単位の長さとその個数の関係には、つぎのような関係があって、1と2のあいだの非整数のフラクタル次元Dを計測することができる。単位長さrのときの個数N(r)とすると、左のような式で表される。

$$N(r) \propto r^{-D}$$

自然界の複雑な形だけでなく、サイズや空間分布、頻度分も一般にこのような性質をもつことが多い。月のクレーターの大きさや地震のマグニチュードの頻度分布も入れ子状態だ。直径r以上のクレーターの個数をN(r)とすれば、この式で表現される。数学的につくりだされる完全なフラクタル図形と異なり、現実には入れ子関係が成りたつ範囲が有限であることも事実だが、次元の計測や、この関係が成りたつ範囲を調べることは、景観生態学の一つの武器となる。

多数の人間による活動の結果にもフラクタルが現れる。たとえば、個々の建築物はフラクタルではないが、いろいろなビルが林立したスカイラインはフラクタルとなるし、株価の変動も同様だ。私たちが感じる自然性は、どうやらこのフラクタル性に大きく依存しているようで、日本庭園の池の形や庭石の分布、樹木の分布のフラクタル次元から、作庭時代の特徴も分析可能だ（図2）。

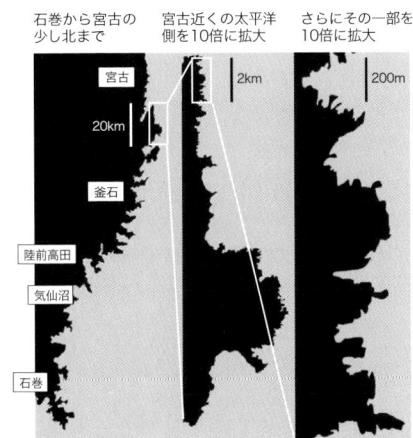

図1　三陸のリアス式海岸線
広範囲でフラクタル性が見られる

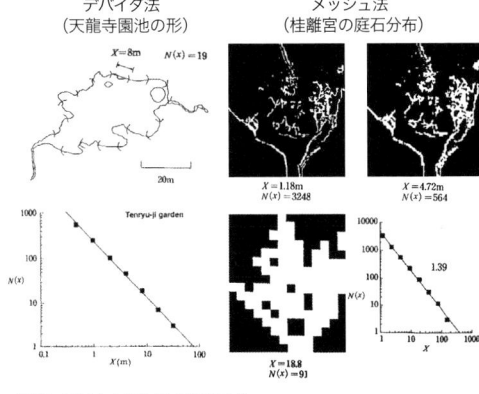

図2　フラクタル次元の測定方法
横軸を単位の大きさ、たて軸に計測された個数を両対数グラフでプロットすると傾きが次元値になる

1-03 温暖化したら、植物たちは……

堀川真弘（前・森林総合研究所）

私たち人間は、暑ければ服を脱いで涼めばいい。余裕があれば避暑地にも行ける。鳥や昆虫たちも季節の変化に応じて、生息に適した場所に移動できる。だけども植物たちはどうだろう。地球温暖化という避けられない脅威を前にして、ただじっと耐えることしかできないのだろうか

　雨の多い日本は、国土の7割近くを森で覆われた、先進国では稀な森林国だ。身の周りには植物があり、緑の林や森が視界に入る。その森や林にはさまざまな種類の木が育ち、その大きさも多様だ。地表には草類も生え、コケやキノコや藻類もみられる。しかも、南北に長い日本列島では、森林を構成する植物種が地域ごとにおおいに異なっているのが特徴だ。そして、北海道と沖縄の風景は誰が見ても明らかに違って見えるように、その地域それぞれの条件にあった植物や動物が生息して景観が構成され、その地域特有の生態系が育まれ、人びとの暮らしも営まれている。

分布域を拡げる能力の違いは、温暖化の脅威の前にどんな意味をもつか

　植物はおおよそ土に根を下ろす生きものであるため、その場所で大きく生長はできても、移動することはできない。だから植物は毎年種をつけて、風や鳥の力を借りてわずかな距離だけ運んでもらう。偶然に散布されたその場所で、条件がよければ、新たに別の個体として芽を出し土に根を下ろす。つまり、個体として移動することはできないが、世代を重ねてようやくわずかな距離を移動できるのだ。一方、シダ植物などは、風で運ばれやすい「胞子」と呼ばれる散布体を遠くに飛ばして、生息域を拡大している。

　地球温暖化で全地球的に温度が上昇すれば、これら植物の分布はどうなるだろうか？　ここでは分布拡散能力の異なる二つの植物——高山の山頂に生育するハイマツという針葉樹とイヌケホシダ（写真1）というシダ植物を例に考察してみよう。

　長野県や山梨県、北海道等にある山々の山頂付近は、冬期に強風が吹き荒れ、厚い積雪をともなう厳しい環境であるため、樹高が低くて枝が横に拡がるハイマツとよばれるほふく性のマツが見られ、日本特有の山岳地の景観を構成している。

写真1　イヌケホシダ（下）とハイマツ（上）

植物にはそれぞれに生育に適した温度や降水量の条件があるので、ある植物が現在そこに分布しているのは、なんらかの気候条件に制限されていると推定される。つまり、現在のハイマツの分布域と現在の気候条件との関係を探れば、温暖化後の気象条件下での潜在的な分布域を予想することができるのである。

分布域と気象条件とを一体化してとらえれば、未来予測が可能に

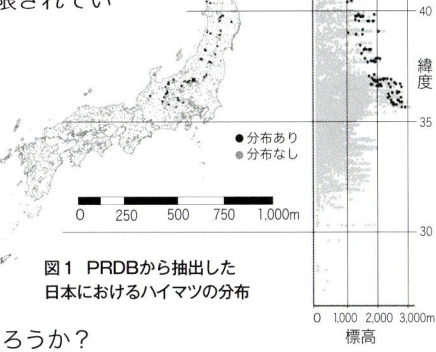

図1　PRDBから抽出した日本におけるハイマツの分布

　では、どのように予測すればよいのだろうか？
　まず、ハイマツの日本全域の分布データと日本全域の気候条件の分布データは不可欠だ。さらに、その関係を解析する（モデル化する）手法と温暖化後の気候条件のデータも必要だ。
　茨城県つくば市にある森林総合研究所には、「植物社会学ルルベデータベース:PRDB」とよばれる植物の分布データの蓄積がある[*1]。日本全域のさまざ

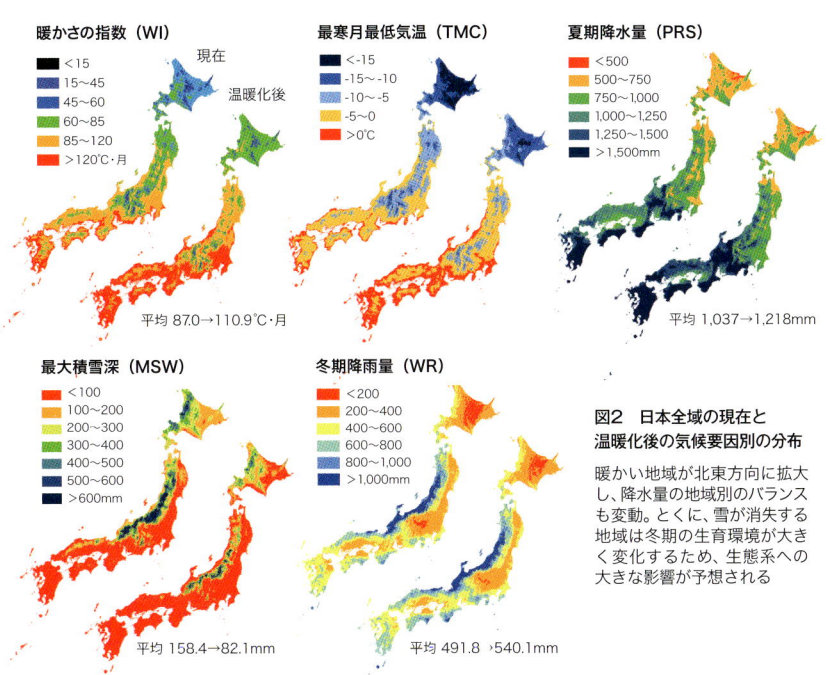

図2　日本全域の現在と温暖化後の気候要因別の分布

暖かい地域が北東方向に拡大し、降水量の地域別のバランスも変動。とくに、雪が消失する地域は冬期の生育環境が大きく変化するため、生態系への大きな影響が予想される

＊1　田中信行. 2003. 植生データベースを用いた地球温暖化の影響予測観測. 植生情報 7: 10-14.

温暖化したら、植物たちは……　堀川真弘

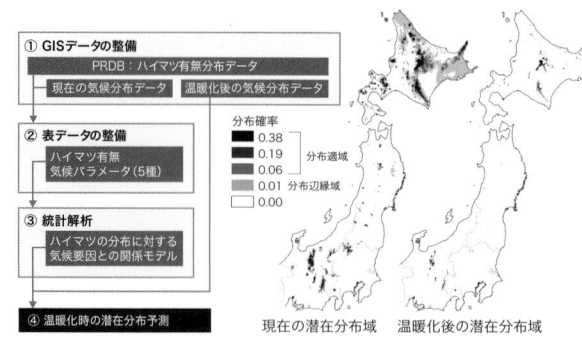

図3 解析フロー(左)と、予測したハイマツの現在と温暖化後の潜在分布域

まな森林で調査された記録を、調査地の位置情報(緯度・経度や標高)付きで集約したもので、現在もデータは追加され続けている。

この記録の一つひとつを地理情報システム(Geographic Information System：GIS)とよばれるソフトに落とし込むことで、日本列島におけるハイマツの分布状況を地図的に示すことが可能となる(図1)。

気候データは、気象庁によって温暖化前(1953-1982年)の気温や降水量の日本全域の分布データが整備されており、温暖化後についても、国際的な専門家によって結成された「気候変動に関する政府間パネル(IPCC)」の地球温暖化第三次評価報告書による温暖化排出シナリオに基づいた全球気候モデル(Global Climate Model：GCM)が整備され、2081年から2100年に相当する気候分布データが入手可能である(図2)。

解析の流れは以下のとおりである(図3左)。
❶ ハイマツの分布の有無のデータと気候データをGIS用のデータとして整備する。
❷ 分布の有無データを取得した場所の気候パラメータ(5種)の数値を抽出し、表データを作成する。
❸ ハイマツの有無に対する各気候パラメータとの関係を統計解析(モデル化)する。
❹ 解析によって得られた統計モデルを温暖化後のデータセットに適用して、温暖化後の潜在的な分布域を空間的に予測する。

こうした一連の解析作業には、植物や気候分布データの入手やGISデータの整備技術、統計解析などの専門的なテクニックが必須といえる。しかし、それさえクリアすれば、家庭用パソコンと一般に普及しているGISソフトや統計ソフトでも解析は可能だ。勉強すれば、だれでも自宅で未来を予測できるのである。

ハイマツの現在の分布域と温暖化後の潜在的な分布域とを比較してみると、中部山岳や北海道に存在する分布域が、温暖化後には大幅に縮小する傾向が見てとれる(図3右)。また、東北地方にわずかに存在した分布域は、温暖化後の気候条件下ではほとんどが消失している。

温暖化の速度に追いつけなければ、絶滅のリスクは高まる

温暖化によって温度が上昇した場合、ハイマツの分布に適した条件の場所

はさらに高い標高へと上昇する。しかし、もともとハイマツは山岳地の標高の高い場所にしか生育していないため、それ以上に高い場所がない場合は、水平方向への移動ができないため、消失してしまう可能性が考えられる。

一方、イヌケホシダは、沖縄や鹿児島、四国や紀伊半島の南部で見られる熱帯性のシダで、温暖化やヒートアイランド現象によって分布域が拡大しているとされる種である。

図4は、ハイマツと同様の手法を用いて、イヌケホシダの現在の分布域と温暖化後の潜在的な分布域を予測した結果だ。両者を比較すると、現在は東北・北海道には分布域が見られないが、温暖化後は、東北はおろか北海道まで拡がっていることが確認される。イヌケホシダは胞子によって容易に分布域を拡大できるので、年間に3～5kmの距離を移動すると推定されている。よって、今回の予測結果のように、約100年間で北海道まで分布域が拡大すると推定される。

地球温暖化によって世界の平均気温は、1906年から2005年までに0.74℃上昇し、21世紀の終わりには1990年に比べて1.1～6.4℃上昇すると予測されている(IPCC2007)。

温暖化で森林の構成種は変わり、生態系にも大きな変化が

温暖化が急激に進むことで、さまざまな植物種の分布に適した地域は北方もしくは高い標高の地域にシフトする。しかし、樹木などの植物の移動はたいへん遅いため、適した気候条件への移動の速度と、現在の分布域の気候条件の変化のスピードとに食い違いが生ずれば、絶滅のリスクもある。

一方、シダ植物のように分布拡散能力の高い植物は、温暖化に応じて素直に分布域を拡大する可能性は高いが、それによって森林の植物の種構成が大幅に変わってしまう可能性も考えられる。

地球温暖化のスピードは、過去の地球において生じていた気候変動のスピードよりもはるかに速いため、植物のこれまでの分布域が変わるだけでなく、森林の構成種のバランスや、ランドスケープ（景観を構成する諸要素）も大きく様変わりすることになる。その様相を把握するには、さらに多くの種の分布域の変化を正確に予測することが、今後ますます必要となる。

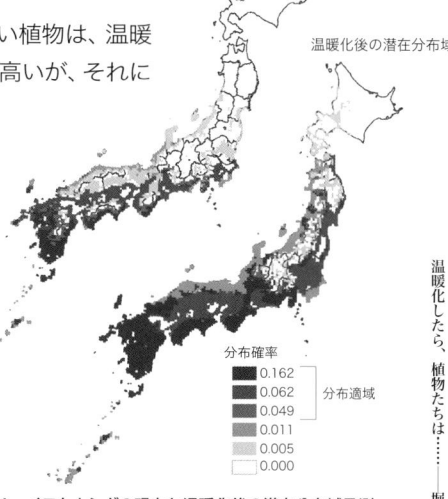

図4 イヌケホシダの現在と温暖化後の潜在分布域予測

温暖化したら、植物たちは……　堀川真弘

1-04 あなたは自然にいくら払いますか

浅野耕太 （京都大学大学院人間・環境学研究科相関環境学専攻 教授）

♪兎追いしかの山、小鮒釣りしかの川……。「1億円払ってくれるなら、その風景を再生しますよ」とささやかれたら、あなたはどうする？ あの景色を残せるなら1億円なんて安い？ それとも、1億円の価値はない？ そもそも、お金に換算するなんて不謹慎？ 自然再生の価値はどう測ればいいんだろう

　自然を守るさまざまな取り組みをテレビで目にしない日はほとんどない。人びとが「自然にやさしく」接しているようにふるまうことは一種の「流行」であり、そのような行動は一種の擬態ではないかとひややかにみるむきもあるが、多くの人はかなり素直に、そして真剣に自然を守りたいと思い、行動しているように私の目には映る。この状況は10年前とは大違いである。

通話料がどんなに高くても、「電話せずにはいられない」ときがある

　「思い」だけで自然が守れるのであれば、みなが悔い改めればよいだけであるが、そう簡単に事は運ばない。自然を守るには行動が必要であるし、お金もかかることは誰もが承知している。時間やお金を犠牲にしなければ自然は守れないのである。

　ある「行動」にかかわり犠牲にされるものは「コスト」とよばれ、多くの場合、それは金銭で表わすことができる。例えば、携帯電話を利用したら通話料が請求される。通話料は、携帯電話の利用という行動にかかる主要なコストである。自然を守るために私たちが払う犠牲、すなわちコストが大きければ大きいほど、自然を守ろうと思う人は少なくなるであろう。このことは、通話料が高くなればなるほど、携帯電話をかけづらくなることと基本的には変わらない。

　一方で、どうしても至急に連絡をとる必要があれば、あるいはどうしても恋人と話したければ、通話料がどんなに高くついても、私たちは携帯電話を利用する。この場合、通話料というコストのみならず、携帯電話による通話の「必要性」が、携帯電話

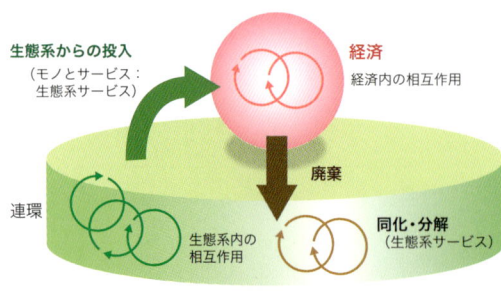

図1　自然と経済の相互連環の概念図

供給サービス Provisioning Service	調節サービス Regulating Service	文化的サービス Cultural Service
生態系からもたらされる生産物	生態系で起こる諸過程の調節からもたらされる便益	生態系からもたらされる非物質的な便益
食料 淡水 薪 繊維 生化学物質 遺伝子資源	気候調節 疾病管理 治水 水質浄化 受粉	精神的 宗教的 レクリエーション 審美的 霊感的 教育的 臨場感 文化的遺産

基盤サービス Supporting Service
他のすべての生態系サービスを生み出すために必要なサービス
土壌形成
栄養塩循環
第一次生産

図2　生態系サービス (Ecosystem Services) の分類
Millennium Ecosystem Assessment ed. (2003) Ecosystems and Human Well-being, *Washington DC: Island Press,* Figure 2.1 (p. 57) をもとに作成

の利用を左右するのである。私たちは無意識のうちに、携帯電話の通話料と、通話によってもたらされる価値とを比較し、携帯電話を使うべきかどうかを決めているのである。

　一般に、ある行動によって生じるコストが、その行動によってもたらされるものに「みあう」と判断できれば、その行動を行なうべきであろう。これは合理的な判断である。「自然を守る」ことにも、この考えを適用することができる。しかし、携帯電話の例と異なり、問題はそんなには簡単ではない。

　一つには、自然を守ることでもたらされる価値は、携帯電話ほどはっきりしない。もう一つには、携帯電話は「自分のもの」といえそうであるが、自然はいったいだれのものかはっきりしない。「みんなのもの」とすれば、だれがコストを負担すればよいのだろうか。そして、そもそも、なにをもって「コストにみあう」といえるのかも明確ではない。一つずつ順をおって考えてみよう。

自然の〈恵み〉は、私たちの暮らしとどう関わっているのか

　資金の循環を人体の血液の循環になぞらえて議論したことが経済学の始まりといわれている。血流が止まれば命を維持することができないのと同じように、経済の血液にあたる資金の循環が滞れば、経済は危機に陥るという考え方である。

　ここではおおざっぱに、自然を「生きものの集まりからなる生態系という、一つのシステム」と考えることにする。地球上の多様な生態系は、すべての人間活動の基盤である。その上に、私たちの生活やそれを豊かにするはずの経済の循環が営まれている（図1）。この生態系は私たちに二つの大

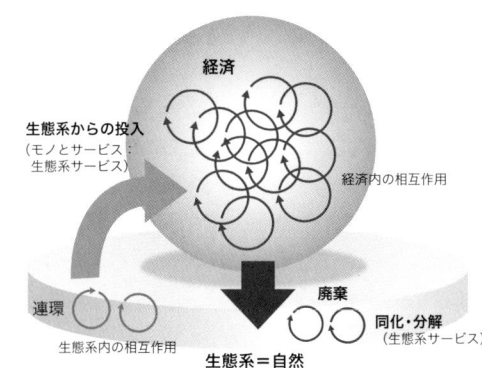

図3　自然の危機

あなたは自然にいくら払いますか——浅野耕太

きな恵みをもたらす。一つは、生態系から投入されるモノやサービスである。私たちの生活は根源的に生態系からの投入からなりたっている。日々の生活に欠かすことのできない電力やプラスチックのもとになる石油は、過去の生物の死骸である。それを生態系から勝手にいただいて使っているのである。

もう一つの恵みは、生態系における廃棄物の処理機能である。私たちの生活には無用となったもの、場合によっては有害な廃棄物は、生態系のなかで一定の時間をかけて同化・分解される。幼いころ、夏休みに故郷で、満天の星空の下で用を足したことのある人は、そのお陰を被ったことになる。生態系に感謝である。

この生態系にはおもしろい特徴がある。生態系は多くの生きものから構成されるが、全体として一つの生きもののように働いている。個性的プレーヤーからなるサッカーチームが全体として芸術的得点を挙げる姿にたとえるとわかりやすいであろうか。生態系を構成するさまざまな生命は、太陽エネルギーを駆動力とする生物学的、地質学的、化学的循環の複雑な相互作用で互いを支え合っている。ギリシア神話の大地の女神の名を取った「ガイア仮説」(14ページ)などは、そういう見方で地球全体を捉えようとする考え方である。

生態系からわけていただくサービス

このような生態系の恵みは、「生態系サービス (ecosystem services)」とよばれる。生態系サービスは〈供給サービス〉〈文化的サービス〉〈調節サービス〉〈基盤サービス〉の4つに分類される (図2)。

〈供給サービス〉と〈文化的サービス〉は、生態系から私たちの生活に投入される生産物や便益である。石油や石炭の利用など、いつかは枯渇してしまうサービスもあるが、〈文化的サービス〉の多くは、かしこく使えば長期間にわたって持続的に活用できる。〈調整サービス〉と〈基盤サービス〉は、廃棄物の同化・分解によってもたらされるものが多く、私たちの気がつかないところで生態系を下支えしている、いってみれば「縁の下の力持ち」である。

図3を見てほしい。これが現在の、経済の循環と自然との「病理的な関係」である。構成要素は図1と同じであるが、その相対的な大きさが変わっている。まず、すべての基盤となる生態系よりも経済が肥大化し、その中で起こる循環がさらに複雑なものになっている。とくに一部の供給サービスの過剰利用や集中的利用は、生態系に大きな負荷を与えている。それに応じて、生態系は量的に縮小するとともに、生態系内の相互作用が単純化し、生態系サービスの「質の低下」を招くことになる。生態系サービスという水流 (フロー) を湧出させている水源 (ストック)、これを自然資本 (natural capital) という。過剰利用や集中的利用は、この水源を枯渇させる行為とみても、あながち間違いではなかろう。

自然と経済の健全な関係を取り戻すには

「自然を守りたい」という気持ちを例に思考実験をしてみよう。私たちが、あるモノやサービスを欲する度合い、いいかえると、モノやサービスに対する私たちの評価は、次のような手順で、それを手に入れるために支払うお金に置き換えることができる。

ある自然を守るために、ある金額を払うように求められたとする。自分の懐からお金が減ることのつらさと、自然を守ることによって得られる満足感とを、心

図4　支払意志額(WTP)の概念図

の中の天秤にのせてみよう。結果は三つあるはずである。①お金が減ることがつらすぎるケース、②自然を守ることの満足感が勝るケース、③つらさと満足感とのバランスがとれているケースである。

「バランスがとれている」ケースにおいて、「自然が守れるなら、このくらいの金額は妥当だ」と考えたあなたの頭の中では、自然を守ることを欲する度合いが「金額で表わされている」ことに注目してほしい。これが、自然を守ることに対する「支払意志額 (willingness to pay：WTP)」である(図4)。

人の考えがそれぞれ異なるように、WTPは人ごとに違う。「自然を守る必要はあるけれど、そんな大金を払うほどではない」という人もいるだろう。しかし、このWTPという物差しがあれば、「自然を守る」行動の価値を、あるていど客観的に測れるのではないだろうか。

たとえば、自然を守ることによってもたらされる影響を、直接・間接に受ける社会のすべての人の支払意志額を集計することで、自然を守ることについて、社会がどう考えているのかを示すことができる。人びとの気持ちは足し合わせることはできないが、金額で示されたWTPは、容易に足し合わせることができる。

さらに重要なのは、その集計額は、コストと容易に比較できることである。WTPという概念を媒介にすると、例えば、琵琶湖の自然を再生するためのコストと、守られた自然によってもたらされるものとを比較することができる。この作業の実践は見かけほど単純ではないにしても、工夫しだいでは、自然を守る行動が、その社会にとって「みあう」かどうかを合理的に判断することができる。その先には、現在の便利な生活と両立し、冒頭の童謡にうたわれたような、自然と共生する暮らしとそれを支える社会の仕組みが実現する可能性が見えている。

第 2 章

ほどほどに「乱される」ことでつながる命

台風で全壊したトドマツ人工林。光がたっぷり差し込む山肌では若い木が旺盛に成長しはじめる（撮影・森本淳子）

2-01 「田んぼ」は、ほんものの自然じゃない?

夏原由博（名古屋大学大学院環境学研究科 教授）

耕された土の香り、青空を映す水面、風に揺れる早苗。「ああ、これが日本の原風景だ」。田んぼを眺めてそうつぶやいたことはないだろうか。でも、ちょっと考えてみてほしい。山野を切り拓いてつくった田は「開発された」農地で、しかもひっきりなしに人の手が加わっている。田んぼっていったいどんな場所？

日本最古の水田遺跡は、佐賀県唐津市の菜畑遺跡で、2600年前と推定されている。水路や畔、水位調節のための井堰も備えた灌漑水田であることから、水田稲作としては完成したかたちで、中国あるいは朝鮮半島から伝わっていたのだろう。菜畑遺跡は丘陵地の裾野にあり、小さな谷が砂州によって埋まったところにつくられている。水田遺跡の多くが灌漑設備をともなっていることから、常時水につかっている湿田でなかったと推測できる。

平安時代には休耕田もたくさんあった

平安時代（900年代）には、耕地面積（田と畑）は全国で約108万haあった（図1）。ただし、灌漑技術や栽培技術が不十分だった時代には、土地がやせているために毎年続けてイネを栽培できず、休耕をはさまなければならなかった田があり、古墳時代後期から平安時代前半にかけての律令時代には、易田とよばれていた。「養老律令」などの法令集には、「易田は毎年耕作できないので、通常（2段(反)=24a）の2倍の面積を割り当てる」とある。

1590年代の太閤検地では、耕地面積は約206万haに増加していた。1873年（明治6）の地租改正時には約413万haであることから、耕地面積は江戸時代の400年の間に2倍に増えたことになる。水田面積に限定すると、1904年（明治37）

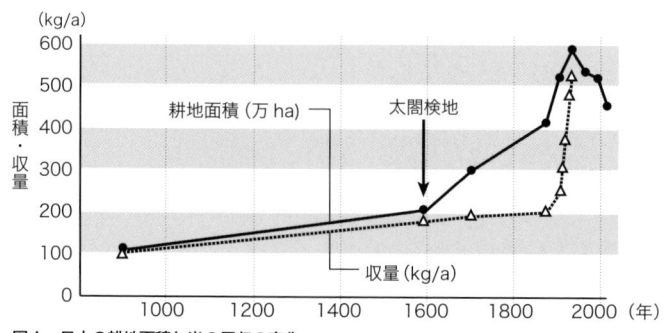

図1　日本の耕地面積と米の反収の変化

には280万haだったものが1970年には342万haまで増加したが、以後は減少し、2010年には250万haになった。しかも、じっさいにイネを栽培している水田面積は65%(163万ha)にすぎない。

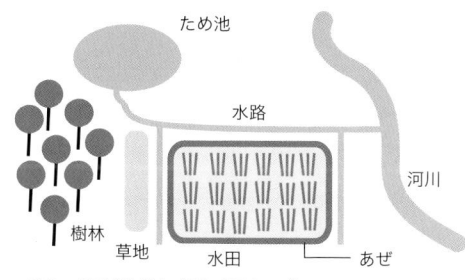

図2　水田をとりまくランドスケープ

万葉人の原風景は、氾濫原に拡がる原野？

豊葦原瑞穂の国などの言葉がある。豊かに葦が拡がる風景だったのだろう。7世紀から8世紀にかけて詠まれた歌を集めた『万葉集』には、稲や水田が出てくる歌が50首ほど、葦が出てくる歌も同じくらいある。

けれども、田んぼが一面に拡がっていたわけではない。平安時代には耕地面積そのものが現在の20%しかなく、そのうち田の割合はいま以上に小さかったと考えられる。その田も一部は休耕していた。

『万葉集』には、山上憶良が詠んだ「秋の七草」では、ススキ(尾花)をはじめ、原野に育つ植物が選ばれている。同じ『万葉集』には、「赤駒の い行き憚る 真葛原(詠人知らず)」という歌もある。

平安時代の遺文「大和国栄山寺牒」によると、栄山寺の寺領7段のうち、1013年に耕作していたのは3段で、8年後には7段すべてを耕作し、その4年後には寺領は9段100歩に増えるが、耕作地は2段に減少した(松尾、1994)。焼き畑もさかんに行なわれていたようで、江戸幕府は1666年に新規の焼き畑を禁じている。

単位面積あたりの米の収量は、奈良時代には100kg／10aで、江戸時代初期に180kgに増加しているが、その後はほとんど変わらずに推移し、明治時代以後の100年間で2.5倍に増加して、現在は530kgていどである。ちなみに、1人あたりに必要な米の量は江戸時代には年間1石(約150kg)とされていたが、現在の消費量は60kgていどである。

周囲の林や草原、河川とつながって成りたつ田んぼ

水田そのものは、ほとんど1種類の植物(イネ)しか生えていない単純な生態系だ。しかし、水田に水を溜めるには、かならずその周囲に畔をつくり、水路も引かなくてはならない。日本の水田面積のうち畔面積は5.7%もある(2010年)。棚田ではこの割合はもっと高い。

河川から安定して水を得られないところでは、ため池も必要だ。谷につくられた水田では、日陰ができないよう、隣接した斜面を伐採して草地にする。

さらに、肥料とするための刈敷(かりしき)(木の葉や若芽)を得るための雑木林(二次林)や鋤(すき)をひかせる牛の餌(えさ)を集める草地もなくてはならない。

このように水田は、イネを植えるための水面だけでなく、畔や水路、周辺の草地や雑木林など、さまざまな生態系を含んだランドスケープ(景観を構成する諸要素)の一員としてつくられる(図2)。このような農地と雑木林を含む土地を「里山ランドスケープ」とよんでいる(96ページ、3-01)。

ところ違えば、田んぼの形も景色もさまざま

水田のあるランドスケープの特徴は、田んぼがつくられた場所の地形によっていくつかに分けることができる(図3)。低地の沖積(ちゅうせき)平野(川の運んだ土砂などが堆積した平野)につくられる広々とした水田、台地や丘陵地の谷にある谷津田、山地の谷沿いにつくられる水田。斜面地に階段状に並ぶ水田は棚田とよばれる。農水省の定義では、傾斜度20分の1(20m進んで1m高くなる傾斜)以上の水田と定めていて、谷津田の多くは棚田に含まれる。

地形が異なれば、地質も異なる。低地につくられる水田は、かつては洪水のたびに河川とつながった土地(氾濫原)なので、上流から流れてくる砂泥や養分の供給を受けている。台地や丘陵地は100万年くらい前に海底に堆積した地層でできていることが多く、岩でできた山地とは異なり、砂礫や粘土がまだ岩石の状態に固まっていない。

水田の周辺の土地利用にも違いがある。谷津田に隣接した斜面や尾根には樹林があり、いろんなタイプの土地が小面積で混在するモザイク画のような土地利用がなされている。江戸時代には、水田や畑だけでなく、刈敷や飼料を得るために樹林や草地が残されていて、ここでもモザイク状の土地利用がなされていた。

棚田は、斜面地ならどこでもつくれるというわけでなく、一定量の水を安定して得られるかどうかが鍵を握る。棚田に適しているのは、岩や粘土のような難透水層の上に砂礫や風化した岩石あるいは火山灰の層があって、その間を地下水が流れるような場所だ。じつは、そうした条件の土地は、地すべりや崩壊が起こりやすい場所でもある。能登半島の白米(しろよね)千枚田や丹後半島の上世屋の棚田は、かつて地すべりを起こしたところにつくられたもので、周辺には湿地が点在している。

このように、つくられた場所によって、水田にはさまざまな表情がある。さらに、水田は農地であるゆえに、米を収穫するために一年をとおしてさまざまな農作業が行なわれ、そのたびに田んぼの風景は変化する(図4)。

まずは「田起こし」といって、3月から4月に一度耕す。4月下旬、田植え前に水を入れて「代(しろ)かき」をする。5月ころに「田植え」をして、イネがあるて

棚田 斜面に階段状につくられた水田。農水省の定義では1/20（2.9度）以上の傾斜地につくられた水田のこと。水田の上下の畦には広い斜面ができ、畦草地となる。棚田も湧き水が豊かな場所につくられることが多い

谷津田 丘陵地や台地の谷につくられた水田は、周囲の斜面に樹林が残る。斜面下部は、田が日陰にならないように、頻繁に刈り込まれて、草地となっている。また、湧き水が豊富な場合が多い

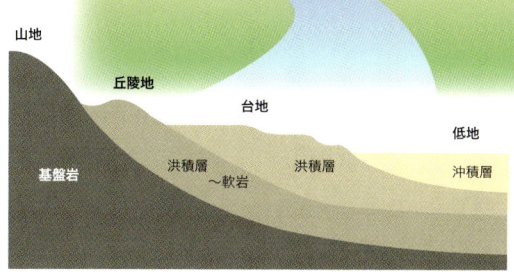

低地の水田 平野に拡がる沖積層につくられた水田で、広々としている。もともと、豪雨によって河川が氾濫して、養分の多い土が運ばれていた。ナマズやフナなどの産卵場所ともなっていた

図3 地形と水田

図4 水田の一年（地域や品種によって異なる）

いど成長した6月後半から7月にかけて、根の成長を促すために水を一度抜く（中干し）。その後も水を入れたり抜いたりを何度か繰り返し、稲刈りの1か月くらい前に完全に水を抜く。稲刈りの後は、翌年の代かきまで水を入れることはない。

　こうした水田の環境の変化、とくに水の有無やその量は、イネの成長だけでなく、水田に生息する生きものたちの生活にも大きな影響を与えている。次の項でさらに詳しく紹介しよう。

2-02 農作業の攪乱を巧みに利用する生きものたち

夏原由博（名古屋大学大学院環境学研究科 教授）

田起こし、田植え、中干し、稲刈り。田んぼの様相は農作業の工程ともに変化する。毎年きまった周期で人間の手が加わり、環境がほどほどに「かき乱される」ことで、多様な生きものが入り込めるチャンスが生まれる

　代かき、田植え、中干しなど、農作業の工程に応じて、水田の水位は人為的に頻繁に変わる。いってみれば水田は「不安定な湿地」だ。イネが小さいうちは水面が見えているが、イネの生長とともに水面は隠れ、背の高い草地に変わり、稲刈りによって突然、裸地同然になる。

　水田はこうした攪乱がある点では、氾濫原や自然の湿地と似ているが、人間の手によって、毎年決まって同じように変化するという点では、自然湿地とは異なるし、水田内の水深が一様である点でも異なっている。水田の生物多様性は、人の手による攪乱によって維持されている。自然湿地は水位変動以外にも、土砂崩れや動物による攪乱で多様性を保っていることも重要である。

田んぼの恵みはお米だけじゃない

　アジア諸国では、水田で捕れる魚は重要な食料だ。水田養魚は少なくとも世界の24か国で行なわれている。日本での水田養魚の歴史は2000年とされている。養殖されるコイ、フナ、ドジョウなどの種は、本来は氾濫原を産卵場所とし、農業水路が近代化されるまでは、水路を介して水田に侵入し産卵していた。水田で生産される魚は、1951年には155万tにも達した。日本では現在、食用のための水田養魚は一部の内陸地域に限られ、生産量は減少している。

　水田で捕まえるのは魚だけではない。石川県加賀市の鴨池周辺の水田では、冬にも水をはる。カモをおびきよせて捕まえるためだ。新潟市潟東地区でも、冬には水田に「おとり鴨」を放し、近寄ってきたカモを網で捕まえる。

　かつては水田に棲む昆虫や雑草も食べていた。ヨメナ、ヒルムシロ、クログワイ、ミズアオイなどの水田雑草は食用にされていた。『万葉集』には、水田にわざわざコナギを植えていたと思われる記述もある。昆虫もよく食べられていたが、現在では長野県や福島県など特定の地域で、ハチの幼虫やイナゴなどを食べる習慣が残っているのみだ。畔の草本は薬草として利用したり、花はお盆や秋祭りの装飾として使うこともあった。

　稲刈りを終えた秋の田を縁どるように咲く鮮やかなヒガンバナは、観賞用に

植えられたのではない。その球根にはデンプン質が含まれていて、充分に水にさらせば食用になったことから、飢饉に備えて畔に植えられた。

人間に翻弄されながらたくましく生きる生物

　生活史に要する時間の長さ（寿命）や体の大きさ、移動力の違いによって、水田の利用の仕方も違う（図1）。移動できる動物は、水田と周辺の樹林や草地、河川を行き来することで、季節的に変化する水田の環境をうまく利用している。

　生きものにとっての水田の環境は、①「田起こし」ないしは「代かき」まで、②「田植え」から「中干し」まで、③「中干し」から「稲刈り」まで、④「稲刈り」後から翌春までの4つの時期に分けることができる。なかでも水の有無や水量の変化は、生きものたちの生活と大きく関係する。

　田植え前の水田は、人工の湿地ともいえる。その水は、土から溶け出した養分に富み、水深は浅く日差しが充分にあたるので、メスだけで増えるミジンコや栄養繁殖するウキクサがあっという間に一面に拡がる。

　生活の一部を水田ですごす鳥がいる。たとえばケリやヒバリは、水が入る前の春の水田や畔を利用して営巣する。水田に水が入ると、サギ類などはオタマジャクシや水生昆虫を食べに訪れる。谷間につくられた水田では、近くの樹上からサシバがカエルなどを狙っている。サギやサシバは、イネが生長して水面が見えなくなると、水田を餌場として利用しなくなる。

　カエルは大きく分けて、田植え前後で種が入れ替わる。排水の悪い水田では、灌漑していない冬の間も一部分に水がたまっている。そのような水たまりや流れの緩い土水路に、2月から3月にかけて、まずニホンアカガエルやヤマアカガエルが産卵する。これらのオタマジャクシは、5月ころには亜成体となって上陸する。一方、シュレーゲルアオガエル、トノサマガエル、アマガエルなどは、田植え前に水が入ってから産卵する。アマガエルの繁殖期間は4月から9月で、その間、中干しの時期をまたいで何回も産卵するため、中干しで一時期水がなくなっても、あまり影響をうけない。しかし、トノサマガエルやダルマガエル類のオタマジャクシは、7月ころにはカエルになって上陸するの

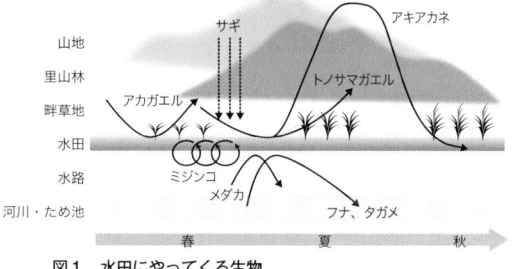

図1　水田にやってくる生物

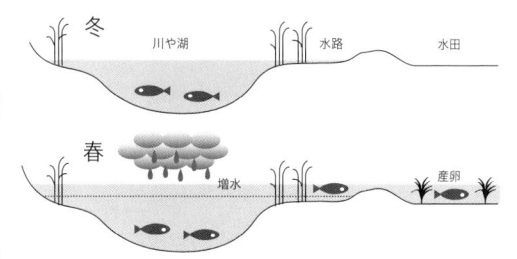

図2　増水した水路を経由して水田に移動して産卵する魚

農作業の攪乱を巧みに利用する生きものたち——夏原由博

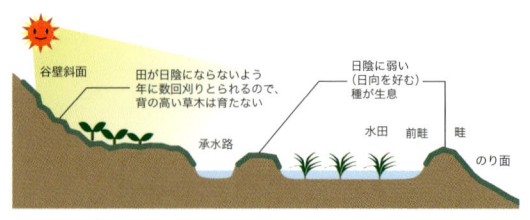

図4　水田周辺の草地

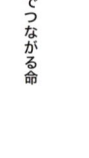

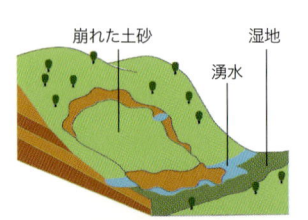

図3　土砂で谷がせき止められてできる湧水湿地
湧水湿地に育つサギソウ（中央）とシラタマホシクサ

で、中干しの時期が早いと、オタマジャクシのまま死んでしまう。

　ナマズやフナ、アユモドキなどは、春に川が増水すると、水路などをつたって水田に移動して産卵する（図2）。湛水直後の水田は、藻類やミジンコなどが急増し、稚魚にとっては餌（えさ）の豊富な環境だ。稚魚を捕食する魚もいないため、水田で産卵されたニゴロブナ稚魚の中干しまでの生存率は57%という調査結果もあり、これは琵琶湖のヨシ原よりも高い値である[*1]。タガメやタイコウチなどの水生昆虫も、田植え後の水田で産卵し、中干し時や収穫前に水が抜かれるまでに成虫になって、ため池や自然湿地など永続的な水域に移動する。

　水田ができたことによって集まってくる生きものもいる。しかし、それ以前から、その土地に棲んでいた生きものもいたはずである。たとえば、丘陵地や花崗岩の山地は崩れやすく、土砂などによって谷は頻繁にせき止められる。そうしたところが湧水湿地となり、モウセンゴケやサギソウ、ハッチョウトンボ、カスミサンショウウオなどに生育場所を提供した（図3）。水田がつくられると、こうした湿地は失われるが、一部の種は水路や畔に生き残っている。畔や水田に面した斜面は、水田が日陰になったり雑草が種をつけないように年に何回も刈られる。背の高い草や木は育たないので、畦には日陰に弱い（日向を好む）種が生育することができる（図4）。なかには、氷河期の遺存種とも考えられる中国北部にも分布する植物（ワレモコウ、キキョウ、オミナエシなど）などが見られる。

　河川下流の氾濫原では、洪水による攪乱のある富栄養な湿地ができる。オニバスやミズアオイなどはこのような氾濫原に生育していたのだろう。田んぼがつくられたことでいなくなった生きものもいれば、田んぼのおかげで生息している生きものもいる。農作業による攪乱を巧みに利用して命をつないでいるものもいる。人間の都合にふりまわされながらも、生きものたちはしたたかに生きているのである。

[*1] 「滋賀県　魚のゆりかご水田プロジェクト」http://www.pref.shiga.jp/g/noson/fish-cradle/8-topics/index.html

湿地としての田んぼの価値

夏原由博（名古屋大学大学院環境学研究科 教授）

田んぼは、たくさんの命を育むゆりかごだ。しかし、その環境はしだいに劣化している。農業の効率化、生産性の向上を優先したことで、一定のリズムでくり返されてきた「攪乱」が途切れ、つながるはずの命の輪が分断されている。湿地の役割も担う田んぼの価値に注目し、保全のあり方が問い直されている

　一度は絶滅したトキや、絶滅の危機にあるメダカなど、かつては身近な生きものだった種の減少が著しい。その原因は、乱獲以外では、①農地や都市の開発による自然湿地の減少、②農薬の使用や圃場整備などによる農業の近代化、③減反政策や担い手不足による休耕田の増加などが挙げられる。

農地の開発と自然湿地の減少

　湿地はつねに、あるいは季節的に水におおわれている土地である。周囲よりもくぼんでいて水がたまっていたり、地下水が湧き出したり、大雨によって川の水があふれたりと、できる原因はさまざまである。ラムサール条約では、海岸や干潟も湿地とされている。湿地は環境条件によって、さまざまな動植物が生息・生育する、貴重な自然環境である。

　しかし、明治以後に失われた湿地は1,290km^{2}で、現在残っている821km^{2}よりも大きい。くわしい記録がないために、どのていどの生物多様性が失われたかは明らかではない。しかし、かつて京都市南部にあった巨椋池は、干拓によってオグラコウホネやオニバスなど91種の植物や、アユモドキやイタセンパラなどの魚が失われたことがわかっている。有明海に面した長崎県諫早湾の干潟は、干拓前は最高9,424羽（1996年5月14日）のシギやチドリが飛来する日本最大の飛来地だった（写真1）。

　一方で、湿地が再生されたことで、湿地の価値がわかること

写真1　在りし日の諫早干潟で紅葉したシチメンソウとハマシギの群れ
（撮影・時津良治）

もある。栃木県・群馬県・埼玉県・茨城県の4県にまたがる渡良瀬遊水池(1,967ha)は、足尾鉱山から流出した鉱毒を無害化するために、栃木県の谷中村を水没させて遊水池としたものだ。足尾鉱毒事件から100年以上経過した現在では、本州最大の湿地として整備され、58種の絶滅危惧植物が生育するようになった。

木曽川河口にある木曽岬干拓地(444ha)は1970年代から80年代にかけて、農地拡大のために干拓されたが、その後いくつかの理由で放置された結果、現在はヨシ原となり、数対のチュウヒ（日本で繁殖する希少猛禽類）が営巣している。日本でチュウヒが繁殖している場所は、ここを含めて11か所しかない。

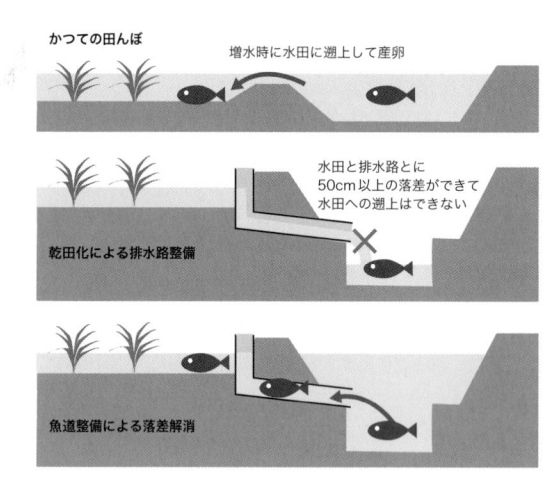

図1　乾田化による魚への影響と改善策の一例

農業近代化と耕作放棄

除草剤や殺虫剤は、生物に直接作用する。2000年代になってアカトンボ(アキアカネ)が急速に減少した原因は、田植え前の苗箱に使用する一部の殺虫剤が田植え後の水田に溶け出し、孵化直後のヤゴを殺してしまうからだと考えられている。

人や環境への影響を小さくするために、ターゲットとなる生物以外への毒性を抑えた農薬の開発が進んでいる。農薬の使用方法の工夫によって、絶滅の危機を脱しつつある生物もいる。

イチョウウキゴケは、1997年のレッドリストで絶滅危惧Ⅰ類とされていたが、2007年度版では準絶滅危惧種に変更された。また、農薬の魚毒性が低下したため、淡水魚が増加した結果、ダイサギやアオサギが増加したという。

かつては排水が悪く、イネを栽培しない秋から春までの間も水がたまっていた湿田も、圃場整備(41ページ、2-04)によって、完全に水がなくなる乾田へと変わった。乾田化の影響をもっとも受けたのはカエルで、非灌漑期に水たまりがないと、早春に産卵するアカガエル類は産卵できない。また、中干しの早期化によって、ダルマガエル類やトノサマガエルが変態できずに死んでしまう。

魚にとっても深刻だ。乾田化のために、水田と排水路との間に50cm以上

の落差がつくられるようになった。そのため、ナマズやフナは水田に遡上して産卵することができない(図1)。

農業水路には、かつては年間をとおして水があり、メダカなどの生息場所であり、水生昆虫にとっては非灌漑期の避難場所になっていた。しかし、最近では非灌漑期には水が供給されなくなり、生物の生育場所としてふさわしくなくなっている。

写真2　裾刈りされた斜面(左)と、刈られずに放置したことで被陰した斜面

耕作放棄されても湿地の状態が維持される田んぼもあるが、乾燥してネザサなどに覆われることがよくある。当然そうしたところでは、湿地の生物は生息できない。また、畔や隣接斜面の草刈りが行なわれなくなって、畦畔特有の草本植物が消失したところもある(写真2)。

田んぼの自然再生

近代化によって失われつつある生物多様性をとりもどす取り組みが進みつつある。社会的な視点については次節にまわし、ここでは生態学的な視点から、ニゴロブナの繁殖を例に挙げて紹介しよう。

自然再生を計画するうえで、大きく三つの段階に分けて考えられる。❶広域に見たときのポテンシャル評価、❷ランドスケープの配置計画、❸生育場所デザインである(図2)。

❶広域のポテンシャル評価
生息に適した場所の推定
調査、分析

❷ランドスケープの配置計画
生物の生活史を通じて必要な空間
例：川と水田のつながり

❸生育場所のデザイン
ランドスケープのなかで生息を妨げる要因の改善　例：段差の解消

水路と水田との落差解消のために設置した魚道を利用して遡上するコイ
（撮影・小川雅広）

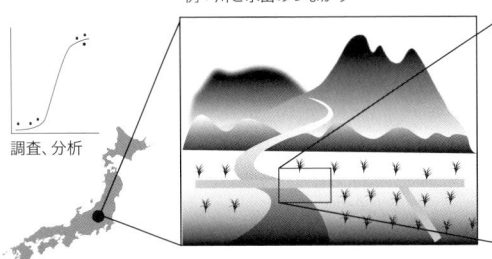

図2　自然再生計画の三つのステップ

❶広域のポテンシャル評価

　気候や地形・地質のほか、都市近郊であるなどの社会的な条件を考えて、具体的な目標設定するために、人間の健康診断のように、簡単な指標にもとづいて問題点を抽出する段階である。

　ニゴロブナは琵琶湖周辺のヨシ原などで産卵し、川を上流まで遡上することはあまりない。だから、ニゴロブナの産卵場所の候補にする水田地帯は、かつて琵琶湖の水位が上昇したときに氾濫原となっていた範囲に限られてくる。

❷ランドスケープの配置計画

　❶によって選ばれた場所で目標を達成するために、具体的にどうすればいいかを考える段階で、「エコロジカル・ネットワークの計画」といえる。ニゴロブナが琵琶湖から水田まで遡上するうえで障害となる場所、問題点（湖岸の堤防、水路の堰、水田と排水路との落差、琵琶湖の水位調節など）を見つける。もっとも小規模で、取り組みやすいのは、水田と排水路との落差の解消である。集落の意向なども考慮して、成果が得られやすい水路を選択する。

❸生育場所デザイン

　水路から水田に魚を遡上させるために、いくつかの方法が考えられる。
①水田を低くして水路との落差を小さくする。
②排水路の水位を高くする。
③木材やパイプを使った魚道で水路と水田をつなぐなど（写真3）。

　水路の水位を高める方法は多数の水田に対して効果があるが、常時水位を高くすることは、イネの栽培にとって好ましくない。じっさいに滋賀県では、産卵期に水路に堰を入れて水位を高くする方法を導入した「ゆりかご水田プロジェクト」が進行中である。

　さらに、魚道の設置以外にも、水路の底面に凹凸を設けたり、冬期湛水や中干し時期を遅くしたり、「江（え）」や「温（ぬ）め」などとよばれる承水路（しょうすい）（図3）や休耕田を利用したビオトープの整備、減農薬などの工夫によって、生物の生育環境を再生する取り組みがなされている。

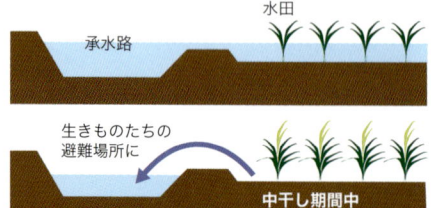

図3　承水路の整備
中干し期間中の承水路は水生生物の避難場所になる

マガンの越冬地、
フナの産卵場所にもなる田んぼ

夏原由博（名古屋大学大学院環境学研究科 教授）

> 米の収穫量や品質を高めるために、田んぼにはさまざまな農業技術が投入されてきた。その結果、田んぼの形や水の流れは変わり、田んぼが果たしてきた多面的な機能も失われつつある。たんに「田んぼを残せばよい」ということではなさそうだ。機能再生をはかる秘策はあるのだろうか

　江戸時代には、治水技術の発展を背景にした新田開発によって、耕地面積が飛躍的に拡大したが、米の単位面積あたりの収穫量はほとんど増加していない。それが明治維新以後の100年間で2.5倍に増加した。それを可能にしたのは、化学肥料や農薬の使用、イネの品種改良、灌漑・排水施設をともなう圃場整備である。

米づくりの近代化で、田んぼの形と水の流れが変わった

　圃場整備の目的は労働生産性の向上で、農業機械を使いやすくするために、1区画面積を拡げ、長方形に整えられる。同時に、水路や道路も整備される。それまで水路は用水・排水兼用で、上の田から下の田に順に水を流す「田越し灌漑」だったが、用水と排水とを分離し、用水は地下埋設されたパイプラインに、排水は深いコンクリート水路へと変わった（図1）。

　圃場整備によって面積あたりの労働時間は減少した。近年、農家の兼業化や農村の高齢化を要因とした耕作放棄が進んでいるが、圃場整備を行なった水田では、放棄率が少ないことも事実だ。

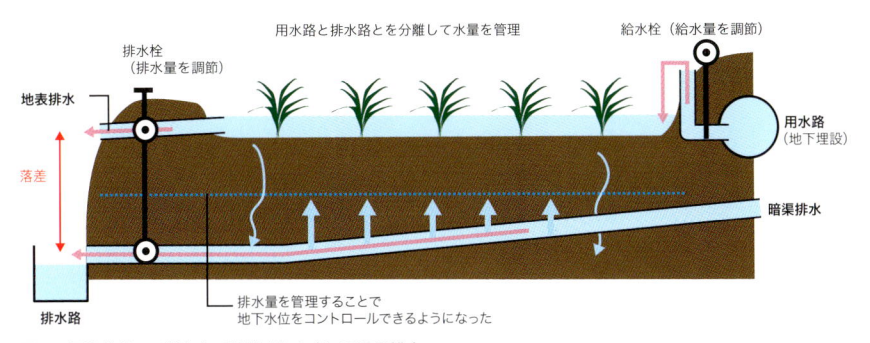

図1　圃場整備の一環として推進された水田の暗渠排水

機能	算定根拠	推定値
洪水防止	ダム建設費(44億m³)	34,988億円
水源涵養	ダム建設費(貯水量36億m³)	15,170億円
土壌浸食防止	5,300万トンの土壌流出防止	3,318億円
土砂崩壊防止	耕作放棄による損害	4,782億円
有機廃棄物処理	処分地建設費	123億円
気候緩和	冷房のための電気料金	87億円
レクリエーション	トラベルコスト法	23,758億円

表　農業の多面的機能

田んぼの多様な役割

　水田は「米を生産する場」としてだけでなく、ほかにもさまざまな機能をもっている。水田の多面的機能には、食の安全、農村集落の維持と活性化、そして土地保全や再生可能資源の管理、生物多様性の保護、景観などの環境保護がある。日本学術会議(2001)は日本の農業の多面的な環境機能の経済的価値を、8兆2,226億円と推定している(表)[*1]。

　■洪水の抑制　洪水は、一度に多量の雨が降って、河川の排水能力を超えることで発生する。水田には降った雨を溜め込み、河川のピーク流量を低下させる機能がある。

　■地下水の涵養　水田は水を溜めるだけでなく、水路や田んぼの底からじわじわと地下に浸透させることによって地下水を涵養する。

　100万人ちかい人が住む熊本市の地盤には、阿蘇山から噴出した火山性の礫が多く含まれているために、雨水は地下に浸透しやすく、河川水は慢性的に不足している。そのため熊本市民が利用する上水の100%を地下水に依存している。熊本県では、稲刈り後の冬の田んぼにも水をはって(冬期湛水)湛水期間を長くしたり、休耕地に湛水することによって貯水面積の拡大を試みている。

　■水質浄化　農地は下流域の水の汚染の最大の原因ともなる。しかし、水田は、流入する灌漑用水の窒素やリンの濃度が高い場合には、湿地と同じように、それを浄化する機能があり、灌漑用水を循環利用することによって、その作用はさらに高まる。

　■都市気候の緩和　都市では周囲よりも気温が高くなるヒートアイランド現象が起こりやすいことが知られている。アスファルトやコンクリートで覆われることで顕熱が放出され、自動車やエアコンなどの廃熱も気温に影響するのだ。植物や水面があると、水の蒸発散の潜熱で気温の上昇が抑えられる。東京近郊の水田の真夏の日中の気温は、都市部よりも2℃以上低い。

　■文化と景観　水田がのびやかに拡がる風景は、日本人にとっての「ふるさと」を象徴するものの一つといえるだろう(104ページ、3-03)。

希少生物をシンボルにした農村活性策

　米の収量や労働生産性の増加をめざした稲作の近代化は、大きな成果をあ

[*1]　日本学術会議. 2001. 地球環境・人間生活にかかわる農業及び森林の多面的な機能の評価について(答申). 同付属資料 (株)三菱総合研究所. 2001.「地球環境・人間生活にかかわる農業及び森林の多面的な機能の評価に関する調査研究報告書」.

図2　生きものとの共生をアピールしたブランド米
生態系に配慮した生産基盤整備や環境保全型農業などの取り組みにより、生きものとの共生をアピールしたブランド米が各地で生産されている

げた一方で、それまでの自然の恵みを減少させ、環境への負荷を大きくし、人と自然との距離を遠くしてしまった。

　安全な食料の生産と環境保全は、農村の活性化とともに重視されている。そのシンボルとして鳥や魚などの生きものがよく用いられている(図2)。その多くは農業の近代化によって減少した種だ。農薬を減らしたり、生物のために配慮することは農家に新たな負担を強いることになるため、その代償として行政が補助金を支払う「生きもの認証制度」を実施している地方自治体もある。

　生きもの認証で共通する条件は、生物多様性の向上に役だつだろうと考えられる手段の選択と減農薬である。認証米を生産した農家は自治体などから直接に支払いを受けるとともに、認証米にはプレミアがついて、通常の栽培方法でつくった米よりも高く販売することができる。

　宮城県大崎市の「ふゆみずたんぼ米」はその一例である。越冬のために飛来するマガンのねぐらとなるように冬期湛水を行ない、無農薬無化学肥料で栽培した米だ。日本に飛来するマガンの60％が大崎市の蕪栗沼で越冬する。周辺の水田にも冬期湛水することによって、マガンのねぐらを分散させることができる。この場合の認証条件は、冬期湛水して米ぬか等を投入することや、無農薬、無化学肥料、苗密度を低くすることなどである。この栽培方法では収量が減少するため、農家には10aあたり8,000円の補償金が自治体から支払われる。一方で、冬期湛水した田んぼの米は、通常の農法で生産した米よりも60％高く売れているという事実もある。

　滋賀県の「魚のゆりかご」認証制度は、農薬使用量を減らしたり水田から濁水を流さないことによって美しい琵琶湖の水を取り戻すことと、琵琶湖岸の

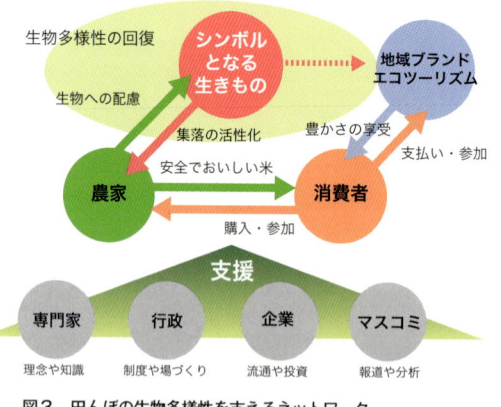

図3　田んぼの生物多様性を支えるネットワーク

写真　棚田のオーナーによる農作業（滋賀県高島市）

環境変化によって絶滅危惧種となったニゴロブナの個体数回復をめざした取り組みである。滋賀県の認証制度で用いられる「堰上げ魚道」の設置は、個別に水田に設置する魚道とは異なり、排水路を利用する農家全体の合意が必要になるが、集落あげて取り組むことで農業の持続性を高めることにもつながる点で注目されている。

なかでも滋賀県高島市の認証条件はユニークで、自分の田んぼにいる「自慢できる生物3種」を農家自身に決めさせるというものである。その3種はかならずしも希少種である必要はないが、農家は自分の田んぼにその生きものが生息していることを知っていなければならない。福岡県の取り組みのように、田んぼの生きもの調査を条件としている認証制度もある。

シンボルになる生きものに物語性があると、取り組みはいっそう受け入れられやすい。たとえば、新潟県佐渡島のトキや兵庫県豊岡市のコウノトリは、地域を舞台にした物語や伝統文化とも関連の深いなじみのある生きものだ。滋賀県の水田や水路で捕獲されるニゴロブナは、郷土料理として親しまれる鮒寿司の材料とされていた。

農家と消費者との連携は、こうした取り組みの成功を促進することから、「田んぼのオーナー制度」のような仕組みを導入している場合もある。約100m^{2}あたり3万円程度のオーナー料を払うと、水田での農作業や自然観察会に参加できるうえ、収穫した米が送られてくる。

こうした新しい取り組みが農家や消費者に受け入れられ、広く普及するのは容易ではない。本稿で紹介した取り組みがいずれも成功しているのは、計画が優れているだけでなく、熱意にあふれた魅力的な農家や行政担当者などの存在と、そうした人びとを結びつけるネットワークの力が大きい(図3)。

生物多様性ってなに？ 調査手法と評価方法 ❷

環境容量という指標を展開する

大西文秀（ヒト自然系GISラボ）

環境容量とは、環境をはかる指標の一つである。人為的インパクトに対し、自然がそなえる包容力（許容量や抵抗力や復元力）を環境容量という概念でよんでいる。確立された指標ではないが、多くの分野で評価法が工夫され、活用されている。

環境容量の概念が認識されたのは1970年前後であった。「宇宙船地球号」や「成長の限界」という言葉が誕生し、地球環境や資源の有限性が唱えられた時期であった。わが国では公害が社会問題化した時代であり、末石富太郎大阪大学名誉教授らは工学の視点から環境容量を活用した解決への研究を進めた。さらに、国立公園の地域容量や水域保全、畜産や水産分野、エコツーリズムなどの観光計画、都市計画、地域や国土計画など多岐にわたり活用されてきた。

生態系サービスの概念を環境デザインに反映

私は、日本列島のヒトと自然との関係を環境容量として捉え、地理情報システム(GIS)を活用して可視化に挑んできた。人間活動の集積と本来の自然のポテンシャルの割合を環境容量として捉え、多様な課題に対応するために、CO_2固定容量、クーリング容量、生活容量、水資源容量、木材資源容量の五つのエコモデルを設定している。また流域区分や市区町村、都道府県、地方区分など4階層の環境単位を設定し、異なったスケールの課題への対応も可能にしている。この試みにより、多くの地域でヒトの活動が自然の包容力を上回り、リスクと不合理の増加が視覚的に示された。

下図は琵琶湖・淀川流域における三次元のGIS画像によるCO_2固定容量で、赤色で示す地域は、森林のCO_2固定量が人間活動による排出量の20％以下であることを示す。さらに、生物多様性に関連した生態系サービスの概念を、ランドスケープ・エコロジーの視点から環境デザインに反映させることも可能と考えている。

環境容量を定量化・可視化して情報発信する意義

現代社会はヒトと自然のバランスが崩れだしていると考えられる。改善には、ヒトと自然の関係や、自然の営みや人間文化を理解したライフスタイルに移行する必要がある。環境容量を定量化・可視化して情報発信することにより、ヒトと自然の関係の適正化を進めることが可能になる。未来可能性を高めるうえで、環境容量という指標が果たす役割はさらに大きくなるのではないか。

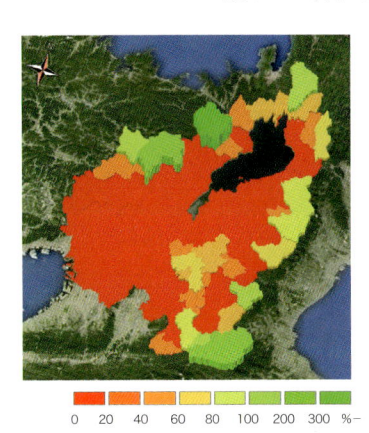

図　琵琶湖・淀川流域での環境容量の試算例（CO_2固定容量）

2-05 ダルマガエルの棲む水田

内藤梨沙（京都大学大学院地球環境学舎）

世界には約5,500種のカエルが生息するが、そのうちの約30％が国際自然保護連合のレッドリストに挙げられている。日本に生息する亜種を含む43種のカエルも、そのうち15種が環境省の日本版レッドリストに。種によって置かれている状況は違うものの、減少のおもな理由は生息地の破壊や劣化とされる

カエルの仲間の多くは、季節によって川や森、池など異なる環境を使い分ける。日本では人工的な環境である田んぼを利用するカエルは19種が知られており、重要な生息地となっている。しかし、農業の近代化などの影響で、カエルにとって棲みやすい田んぼが減っている。

ナゴヤダルマガエルは本州産唯一の絶滅危惧ⅠB類

西日本の田んぼで一般的に見られたナゴヤダルマガエル（写真1）も、田んぼへの依存度の高さゆえに、大きく数を減らした。現在では絶滅危惧ⅠB類（近い将来における絶滅の危険性が高い種）に指定されている本州産唯一の種となっているが、保全のためになにをすべきかは、まだ模索のさなかにある。

ナゴヤダルマガエルをいかに保全するかを考えるために、その生態と田んぼとの関わり方を調べることにした。しかし、田んぼは人がお米を作る場所なので勝手に入れないし、ナゴヤダルマガエルはどこにでもいる種類ではない。私のナゴヤダルマガエルの研究は、調査地探しからはじまった。

滋賀県の湖西地域には広大な水田地帯があり、昔ながらの水田の生物相が残されていると知り、調査地探しに出かけるようになった。そうしたある日、水田地帯の一角にあるビオトープ池で行なわれた生きもの調査に参加して驚いた。池の水ぎわには当たり前のように、大きなナゴヤダルマガエルが何匹も集まってひなたぼっこしていたのだ。私はさっそく調査に必要な許可証を取得し、その池と周辺の田んぼで研究をはじめた。

春に冬眠から覚め、4月～7月に繁殖期を迎える

ナゴヤダルマガエルの棲みやすい田んぼとはどのような環境なのだろう。そのヒントは水環境にあるのではないかと考えた。田んぼは水が張られている時期がかぎられているが、ビオトープ池には一年中水たまりがあるからだ。ナゴヤダルマガエルの体長（鼻の先から尻までの長さ）は35～65mmていどで、その

写真1　ナゴヤダルマガエル

写真2　調査対象地のビオトープ池

名のとおりおなかがでっぷりと出てダルマのような体型だ。

　ナゴヤダルマガエルの一年をみてみよう(図)。親ガエルは春に冬眠から覚め、4月～7月に繁殖期を迎える。田んぼで産卵ができるのは、田植えで水が引かれた5月ころからになる。卵は1週間ほどで孵ってオタマジャクシとなり、2か月ほどで手足が生えて子ガエルとなって上陸する。

　田んぼには6月ころに1週間ほど田んぼの水をすっかり抜いてしまう中干し期間がある。それまでに子ガエルになれなかったオタマジャクシは、ほとんどが生き残れない。親ガエルは繁殖期が終わっても田んぼに留まり、冬のあいだも敷きわらの下や畦道の土の中など、湿った土の中で冬眠する。

PITタグを使って標識再捕獲を実践

　カエルは種類によって鳴き声が違うので、田んぼにいるカエルの種類は鳴き声を聞けばわかる。カエルの大きさは、捕獲して測定すればわかる。しかし、行動範囲や移動パターンを知りたくても、カエルのあとをずっとつけることは難しい。カエルの数を知りたくても、池や田んぼにいるすべてのカエルを数えあげることは現実的ではない。

　そんなときに使う手法に標識再捕獲法(49ページ)がある。捕獲したカエルに標識を付けて逃がし、再捕獲する方法だ。捕獲したさいに個体サイズを記録することができるし、逃がした場所と再捕獲された場所がわかれば、どれくらい移動しているかもわかる。調査を繰り返して新規捕獲数と再捕獲数の比から個体数を推定する方法も開発されている。

　私はPITタグ(体内埋め込み型のマイクロチップ)を使って個体標識を行ない、個体サイズと移動パターン、個体数について調査した。2009年から2011年までの3年間にビオトープ池で成体のカエル約650匹に個体標識し、池とその周辺の田んぼで再捕獲した。

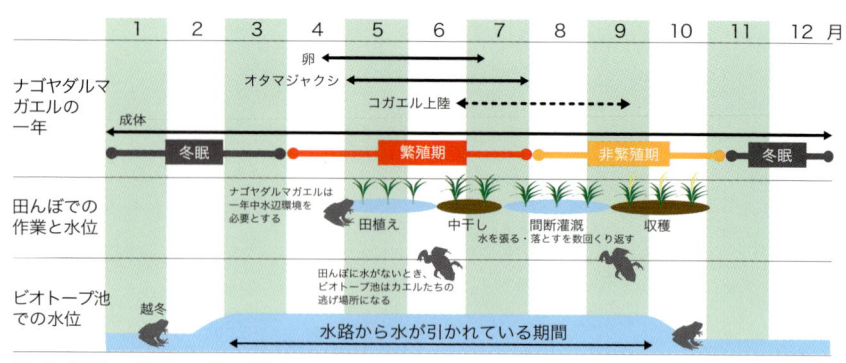

図 ナゴヤダルマガエルの一年と生息地の水位との関係

カエルの行動と棲みやすい環境が明らかに

　ビオトープ池内で再捕獲できた個体は246匹、ビオトープ池から離れた田んぼで再捕獲できた個体は2匹だった。田んぼでは単純に捕まえにくかった可能性もあるが、ビオトープ池で捕獲したカエルはそのあとも池に留まる傾向が強かった。ビオトープ池には、田んぼよりも大きなカエルがたくさんいることもわかった。2009年の個体数を推定すると、田んぼの水が抜かれる7月と冬眠前の10月にビオトープ池のカエルの数が増えていた。田んぼが乾燥したため、湿った環境を求めてカエルが移動したのであろう。ビオトープ池では冬でも湿った環境にあるため無事に冬を越し、長生きした大きな個体が多く見つかるのだと考えられる。

　昔の田んぼの周りには、土を掘った水路が張り巡らされていて、カエルの親も子も、田んぼに水がないときは水路に逃げ込めた。しかし、近代化された田んぼでは、水路との行き来ができなくなったり、水路がパイプになって地面の下に埋められていたりして、カエルは逃げ場を失ってしまった。

＊

　田んぼの生きものたちの避難場所として、深い溝を掘って水たまりをつくった田んぼがある。個々の田んぼの水環境の改良が難しければ、今回調査したビオトープ池のように、たとえ広くなくても1年中水たまりがある場所をつくれば、地域全体のカエルの生息環境が改善され、保全につながるだろう。

　成体がビオトープ池に留まる傾向が強いことは明らかになったが、若いカエルの行動パターンについてはまだよくわからない。道路脇の深さ60cmほどの側溝に落下して脱出できなくなった小型のカエルを何回も見かけたことから考えると、若いカエルは成体よりも頻繁に水辺を離れるか、行動範囲が広いことが推測できる。若いカエルの行動についても調査し、カエルがより自由に飛びまわれる田んぼにするにはどうすべきか、考案していきたい。

生物多様性ってなに？ 調査手法と評価方法 ❸

標識再捕獲法

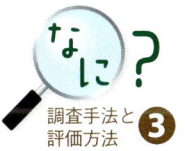

内藤梨沙（京都大学大学院地球環境学舎）

生物の生態を調査するさいに、一度の捕獲で得られる情報は、捕獲地点や個体サイズ、体重、雌雄など。いずれも重要な情報だが、長期的な保全策を考えるには、個体の成長速度や行動範囲、季節ごとの移動パターン、個体数の変動なども不可欠になる。そういう情報を得る調査法として、「標識再捕獲法」がある。捕獲した個体に個体識別のための標識を付けて放し、再捕獲する方法だ。

個体識別の方法は対象となる生物によって異なる。翅の堅い昆虫では、番号を翅に直接彫りこむ方法がある。鳥の仲間なら、個体番号を記した足輪を付けることができる。しかし、カエルにはそのような方法は使えないため、マイクロチップの埋め込みなどの体内標識を行なう。

私が取り組んだ調査（46ページ、2-05）では10ケタのコードを入力した長さ9mm、幅2mm、重さ0.06gのPITタグ（写真1）で体内標識をした。一度個体標識をした個体は、標識が欠損しないかぎり半永久的に専用の読取器で個体番号を読み取れる（写真2）。マイクロチップは魚の稚魚やヘビなどの調査にも利用されている。

写真2　カエルの体内に挿入したPITタグのコードを専用読取器で読み取る
（撮影・伊藤雪穂、2011年5月）

写真3　カエルの体内に挿入されたPITタグ
細長い形で、皮膚が少し盛り上がっているのがわかる

写真1　PITタグ（実寸）

2-06 ハス田と人の手が守った生物多様性

鎌田磨人（徳島大学大学院ソシオテクノサイエンス研究部 教授）

ハスは蓮とも書くようにスイレン（睡蓮）の仲間で、元来は沼地で生育する。円形の葉がハスで、スイレンの葉には切り込みがはいる。ハス田は、天ぷらや筑前煮に欠かせないあのレンコンを育てる田んぼのことだが、育てていたのはレンコンだけでなかった。徳島県鳴門市のハス田は多くの絶滅危惧種の植物をも育てていた

　ハスは、水中から伸びた茎は傘のように大きな葉を拡げ、やがて清楚で美しい大輪の花をつける。日本で食卓にのぼるのはその地下茎だが、ベトナムやタイなどアジア各地ではその実が好んで食べられる。

ハス田が支える生物多様性

　日本の農作物としてのハスは、水を深くはった農地で育てられている。茨城県の土浦市、かすみがうら市、行方市、小美玉市、稲敷市など霞ヶ浦周辺の湿地帯、徳島県鳴門市、愛知県愛西市、山口県岩国市、佐賀県白石町などがおもな生産地である。

　そのような農業活動の場は、じつは水辺に生息する生きものの宝庫ともなっている。レンコン生産量で日本第3位を誇る鳴門市のハス田では、徳島県版レッドデータブックに記載されている水辺の絶滅危惧植物108種のうち12種の生育が確認されている。ハス田では絶滅危惧植物のミズアオイが雑草のように繁茂し（写真1）、水路ではオニバスの葉が水面を覆うように浮かぶ（写真2）。

　ハス田と生物多様性、この二つをなにが、どのように結びつけているのだろうか。人の手によって改造・利用されてきた自然であるハス田や用水路で、絶滅の危機に瀕した生物がなぜいつづけられたかを考えてみることにしよう。

ハス田に生きるミズアオイやオニバスの生育環境

　オニバスもミズアオイも、沼地のような所に生育する一年草である。水深の浅いところにミズアオイが、少し深いところにオニバスが生育する。花をつけ、やがて実を結んだ植物体は冬には枯死する。その種子は水底に沈み、一部は土中に埋まる。すべての種子が翌年に発芽することはなく、数年から数十年のあいだ休眠したのちに発芽することもある。

　ミズアオイは土が掘り返されることで、オニバスは水が干上がって種子が空気に触れることで発芽が促進されることが知られている。発芽後、ミズア

オイのような小型植物が大きく育つには、周りに大型の植物があまり生育しておらず、太陽の光を受けやすい開けた環境があることが必要だ。強い水の流れは、ミズアオイを流し去ったり、オニバスの大きな葉を引きちぎるなどして、生育を妨げる。

自然のしくみに身をゆだねる生物

　ミズアオイやオニバスのこのような特徴から、人が土地を改変する以前は河川下流域の沖積平野に形成される後背湿地の氾濫原で生育していたと考えられている。なぜなら、毎年の梅雨や台風、あるいは雪として供給される雨水は、河川や海との境にある自然堤防に囲まれた後背湿地にたまる。排水性の悪さゆえに一年をとおして地下水位が高く保たれ、水が抜けきって干上がることはなかったであろう。雨水が大量に溜まることで起こる氾濫を「内水氾濫」とよぶが、そのさいも氾濫を起こした水の流速は緩やかで植物を流し去ることはない(図)。

　一方で、数年から数十年に一度という大規模な洪水が、自然堤防を乗り越えて後背湿地の生物を襲う。「外水氾濫」とよばれ、そのさいには大量の高速氾濫流が一気に流入する。ミズアオイやオニバスをはじめとして、周辺に生えている大型の植物も流し去ってしまうことになる。けれども、この攪乱は裸地を生み出し、土を攪拌することで土中の休眠種子を地表に浮かびあがらせる。そして、ミズアオイやオニバスに新たな生育地を提供することになるのだ。

　モンスーン気候によってもたらされる「水たまり」は、多くの生物に安定した環境を提供してくれる。しかし、そのような自然の生育環境は平穏でありつづけるわけでもない。ときには洪水などの「攪乱」も襲ってくる。そのような事態にうまく適応し、それを種の繁栄に利用するほどの能力をそなえた生物は、ミズアオイやオニバスにかぎらず多いのである。

湿原・沼地を水田に、そしてハス田への変貌

　河川によって運ばれた土砂が氾濫原や河口、さらに沖合にかけて堆積した沖積平野で後背湿地の利用が進められるようになったのは、土木技術が発展した江戸時代の中頃からのことである。水田を拡げるために、湿原や沼地などの排水・干拓が行なわれたのである。さらに昭和時代になって近代技術をもとに大型排水機などが導入されると水田面積は急速に増大し、1960年ころには江戸時代の2倍以上にも農地は拡げられていた。

　しかし、その一方で日本での米の消費量は減少し、米余りが顕著になった。そのため政府は米以外の作物の栽培を農家に奨励するようになり、1970年には本格的な米の生産調整がはじまった。これを減反政策という。

写真1　ハス田とそこに生育するミズアオイ

写真2　水路に浮かぶオニバス

写真3　水面の差がほとんどない氾濫湿地のようなハス田と水路

写真4　協働による水路管理　（写真提供・田代優秋）

　これに呼応して、多くの農家はしだいに水田を畑地にして、米から麦、豆、牧草、園芸作物などに転換した。そういうなかで、鳴門市大津町では1960年代後半以降、水田をハス田へと変え、レンコンを生産する農家が増えた。レンコンが収益性の高い作物だということも背景にあったが、排水にすぐれない水田として使ってきた土地はそのまま畑地として使うことが困難だったからでもあった。そして、そのことこそが水辺生物の多様性を支えている理由となっているのである。

氾濫原の代替地の役割を果たしていたハス田と人の手

　レンコン栽培の盛んな鳴門市大津町一帯は、周辺地域より0.5〜1.0mほど低い窪地である[*1]。ハス田周辺にはりめぐらされた水路の水面とハス田との標高差もほんのわずかしかなく、少し強い雨が降ると水はハス田に溢れ出す（写真3）。畑地に転用できなかった理由である。
　このように内水面氾濫が起こりやすい環境は、絶滅危惧植物のミズアオイやオニバスが生息するにはつごうがよいのである。じつは、霞ヶ浦周辺地域、愛西市、白石町といったレンコンの主生産地も同じように窪地地形の中にあって、後背湿地の氾濫原であった名残をとどめている。

では、外水氾濫についてはどうか。鳴門市大津町は、歴史的に堤防決壊による家屋倒壊などの被害を何度も受けてきた地域である*1。したがって、長年にわたって河川の治水対策が進められた結果、いまでは外水氾濫は発生しなくなり、土地が攪乱されることはなくなっている。

じつは、その洪水攪乱に代わって外力となっているものがある。それが農家による農作業や水路の管理作業だ。ハス田に植えられて繁茂する大型多年草のハスは、農家によって毎年刈り取られるのである。水路にたまった泥や繁茂する大型抽水植物のマコモなども、水路の水を流しやすくするために農家の人たちによって取り除かれる。つまり、ハスの刈り取りはミズアオイが太陽光を十分に受けることのできる生育地を提供し、泥あげは土中の種子を地表に浮かび上がらせ眠りから覚ます役割を果たしているのである。

自然性の高い後背湿地がほとんど失われた日本で、ハス田とその周辺の水路は後背湿地氾濫原の代替地として、生物多様性を保持してきているのである。

生物多様性を維持する新たな工夫と努力

ハス田周辺の生物多様性は、人間が農地として利用するにも排水性が低すぎる窪地という土地的制約のもとで、農家がレンコン栽培をはじめることで、また生産効率を高めるために人間が水路を管理することによって支えられてきたのである。しかしながら、最近では用水路のパイプライン化が進められ、農家の人たちが水路の泥あげや草刈りなどをする必要性が薄れつつある。そのために、泥のたまった水路に植物が繁茂したままになっていることが多くなり、水質も悪化しつつある*2。生物多様性を維持するには、新たな管理のしくみを考えだすことが必要になっているのが現状である。

鳴門市大津町では、農家、地域の子どもたち、レンコン消費者、研究者などが協働で水路の管理作業をする取り組みがはじまっている（写真4）。

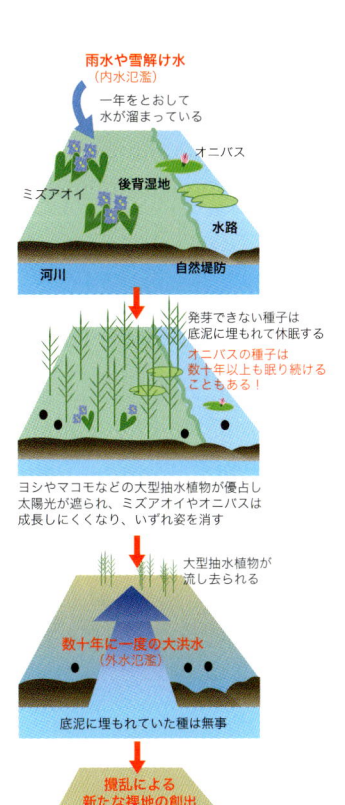

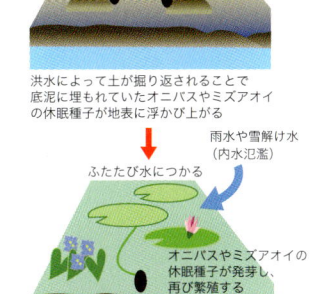

図　後背湿地の攪乱

---

*1　田代優秋・中川頌将・鎌田磨人. 2010. 環境システム研究論文集 8: 63-71.
*2　田代優秋. 2011. 農業農村工学会論文集 271: 41-42.

2-07 勢力を拡大するツルヨシは劣化する河川環境の象徴か？

丹羽英之（株式会社総合計画機構）

「子どものころに遊んだ川を描いて」といわれたら、あなたはどんな絵を描くだろうか。どんな形でどんな魚がいて、川岸にはどんな花が咲いているだろうか。水の量は？　水の色は？　記憶が曖昧なら、気晴らしに近所の川まで散歩してみよう。そこで出合う風景は、あなたのイメージどおり、それとも……

　小学生の理科で、「地球が自転しているので川は蛇行する。蛇行するから淵や砂州が形成される」と習った。雨の日の校庭で、水の流れが蛇行し「小さな川」ができているさまに感動したことを、なぜか鮮明に覚えている。

　しかし、自然な川の蛇行は、今日的には、アマゾン河などごく一部の河川以外ではほとんど見られなくなっている。なぜなら、蛇行する川は、人間の生活エリアを狭め、また、洪水により甚大な被害をもたらす邪魔な存在だからだ。だから我われ人類は、川の流路を固定し、流水を溢れさせずにその流路内を流下させることに力を注いできた。日本の河川の多くは、そのような努力の成果が色濃く反映されている(写真1)。

蛇行しない川がもたらしたものと、失ったもの

　蛇行する川は、流水が強く当たる蛇行の外側は土砂が削られ、蛇行の内側には砂礫が堆積する。これによって淵と瀬など、川の水深の深浅が形成される。つまり、蛇行する河川は、大雨などで増水（出水）するたびに護岸が削られたり、河原が浸水したり、川底の砂礫が混ぜ返されるなどの攪乱がもたらされ、様相が変化する。これがほんらいの河川環境の大きな特徴である。

　しかし、河川改修などによって流路が固定され、コンクリートなどで護岸された河川では、こうした変化はめったに起こらない。蛇行だけが問題ではない。ダムや堰堤の建設などによって人間が流量を制御している川では、こうした自然の攪乱を受ける機会が著しく減少している。その結果、砂礫に覆われていた河原に植物が生え、なかには樹林化す

写真1　三面コンクリート護岸の河川

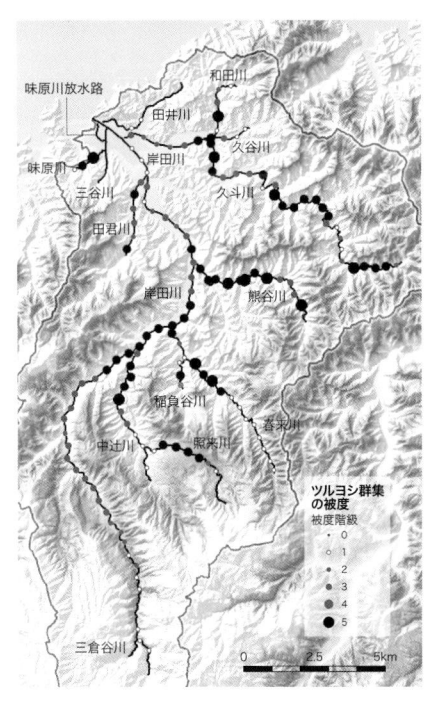

図1　岸田川水系でのツルヨシの被度調査の結果

写真2　河道一面に蔓延したツルヨシ

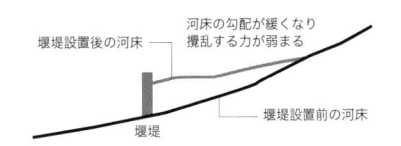

図2　堰堤の設置による変化

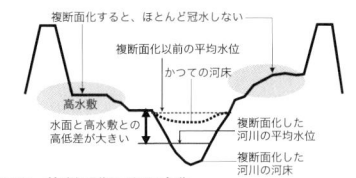

図3　複断面化による変化

るところもある。出水時に混ぜ返されることで適度に浄化されていた河原の砂礫は、洗われなくなり、砂泥などの堆積物で目詰まりを起こし、水生生物の生息に不適な環境になるなど、河川環境に異変が生じている。

　攪乱の減少による河川環境の異変の一つとして、ツルヨシの蔓延があげられる。ツルヨシは流水に流されにくく、土砂に埋まっても再生できるなど、河原で生育するために適した特性をもっており、河川の中流部を中心にもっともよく見られる自然植生であるが、昨今、このツルヨシが河道一面に蔓延する区間をよく見かけるようになった(写真2)。河川近隣の住民のヒアリングでも、昔にくらべてツルヨシが増えたと回答する人が多い。ツルヨシが蔓延すると土砂を捕捉し、河床が攪乱されにくくなり、単調な環境となるため、水生生物が生息するための多様な環境が失われることが多い。

これまでの治水のあり方に欠けていた視点

　ツルヨシ蔓延の原因を探るため、兵庫県岸田川水系全体において、河道内のツルヨシの被度を調べた(図1)。これとあわせて、被度の差を生む原因となりそうな環境要因(標高、流域面積、河床勾配、川幅、堰堤の影響、蛇行の程度)をGISで算出し、

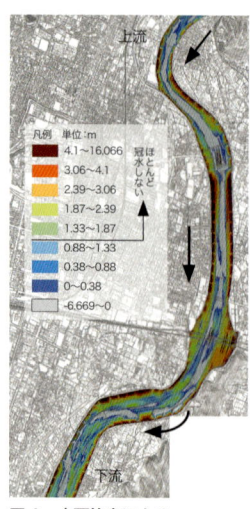

図4 水面比高による
エコトーン区分

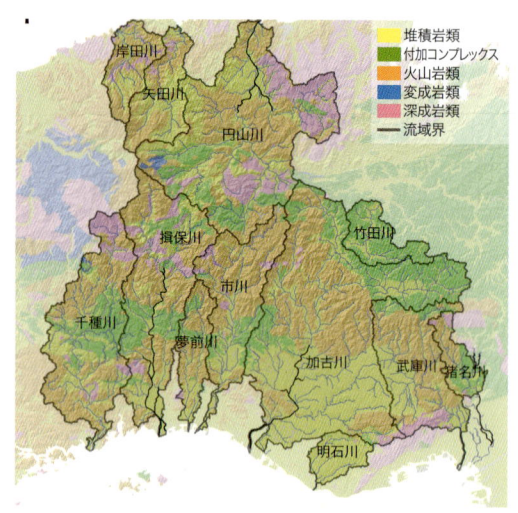

図5 兵庫県の主要な水系と流域の地質（岩石区分）

多変量解析の一種である「一般化線形混合効果モデル（GLMM）」で解析した。

その結果、河川の形や物理的な特性を決める要因となる標高や流域面積、河床勾配に加えて、蛇行の程度や、堰堤が設けられたことによって河床勾配が緩やかになっていることの影響がツルヨシの被度と関連していることがわかった。つまり、出水時の被害を防ぐために、川を蛇行させないように河道改修したり、堰堤を設置することで流量を安定させようとした結果、ほんらいあるべき自然の攪乱を受ける機会が減少した（図2）。これが、ツルヨシの蔓延の一因になっていることが示唆されたわけだ。

一方、都市を流れる河川にも異変は起こっている。堤防で囲まれた河川区域（堤外地）で、水の流れる区域（河川の水面）と陸地（高水敷）との高さの差が大きくなる「複断面化」とよばれる現象が顕著である（図3）。これは、流域からの土砂供給が減少していることや、治水目的に河床から土砂を掘削して河床を切り下げていることなどが主な原因である。現在の日本の河川の多くは、出水によって攪乱を受ける河原が少なくなったことで、攪乱をほとんど受けない陸地と、つねに一定量の水が流れている水域とに二極化されている。

一般的に、陸域と水域の境界となる河原の斜面には、出水時による攪乱の頻度や強度の影響で、土の粒径や水分量が少しずつ異なるエリアが段階的に形成（エコトーン）されて、それぞれの立地に適した動植物が棲み分けて生息することが知られている。たとえば植物では、丸石河原に限定して生育するカワラノギクやカワラハハコがあげられる。しかし、複断面化することで、河原の環境は均一化され、水辺のエコトーンを利用して棲み分けていた動植物は、

その生息空間を失うこととなる。

図4は、河川の横断面を測量した結果と植生の分布状況とをGISで分析することで、植生と水面からの高さの関係を明らかにし、エコトーンを区分した例である。下流に近い蛇行部では、頻繁に冠水し攪乱を受ける区域(寒色系)がみられるが、上流部では流路の縁以外は、ほとんど冠水しない区域(暖色系)が広がっており、複断面化しているようすがわかる。この「ほとんど冠水しない」区域は、前述の河川に特有の動植物があまり見られないだけでなく、外来植物の侵入拠点になっている。

川の表情は流域の地形や地質と深くかかわっている

川に雨水が集まる範囲を流域とよぶ。流域の地形や地質、土地利用などは河川環境に間接的に影響を及ぼす。図5は、兵庫県の地質分布図(岩石区分)に主要な14水系の流域界を重ねたものである。流域によって地質が異なることがよくわかる。

写真3Aは、兵庫県の武庫川の上流である。川の源流は山地の渓谷に発することが多いが、この川は平坦な水田地帯に源流を発する。このあたりの地質は堆積岩で、河床勾配も緩やかなことから砂泥が堆積しやすく、昔から洪水の多い場所でもある。つまり、氾濫原の環境が残存しているといえる。そのため、タナゴ類、二枚貝類、コウホネ類など、氾濫原の希少な動植物の宝庫となっている。

Bは、兵庫県の武庫川中流部に位置する渓谷である。山に挟まれた狭窄区間で、露岩が多い。その露岩に特徴的に生育するサツキやアオヤギバナ、ツメレンゲなど、希少な植物の宝庫になっている。

Cは、兵庫県の出石川である。流域は深成岩類の一種である花崗岩が優占するため、花崗岩の風化により真砂土が供給され、砂の中に岩が点在する風変わりな様相を呈している。

このように、流域の地形や地質によって河川の景観が変わり、必然的に生息生育する動植物が変わる。だから、河川の研究をする場合には、流域の状態を俯瞰する視点が重要となる。いわば河川は、流域の成りたちや人為的影響を集約した姿である。景観生態学の研究対象として、これほどおもしろい存在はない。

A 武庫川上流

B 武庫川中流の渓谷

C 出石川

写真3 地形や地質によって変化する川の景観

2-08 連続的に変化する川を捉える

丹羽英之（株式会社総合計画機構）

水源から河口まで、川の流れはつながっている。しかし、上流と下流とでは水量や水質、生息する生きものの種類は異なる。「つながっているが均一ではない」河川の環境は、どんな物差しで評価すればよいのだろう。筆者が考案した「MBC-IndVal法」は、河川整備の未来を変えることができるのだろうか

　山地に源流を発する川は、途中でいくつもの川と合流し、水量や川幅、水深を増しながら流下し、最後は海や湖沼に注ぐ。水の流れがつながっている川の集合を「水系」という。一つの水系は、生態学的には一つの単位として認識されることから、河川環境も水系全体で捉えられることがある。

　しかし、ほんとうにそれでよいのだろうか。河川環境を評価しようとすると、一つ大きな問題に突き当たる。とうぜんのことだが、川の源流と河口とでは見た目が異なるだけでなく、生息している生物の種類も数も異なる。上流から下流へと連続的に変化する河川生態系の概念を示したのが「河川連続体仮説[*1]」である（図1）。河川の環境や生息する生きものの種類は、源流から水が流れ下る距離（流程）が延びるにつれて少しずつ変化する。しかも、その変化は連続的で、ここまではこう、ここからはこうと明確に線引きすることができないことも、河川環境の特徴の一つである。

流れる水はつながっているが、棲んでいる生物はすこしずつ違う

　図2は、兵庫県を流れる14の河川の全水系を対象に、生息する底生動物（トビケラやカゲロウ、カワゲラの幼虫やカニやエビなど、川底の石の表面や底に棲んでいる生きもの）の種数を調べた結果だ。上流ほど種数が多く、下流にゆくにしたがって段階的に数が減っていることがよくわかる。「河川連続体仮説」に示されているとおり底生動物の種類が変わることが原因である。このように連続的に変化するものを、おなじ物差しで評価できるわけがない。

　前述の底生動物の種数を例に説明しよう。「もともと底生動物は上流のほうが種数が多い」という傾向を考慮せずに、たんに水系全体で種数を比較すると、「上流域は種数が多く多様性の高い地点」で、「下流は種数が少なく多様性が低い地点」だと評価されてしまう。この問題自体は広く認識されているが、それをふまえた評価事例が少なく、水系全体を視野に入れた生物多様性に配慮した川づくりは、まだまだ発展途上にある。

河川環境を「生きもの目線」でとらえる新しい物差し

このような問題を解決する手法の一つが「河川のタイプ分け」である。

上流からの距離や川幅などの川の形、河床の勾配など、定性的な視点で川を上・中・下流に区分することはよくある。では、生きもの目線で見ればどうだろうか。じっさいの生物の分布状況にできるだけ合致した科学的な区分方法があれば、河川環境を考えるうえでとても有効ではないだろうか。

ところが、河川をタイプ分けしようとすると、またしても大きな壁に突き当たる。この区分方法を用いるには、タイプ分けの指標となる生きものの分布情報が水系全体で揃っていることが前提である。残念ながら、わが国では、そうした調査が行なわれている河川は少ない。

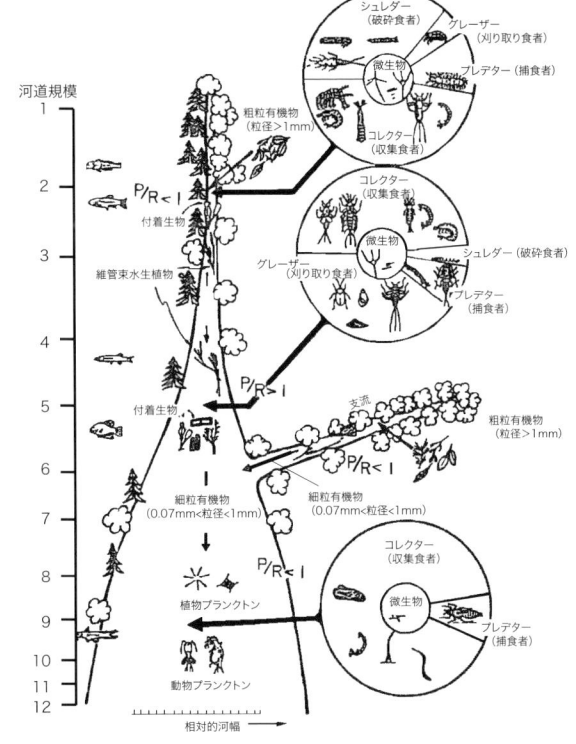

図1　河川連続体仮説

河川の上流では、河川の河畔林から落ち葉が供給され、それを餌（えさ）とする底生動物を中心に生態系が構築される。河川の中流では、河床への日照量が大きくなり付着藻類が発達するため、それを食べる底生動物を中心とする生態系が構築される。河川の下流では、水深が深くなり河床への日照量が小さくなることから、上流から流れてくる細かい有機物を食べる底生動物を中心とする生態系が構築される

景観生態学では、森や林、河川など、広範囲を研究対象とすることが多いが、そこでかならず出くわすのが、このデータ収集の問題である。生物多様性の保全を考えるなら、こうした基礎的な調査は不可欠であるが、広域を対象とする場合、収集できるデータ量には限界がある。すべての生物の分布情報を網羅することは不可能だとしても、いかに効率的に評価に直結する生物情報を収集するかは、景観生態学の研究者に課せられた課題の一つである。

筆者が研究対象として選んだ兵庫県の河川は、兵庫県の河川部局と博物館の連携により、先進的な河川調査が実施されており、幸いにも水系全体の生物情報が揃っていたので、生物情報にもとづく「河川のタイプ分け」を試みることができた。

＊1　河川連続体仮説　1980年にアメリカのR.L.Vannoteらが学術誌に発表。

筆者考案の分析手法で、環境保全のあり方に新しい視点を

　得られた生物分布などの情報をもとにタイプ分けするさいには、「クラスター分析」がよく用いられる。これは多変量解析という統計手法の一つで、たくさんの情報のなかから、ある方針に基づいて「似たものどうし（クラスター）」を見つけだしてくれる分析手法だが、万能ではない。クラスター分析は探索的手法であって、「正解」を与えてくれるものではないからだ。たとえば、「どの方法で、いくつに分けるのか」は分析者の判断であるため、そこにはかならず主観が入る。とくに、「いくつのグループに分けるか」については決定的な評価方法がないので、分析結果は不安定である。

　河川の自然再生の方針や具体的な目標、具体的な河川整備計画をつくるには、まずは河川の現状を正しく把握することから始まる。現地で集めた情報からなにを読み取るかによって、計画の方向性は大きく変わる。分析手法の選択は、とても重要なのである。連続的に変化する河川環境を捉えて、より正確にタイプ分けするにはどうすればよいか。

　道具がないなら、自分でつくればよい。筆者は新しい分析方法をあみだした。既存の「モデルに基づくクラスター分析(Model-Based Clustering:MBC)」に「指標指数(IndVal)」を組み込んだ、名づけて「MBC-IndVal法」である。「モデルに基づくクラスター分析」と従来の分析手法との大きな違いは、「どの方法で、いくつのグループに分けるのが最適か」ということまでも、統計学に基づいて客観的に判断してくれることにある。

　筆者はこの手法をベースに、グループ分けの判断基準に「指標指数」を組み入れるというカスタマイズをほどこした。これにより、グループの区分と生物分布との一致率(指標性)を基準に最適な結果を選択できるようになる。生物分布にできるだけ合致した区分を得たいのであるから、指標指数で優劣を判断することは理にかなっている。さらには、指標指数を用いたことで、タイプ分けしたあるグループで典型的に出現する生物や、そのグルー

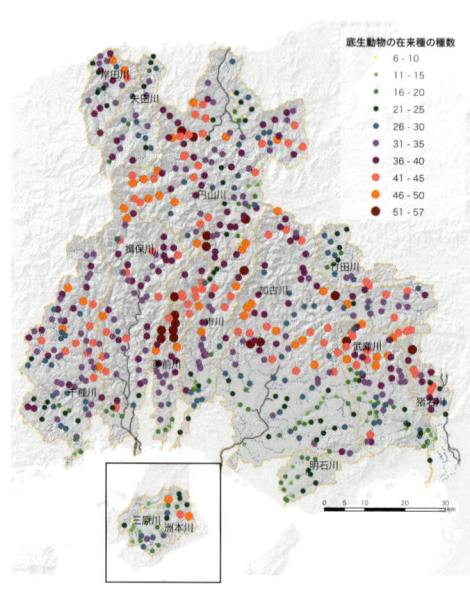

図2　兵庫県下(14河川)の底生動物の種数

プにしか出現しない生物を定量的に抽出できるようにもなった。こうした生物を指標生物という。

図3は、兵庫県の市川水系の植生データをMBC-IndVal法で分析し、調査地点をタイプ分けした結果である。じっさいの植生の分布特性とかなり一致したグループが形成されただけでなく、各グループの指標生物として選ばれた植物群落も、現地の状況をよく反映していた。MBC-IndVal法の有用性が実証されたといえるだろう。

河川の劣化状況を正しく把握し、より効果的な保全対策を提案

MBC-IndVal法を用いて河川のタイプ区分ができれば、連続的に変化する河川環境の状況をうまく捉えることができる。さらには、抽出した指標生物の情報を応用して、河川環境の「健全性（Biological Integrity：BI）」を評価することもできる。指標生物の多くが出現する地点は、河川の健全性が高い地点といえる。対照的に、指標生物がほとんど出現しない地点は健全性が低く、河川環境は「劣化している」と評価できる(図4)。タイプ分けしたグループの中で健全性がもっとも高い地点を参照地点とし、そことの乖離度を物差しに、河川の「劣化度」を示すことができる。たとえば、「劣化している」と評価された地点では、同じグループ内の参照地点を目標に自然再生を進めることが可能となり、選定された指標生物を利用することで、具体的にどのような生物が棲むようになれば健全性が回復したのかを判断できる。

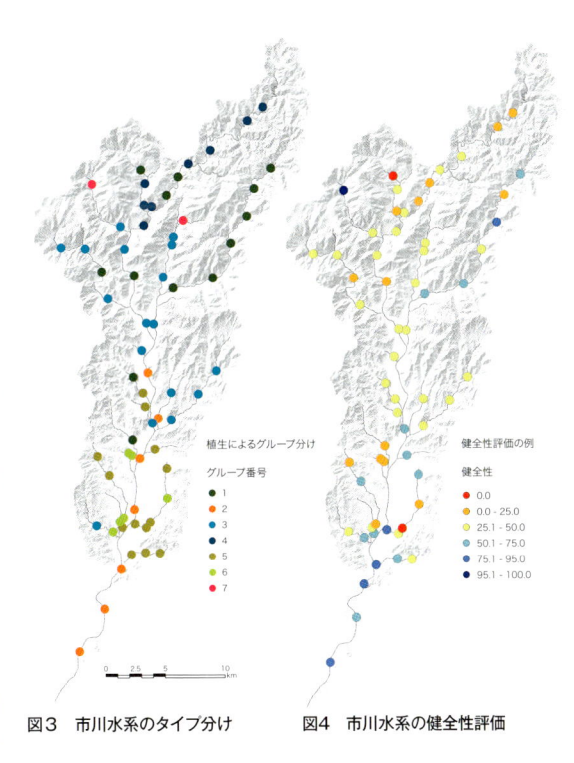

このように筆者の考案したMBC-IndVal法は、生物情報を分析した科学的根拠を提供することにより、これまで以上に生きものに配慮した川づくりを進めることに寄与することが期待される。ただし、前述のように、生きものの分布情報が水系全体で揃っている河川が少ないことから、実践はこれからの課題である。

図3　市川水系のタイプ分け　　図4　市川水系の健全性評価

参考文献　丹羽英之・三橋弘宗・森本幸裕. 2011. 保全生態学研究 16: 17-32.

2-09 イリ川のデルタ湿地帯は、なぜ塩害を免れているのか

守村敦郎（人間環境大学人間環境学部 准教授）

乾燥地は、「大地からの蒸発量や植物からの蒸散量が降水量を上回る地域」と定義される。しかし、そこはけっして不毛の地ではなく、地域固有の生態系と人びとの暮らしがある。中央アジアの乾燥地の二つの湿地帯の現況から、私たち人間はなにを学べるだろうか

　国連の呼びかけで2001-2005年に行なわれた「ミレニアム生態系評価[*1]」によると、乾燥地は世界の全陸地面積の約4割を占めるという。乾燥地の水は、その場所に降る雨だけではない。源流を遠くの山々におき、乾燥地の平野部を流れる大河川は、河畔林（河川の周辺に繁茂する森林）や広大なデルタ湿地帯といったオアシスを出現させ、乾燥地生態系のキー・リソース（生態系を特徴づける資源）として一帯の生物多様性を支えている。

自然再生のプロセスを無視した大規模灌漑農業の末路

　乾燥地は、降雨量が少ないから植生が育ちにくく、いわゆる不毛地帯となる。しかし、晴天率は高く、とくに低〜中緯度は太陽エネルギーに恵まれている。ならば大河川の潤沢な水を利用しない手はない。そう考えて、河川から人工的に水を供給する大規模灌漑設備をつくり、広大な乾燥地を農地に改造した国があった。旧ソビエト連邦である。

　かつてはその連邦の一部だった、中央アジアに位置する現在のカザフスタン共和国には、乾燥地をつらぬくように二つの大河川が流れている。どちらも中国の天山（テンシャン）山脈に源を発し、アラル海（ウズベキスタンとの国境にまたがる塩湖）に注ぐシルダリア川と、バルハシ湖に注ぐイリ川である（図1）。1950年代から60年代にかけて、この二つの河川沿い

図1　シルダリア川とイリ川の流路

[*1] ミレニアム生態系評価　国連の主唱で、2001年から2005年にかけて行なわれた生態系に関する地球規模の環境アセスメント。「地球生態系診断」ともいう。

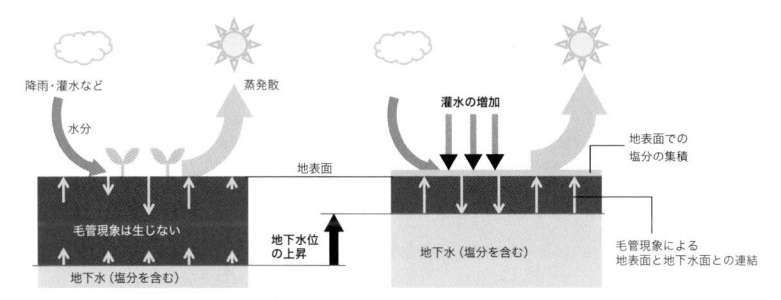

図2　灌漑農地の土壌塩類化のプロセス

の低地を中心に、大規模な灌漑農場がいくつも整備された。

　1980年代までは、綿花と米の生産高が上がり、社会主義の勝利と喧伝された。しかし、1990年代初頭の旧ソビエト連邦の崩壊にともない、灌漑農業の担い手だった農業共同体の多くも崩壊した。これと同時に、数十年にわたり進行していた深刻な環境問題も露見した。いわゆる「アラル海の悲劇」である。

　大規模な灌漑によって、アラル海に注ぐシルダリア川の水量が激減したことで、かつて世界第4位の面積を誇った巨大な湖が枯渇した。これにともない、湖周辺の湿地の生態系は劣化し、生物多様性は失われた。農地の劣化だけでなく、日射量の多い砂漠のような過酷な環境と、塩分の多い飲用水が原因と思われる高血圧や呼吸器疾患など、デルタに暮らす人たちの健康被害も深刻だ。

　灌漑農地の劣化のプロセスは図2のとおりだ。乾燥地の灌漑農地で多量の水を散布すると地下水位が上がり、毛管現象で地下水が地上まで届くようになる。地下水にはごくわずかであるが塩分が溶け込んでいる。地下水が蒸発すると、その塩分のみが地表に残り、これが集積すると塩害、すなわち農作物の生育不良を引き起こす。蒸発強度の高い乾燥地での塩類集積は、水はけの悪い低地でその傾向が強い。塩害が原因で多くの農地が放棄されたまま、現在に至っている。

アラル海で繁殖していたペリカンはイリ川デルタに避難

　灌漑農場だけでなく、河畔林やデルタ湿地帯の植生も、多量の河川水によって維持されている。ではなぜ、前者の多くは破綻し、後者は生態系が維持されているのだろうか。

　この問題を解く手がかりとして、イリ川のデルタ湿地帯（以下イリ川デルタ）に目を移してみよう（写真）。ここはアラル海流域とは異なり、氾濫原湿地が残っている。灌漑農場も規模を縮小して持続している。自然性の高い湿地が残っていて、かつてはアラル海で繁殖していたペリカンが、現在はイリ川デルタを一大繁殖地としている。

イリ川のデルタ湿地帯は、なぜ塩害を免れているのか──守村敦郎

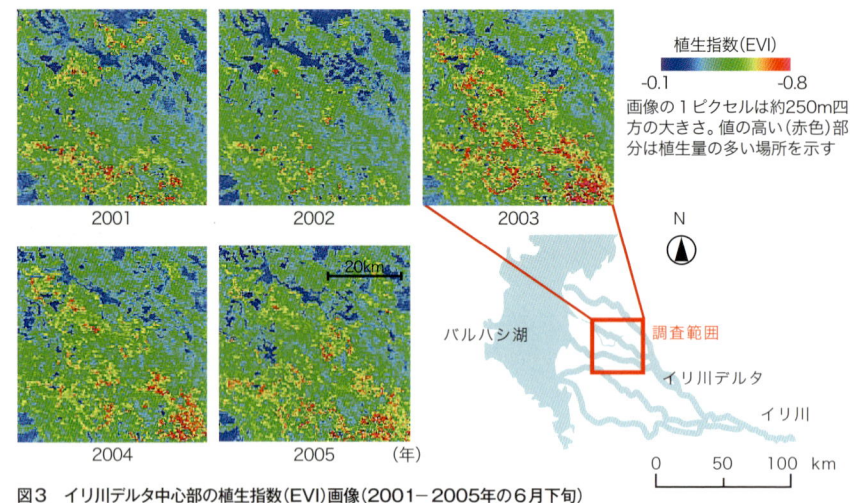

図3 イリ川デルタ中心部の植生指数(EVI)画像(2001-2005年の6月下旬)

写真 上空からみたイリ川デルタ湿地(2010年8月)

河川の水際から砂漠のエリアにかけては、植生が少しずつ推移するエコトーンが見られる。まず川岸では、河川水に依存する湿地性大型草本のヨシ(アシ)群落があり、現地語でツガイとよばれる河畔林、サクサウールとよばれる地下水に依存する低木群落などが、地形に沿って入り組み、モザイク状に拡がっている。

「植生が動いている」のは、多様性が保たれている証

その植生分布を上空からとらえてみる。図3は、2001年から2005年までのイリ川デルタの中心部の衛星画像をもとに解析し、値が大きいほど植生量が多いことを示す植生指数(EVI)に応じて色分けしたものだ。一年のうちもっとも平均値が高い傾向にある6月下旬のデータに注目してみよう。

植生指数の低い場所(青色)は毎年ほぼ固定されているのに対し、植生指数の高い場所(赤色)は年ごとに不規則に移動している。しかも、図中のスケールバーと照らし合わせると、面積の変動もかなり大きいことがわかる。ダイナミックに変化している赤色部分は、おもにヨシの群落だ。じつは、「植生が動いている」ことが、イリ川デルタが塩害に陥らずに持続している証拠なのである。

イリ川は毎年春先から初夏にかけて、氷河を頂く水源の天山山脈の雪解けで流量が増加し、氾濫原に洪水攪乱を引き起こす。この攪乱は、植生を破壊するだけでない。イリ川の後背湿地を水で満たし、ときには流路を変更するとともに、湿地に堆積した塩分を洗い流し、上流からの土砂や養分を沈殿させるなど、地表面を刷新する働きをもつ。その攪乱の範囲や方向、強さは、雪解け水の流量の変動により年ごとに変化するので、イリ川デルタには、時期ごとに植物の生息場所が変化するすシフティング・モザイク（動く植生のモザイク構造）が成立し、環境の多様性が維持されるのである。さらに、乾燥地はもともと強い日射に恵まれているので、結果として、高い生物生産性と生物多様性がもたらされる。

対象的な二つの湿地帯の現状に「未来のありよう」を探る

　一方、同じ中央アジアにあって、かつてはイリ川デルタと同様の攪乱と再生のプロセスを有しながら、その多くを失ってしまったのがシルダリア川デルタである。

　かつてはイリ川デルタよりも広大な湿地帯が拡がっていたが、その多くが大規模な灌漑農場に置き換えられた。農業用に大量の水を汲み上げたことで河川水が減ったうえに、雪解け水による季節的な洪水は人工ダムによって制御されて、シルダリア川は氾濫を起こすことが少なくなり、湿地のモザイクは固定化された。その結果、自然湿地の活性は衰退し、塩類化による土壌劣化は現在もその爪あとを残している。

　こうした土地で持続的な農業を実現するにはどうすればよいのか。一つは灌漑方法の改善である。近年は、耕作地の30％を畑から水田に変える輪作体制で塩類化を抑えようとしてはいる。塩害の大きな一因である水路の漏水対策も欠かせない。劣化した湿地帯に暮らす住民の健康問題への対応も必要だ。

　しかし、それらは対症療法でしかない。イリ川デルタにみられるように、乾燥地の湿地は本来、生態学的に健全な攪乱と再生のプロセスをそなえている。湿地の生物多様性とその働きを損なわないことが、持続可能な農業の基本ではないだろうか。悲惨なシルダリア川デルタにくらべてイリ川デルタでは、自然湿地に対する灌漑湿地面積の比率が6分の1にとどまっていることが参考となる。

　自然湿地だけでなく灌漑農場をも含めた地域全体の生態的バランスを考える、より広域的な土地利用のグランドデザインが求められる。かつて中央アジア湿地帯の王者として君臨したカスピトラは1970年代に絶滅し、現在はペリカンが生態系の最上位種である。ペリカンの繁殖地である広大なヨシ原やツガイの森と人間との共存のあり方が、その鍵を握っているのではないだろうか。

参考文献　森本幸裕・守村敦郎. 1999. 水文・水資源学会誌 12 (2) : 168-176.

イリ川のデルタ湿地帯は、なぜ塩害を免れているのか——守村敦郎

2-10 淀川のシンボルフィッシュの復活にかける

柳原季明（前・国土交通省近畿地方整備局淀川河川事務所）

イタセンパラは淀川の生態系を代表する日本固有の淡水魚、タナゴの一種。淀川では2006年以降その姿が確認されておらず、絶滅の危険性がきわめて高いとして環境省レッドリスト（IA類）に記載されている。イタセンパラの復活は淀川の生態系を次世代に引き継ぐための環境保全・再生のシンボルとなっている

　イタセンパラは、淀川水系以外では富山平野、濃尾平野などの水域にしか分布しておらず、国の天然記念物に指定されている。秋にイシガイなど生きた二枚貝に産卵し、孵化した仔魚は貝の中で越冬するという特殊な生態を有している。淀川では、「ワンド」とよばれる本流に接した池状の水域に生息する。

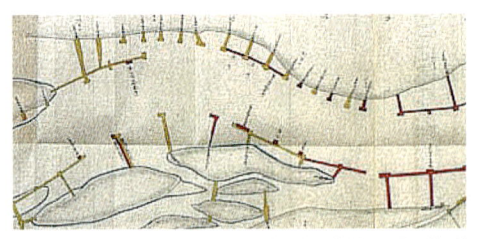

写真1　明治18（1885）年の淀川改修工事の水制の配置図（部分）
水制で囲まれたところがワンドとなった（淀川資料館蔵）

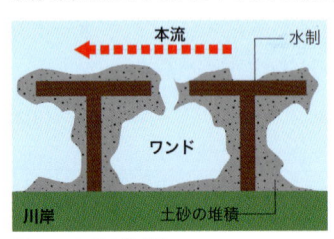

図1　ワンドの模式図

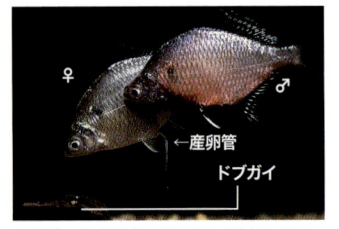

写真2　ドブガイに産卵するイタセンパラ
（写真提供・小川力也）

舟運によって生まれたワンド

　琵琶湖から流れ出て大阪港に注ぐ一級河川の淀川は、かつては舟運がさかんだった。江戸期には日本各地から大阪に集まった物資や物産は京の都へ、都の文物は大阪へと運ばれた。航路の京都の伏見港から大阪八軒家（天満橋付近）までは三十石船が往来し、両岸の街道沿いは宿場町として発展した。

　明治期には蒸気機関を備えた外輪船が導入され、最盛期には14隻が就航していた。蒸気船を通すには約1.5mの水深が必要で、流れを緩やかにする必要もあったため、オランダ人技術者デ・レーケらによって「水制」工事が行なわれた。水制とは岸から川の中心部に突きだす構造物で、木の枝（粗朶）を組んで大きなマットをつくり、石を詰めて沈め、それを積み重ねたものである。大阪から伏見まで両岸にわたって約800基建設された。

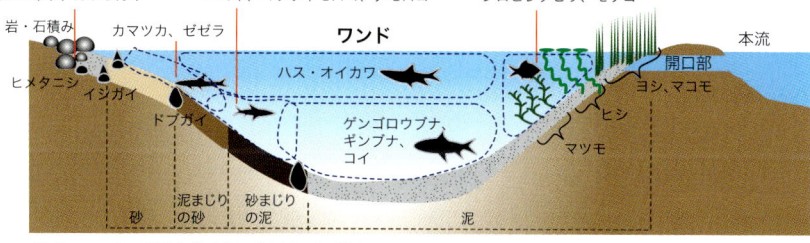

図2　ワンドの環境と魚介類の生活場所の模式図　　　　　　　　　　　　　（原図・紀平肇、長田芳和）

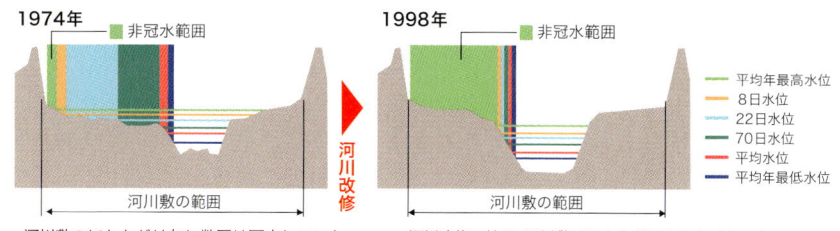

図3　冠水範囲の断面図

　この水制と土砂の堆積によって囲まれた水域がワンドである。ワンドの語源には諸説あるが、漢字表記では「湾処」があてられている。淀川本流と一部がつながるか、増水したときにつながる、水の流れがあまりない池状の水域であり、イタセンパラをはじめとする魚の産卵場や仔稚魚の絶好のすみか（ハビタット）となった。
　舟運のための水制で副次的に形成されたワンドは、巨椋池の干拓などで河川の氾濫原が減少した淀川流域において、氾濫源に適応した生物の代償ミティゲーション（影響緩和）の場として機能したと考えられる。1980年代半ばまで、淀川は日本有数の淡水魚の種類数を誇り、汽水域を除いて50種類以上が確認され、このうち約40種類をワンドで見ることができた。

河川改修によって攪乱が少なくなった淀川

　淀川の舟運は、鉄道の発達とともに大正期に衰退し、1962年に大阪・伏見間の貨物輸送を終えた。1961年と1965年の大規模な洪水をふまえ、1971年に淀川水系工事実施基本計画を改訂し、200年に一度の確率で起こる洪水でも淀川で安全に流せるように、計画高水流量を従来のおよそ1.7倍となる12,000m^3／秒に設定した。川底を掘り下げ、川幅を広く直線的にする河川改修が始まり、水制は撤去が進んだ。さらに、1972年には淀川河川公園の整備がはじまり、変化に富んでいた水辺の多くは河川敷のかさ上げと護岸によ

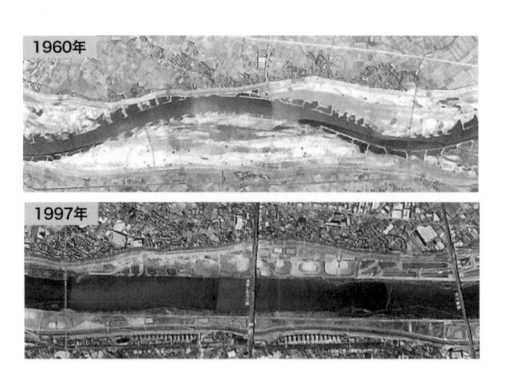

写真3　1960年(昭和35年)と1997年(平成9年)の淀川の比較

り平坦で単調になった。

　こうして人には安全で利用しやすい河川敷が増えた一方で、水位変化により攪乱されるワンドや水陸移行帯は少なくなり、多様な生物を育む淀川特有のハビタットが多く失われた。多いときには800個ちかくあったワンドは、再生したワンドを含めても62個まで減少している(2011年3月現在)。

　保存されたワンドでも生態系の劣化が進行している。淀川に現存する最大規模のワンドである城北ワンド群(大阪市旭区)では、1970年以降も48種の魚類が確認された。しかし、1983年に洪水対策と安定した水道水の確保などを目的とした淀川大堰が完成し、淀川下流部の水位変化が減少してワンドは攪乱されにくくなった。ワンドの水質は悪化し、産卵や成長に必要な浅い水辺の陸化が進んだ。さらに、ブルーギル、オオクチバスなどの外来種が増加したこともあり、スジシマドジョウ、ナマズ、ドンコ、イチモンジタナゴ、メダカ、アユモドキが確認されなくなるなど在来種は減少し、20種にも満たない状況になった。2006年に城北ワンド群の1か所(31号ワンド)で行なわれた魚類の捕獲調査では、外来種の5種3,652匹に対して、在来種はフナ類など14種でわずか374匹だった。城北ワンド群はイタセンパラの最大の生息地であったが、2001年に7,839匹を確認して以降は減少し、ついに2006年からは確認できなくなった。

ワンド再生による自然環境の復元

　1997年に河川法が改正され、河川管理の目的として、これまでの治水、利水に「河川環境の整備と保全」が加わった。淀川では1999年に城北ワンド群の東端に実験ワンドを設置し、環境再生の検討を開始した。河床の低下で干上がった楠葉ワンド群(大阪府枚方市)では、2002年に河川敷を深く切り下げることでワンドを再生した。

　2009年に策定した淀川水系河川整備計画では、「生態系が健全であってこそ人は持続的に生存し、活動できる」を基本的な考え方として、ワンド再生などにより多様な生物の生息・生育・繁殖環境の保全と再生に取り組むこととし、イタセンパラは淀川中下流域の環境再生の代表的な目標種に位置づけられた。ワンドは群として存在することで変化に富む環境を形成し、多様な生物のハビタットとしての機能が高まることから、ワンド再生の取り組みを拡げることで淀川特有の自然環境の復元をめざしている。

運動利用を先行してきた淀川河川公園においても、2008年に公園の基本計画を抜本的に見直した。水面と河川敷とを分断していた河川形状を修復し、自然環境の連続性を再生するとともに、自然とふれあう川らしい利用を進める方針に転換した。三島江野草地区(大阪府高槻市)では、モデル地区として2002年度から2007年度に三段階の冠水頻度を設定して河川敷の切り下げを行なった。2009年の生物調査では植物24群落、魚類6種、貝類2種が確認されている。

　淀川らしい生態系を回復するための外来種対策も進められている。大阪府は2009年度から城北ワンド群で外来魚、外来植物の継続的な駆除を行なっており、在来種のタナゴ類の稚魚確認数が増加するなどの効果が現れている。また、三島江野草地区で2011年から学生ボランティアを中心に外来植物の

1974年
満々と水をたたえていた

1987年
完全に水が抜けてしまった

2002年
水が入って生きものがよみがえった

写真4　楠葉ワンド群の変遷

駆除が行なわれるなど、環境保全活動への市民参加も活発化しつつある。広大な淀川流域において外来種を抜本的に駆除することは、一朝一夕には実現できない。ワンド再生とともに、多様な主体が広域的に連携して環境保全の取り組みの輪を拡げ、継続していくことが期待される。

次世代に豊かな環境と社会を引き継ぎたい

　2009年秋、イタセンパラの野生復帰をめざして大阪府環境農林水産総合研究所水生生物センターで飼育している淀川由来の成魚500匹を再導入した。2010年春の調査で133匹のイタセンパラの稚魚が確認されたことから、再導入した個体が野生で繁殖したものと考えられる。しかし、2011年春の調査ではイタセンパラの稚魚は確認できなかったため、導入方法に改善を加えて同年秋に2度目の再導入を実施した。一度損なわれた生態系の回復は容易でないことを物語るが、淀川は在来の生物が繁殖できる環境をいまなお残していることも示している。

　イタセンパラをシンボルとした淀川の環境再生の取り組みは、かつて舟運のための水制がその役割を果たしていたことを足がかりに、多様な生態系と人の利用が調和する方法を模索し、次世代に豊かな環境と社会を引き継ぐための取り組みである。まだ答えは見つかっていないが、粘り強く試行錯誤を続けていきたい。

参考文献　国土交通省淀川河川事務所．「淀川のワンドにいってみよう」
http://www.yodogawa.kkr.mlit.go.jp/know/info/gakusyu/images/wand2.pdf
日本魚類学会自然保護委員会編．2011．絶体絶命の淡水魚イタセンパラ——希少種と川の再生に向けて．東海大学出版会．

2-11 モリアオガエルはどこにいる？

伊勢 紀（株式会社地域環境計画）

雨上がりの水たまり、学校のプールの上にでも産卵する「かなり無頓着」なモリアオガエル。ところが、生息条件のそろった潜在生息適地を求めるのはそう単純ではない。ひっそりと森に棲み、人知れず数を減らしている生きものたちの声なき声を伝えることが、自然を改変する人間のつとめではないか

　モリアオガエルの英名はフォレスト・グリーン・ツリー・フロッグ（Forest Green Tree Frog）、和名と同様、森に棲むカエルだ。田んぼなどで見かけるカエルとは少し違った生態のカエルで、木の上をおもな棲みかにしている。だから、私たちは普段、ほとんど目にすることができない。

絶滅危惧種や準絶滅危惧種となった愛らしいカエル

　このカエルが私たちの前に姿を現すのは年に1回、春先から初夏にかけての産卵シーズンだけだ。4月から7月にかけて、山裾や湿原のため池のそばでコロコロコロという鳴き声が聞こえたら、周りの木の枝をよく見てほしい。運がよければ、水面にせり出した枝から垂れ下がっているソフトボール大の泡の塊を目にすることができる。これがモリアオガエルの卵だ（写真）。この泡状の卵塊のなかで孵化したオタマジャクシは、やがて下の池に落ち、水のなかで1か月くらいをかけてカエル（幼体）となり、ふたたび森に戻る。いったん森に戻ってしまうと、見つけることはなかなかできない。

　『改訂版 日本カエル図鑑』（文一総合出版、1999）には、「海岸近くの低地から標高2,000m以上の高地にまで分布するが、一般には山地に多く、森林に生息する」と書かれている。ほぼ本州全域

写真　モリアオガエルの卵塊

図1　モリアオガエル分布域と生息確認地点
（『改訂版 日本カエル図鑑』をもとに筆者が作成）

● 生息が確認された場所
■ モリアオガエル分布図

図2　分布状況のモデル

気温 → 降水量 → 森林 → 緩斜面
　　　　降水量 → 積雪深 → 森林

モリアオガエル（筆者提供）

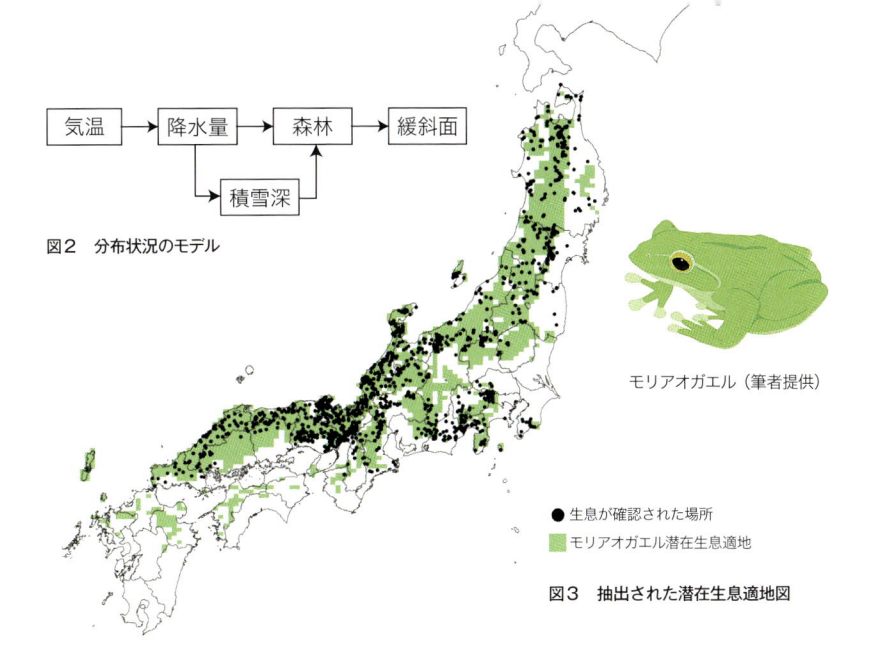

● 生息が確認された場所
■ モリアオガエル潜在生息適地

図3　抽出された潜在生息適地図

に分布しているともいわれている。ところが近年、地域によっては減少傾向にあって、県版のレッドデータブックで絶滅危惧種や準絶滅危惧種に指定している都府県は数多くある。

どんな環境が好きなのかを説明できる材料はないものか

　私がモリアオガエルの分布調査のフィールドとした兵庫県でも絶滅危惧II類に指定されているが、淡路島を除くほぼ全域で確認されている。それでも、じっさいに調査してみると、いる池といない池とがあって、その生息条件に規則性がなかなか見えてこない。調査をはじめた年は、来る日も来る日も地形図を片手にモリアオガエルの痕跡を探して歩き回り、約250の池を調査した。

　わざわざ森から池に出てきて産卵するのだから、植生や池のサイズなどの条件に厳しいはずと考えていたのだが、結論は「かなり無頓着」。池どころか、雨上がりの水たまり、果ては学校のプールの上でまで産卵する始末。

　とはいえ、勘のいい人なら分布図を見れば気づくように、森があればモリアオガエルがいるというわけではない。森は日本の国土の66％を占め、ため池は20万箇所以上もある。この数字だけみれば、都市部でなければどこにでも分布していそうに思うのだが、分布は意外と偏っている。九州・四国には分布していないし、本州でも中国地方・瀬戸内地方、東北の太平洋側での確認は非常に少ない。ため池調査に熱中するあまり、この事実に気づくのに1年以上かかってしまった。それでも、日本列島全体の大きなスケールで、モリアオガエルの分布をうまく説明できるのではないかという気がしてきた。

「潜在生息適地の推定」の手法を応用してみよう

ということで、文献その他の資料を漁って、これまで確認されている場所を地図にプロットしてみた（図1）。しかし、これだけでは、そこに生息しているという事実はわかっても、そこに「いない」の理由は説明できない。それを調べる手法のひとつに「潜在生息適地の推定」がある。潜在生息適地とは、生息は確認されていないが生息している可能性が高い地域、つまりは生息の条件を満たしている地域を地図に落としこんだものだ。では、モリアオガエルの生息を決定する条件とはなんだろうか。

冒頭にも書いたように、モリアオガエルの生息と産卵に、森と水辺は必須の条件だ。これに両生類の生息を規定する要因として知られている気温を加え、この三つの条件をもとに生息状況を調べることにした。

分布情報を土地利用区分図、気象平年値と重ねあわせる

ここからの作業は、いろいろな環境の情報やモリアオガエルの分布情報を地図に重ねて表示することができる、GIS（地理空間情報システム）というツールを使う。GISというのは、エクセルのようなデータベースとイラストレーターのような絵を描くソフトの機能とを併せもつパソコンのソフトの一つだ（74ページ）。

森林と気温については、国土地理院が作成している土地利用区分図[*1]と、気象庁が作成している気象平年値[*2]とを用いることで表現した。難しかったのは水辺の存在量。産卵期の降水量を調べるだけでよいだろうと考えていたが、モリアオガエルの生息域は東北の日本海側の豪雪地にも多く分布する。この地域は雨が少ないかわりに積雪量がとても多い。そこで、春先の雪解け水が水辺の創出に一役買っていると考えた。さらに、水がたまりやすいのは地形がなだらかであることから、急峻な地形の場所は避けるように考えた。

足りない情報は「選好度指数」で補ってモデル化

では、上記の要素がどのていどの範囲であればモリアオガエルが生息するのだろうか。分布情報が充分に集まっていれば、分布が確認された地点の自然環境のデータ、たとえば最低気温と最高気温などの条件を設定すればよい。しかし、今回のモリアオガエルのように「生息していない」と「見つかっていない」という情報が混在、つまり「いる」という情報が得られていない場合は、「選好度指数[*3]」という指標を使って、閾値を算出する方法が使われる。

[*1] 国土数値情報土地利用細分メッシュデータ　全国を約100m間隔のメッシュに区切ってその中心点の土地利用を森林、耕作地、市街地など17区分に分類したデータ。
[*2] 気象庁全国平年値　全国を1km間隔のメッシュにくぎって、過去30年間の気象データ（気温、降水量、日照時間等）をもとに、月別・年別の平均値を求めたもので、10年ごとに更新される。この調査では、1971〜2000年の調査を利用した。

モリアオガエルが生息するうえで必要ないくつかの条件を導き出し、その条件を組みあわせて潜在生息適地を求める、つまりモデル化する。設定する条件の優先順位や組みあわせを総当たりで試して、分布の現状をもっともよく説明するモデルをつくるのである（図2）。今回、私がつくったモデルは、最終的に現在の分布の75%程度を説明することに成功し、それぞれの地域でモリアオガエルの生息分布を規定している要因についても知ることができた。

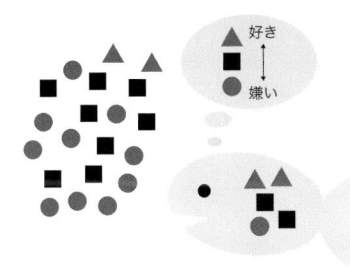

図4　選考度指数の考え方

　しかし、まだ終わりではない。岡山県と広島県の南部には広く潜在生息適地が拡がっているにもかかわらず、分布情報は存在しない。よく調べてみると、どうやら「見つかっていない」のではなく、「生息していない」ようである。私は、成体の生息環境である森林のつながり具合（連続性）の影響ではないかと考えていて、現在、そのつながり具合の評価方法について検討を加えている。完成すれば、このモデルをさらに改良し、より精度の高い潜在生息適地マップにしたいと考えている（図3）。

「どこに」がわかれば、「どこで、何を」すべきかがわかる

　分布情報が不確かな生きものの生息地を地図として表現することは、保全や保護を考えるうえで必要不可欠である。モリアオガエルを守りたいと思えば、「どこで」、「何を」すればよいかを提示しなければならないのである。「森と産卵する水辺のある環境を守りましょう」と言っているだけでは、何も始まらない。「どこに」生息している可能性が高いか、「どこで」保全対策をすることが有効なのかを潜在生息適地図として表現し、保全の優先度を視覚的にあらわす必要があるのである。しかし、野生生物を相手にしているかぎり、完全な予測は不可能である。だから、どういう手法・考え方で解析を進めたのかをモデルとして整理しておき、新しい発見があったときに、その情報をいつでもモデルに反映できる準備をしておくことが求められる。

　森に棲む野生生物の多くは、このモリアオガエルのように、あるいはもっとひっそりと生息し、人知れず数を減らしていることが最近の研究でわかってきている。そのようにひっそりと生きる森の生きものたちが、だれにも気づかれないまま姿を消してしまうことのないよう、私はこれからも彼らの棲みかを地図に表現することで見守っていきたいと思っている。

＊3　選好度指数　魚の食性を調査するために考えられた手法で、周りにある餌資源と魚が食べた餌（えさ）の量から、どれを選択的に食べているのかを調べる方法（図4）。

生物多様性ってなに？ 調査手法と評価方法 ❹

GISは「読み書きそろばん」並みの必須ツール

鎌田磨人（徳島大学大学院ソシオテクノサイエンス研究部 教授）

生物多様性や健全な生態系から得られる多くの恩恵を、将来に引き継ぐことは、いまを生きる私たちの責務である。しかし、そのことが人びとに共有されているわけではない。いずれの地域でも生物多様性や生態系を等しく保全することも難しいだろう。生物多様性や生態系の保全・修復を実現するには、生物の生息・生育に適した場所を地図で示し、「なぜその地域を保全する必要があるのか」、「そこを保全することがどれほど有効な対策なのか」を、多くの人に理解してもらう必要がある。

空間情報を可視化して検索・分析を可能に

野生生物の分布状態を国土の隅々まで調査して地図化するには、膨大な時間と労力を要する。国土の土地利用が急速に変貌しつつある現在、そうした調査結果を待って議論・検討をはじめるよりも、かぎられていても既知の情報で潜在的な分布域を予測し、地図に示すほうがよい。それを可能にするのがGIS (Geographic Information System＝地理情報システム)とよばれる技術である。

一般的な地図は、山、川、平野等の地形情報に建物、道路、鉄道、田畑、森林などの土地利用の状況を示す情報を重ねてつくられる。そして、必要に応じて、コンビニ、ホテル、病院、駅などの特定の情報が付加される。

これに対してGISは、デジタル化された複数の空間情報を、緯度・経度などの位置座標をもとにコンピュータで整理・結合して可視化し、その情報を検索・分析できるよう開発されている。駅周辺1km以内のコンビニを検索して、駅ごとにその数を集計して地図上に表示・比較することだって、いとも簡単にできるようになった。

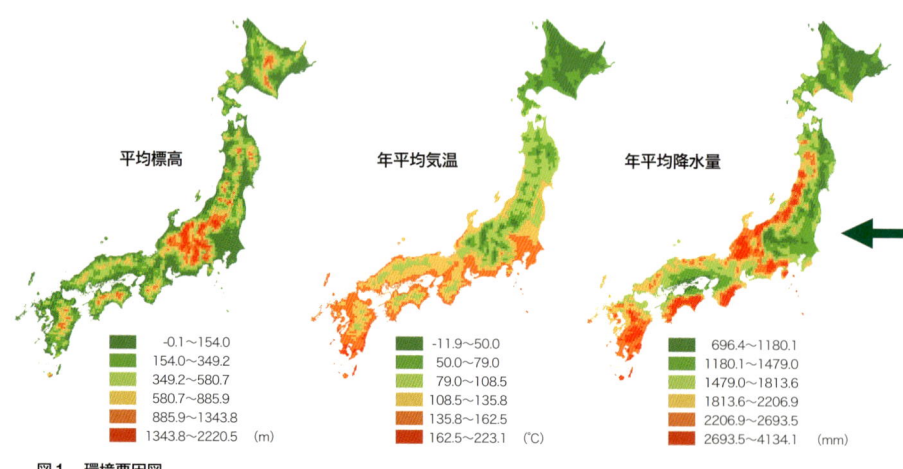

図1　環境要因図

平均標高
- -0.1〜154.0
- 154.0〜349.2
- 349.2〜580.7
- 580.7〜885.9
- 885.9〜1343.8
- 1343.8〜2220.5 (m)

年平均気温
- -11.9〜50.0
- 50.0〜79.0
- 79.0〜108.5
- 108.5〜135.8
- 135.8〜162.5
- 162.5〜223.1 (℃)

年平均降水量
- 696.4〜1180.1
- 1180.1〜1479.0
- 1479.0〜1813.6
- 1813.6〜2206.9
- 2206.9〜2693.5
- 2693.5〜4134.1 (mm)

類似の生息条件をそなえた地域を抽出する

　ある生物が生息・生育できる可能性のある場所を知るには、どのような空間情報と作業が必要だろうか。

　簡略化すれば次のようになる。まず、その生物を確認した地点、その生物の分布を決定づける年平均気温、降水量、地形、地質などの環境要因に関する情報が必要だ（図1）。これらの地図を重ねて生物が確認された地点の環境を抽出して解析することで、その生物が生息・生育可能な気温や降水量の範囲、地形や地質を把握できる（図2）。そこで、これと同じような環境条件にある地域を検索して表示できれば、対象生物が潜在的に生息・生育可能な地域を地図として示すことができる（図3）。環境条件の解析方法はいくつか提案されているので、適した手法を選択すればよい。

フィールドワークの蓄積をGISで統合・解析

　日本ではすでに、気温、降水量、積雪量などの気候値、それに標高や傾斜度などの地形値は1kmメッシュで、宅地、農耕地、森林などの土地利用は100mメッシュでデジタル化して整理されている。このデータはだれもがダウンロードして使える。DEM（Digital Elevation Model＝数値標高モデル）とよばれる緯度、経度に標高値を与えた数値データは10mメッシュで提供されている。これを使って詳細な地形図を描くことも可能になった。

　日本の国土を1kmメッシュで分割すると約38万個のデータになる。地道なフィールドワークで蓄積した成果をGISで統合・解析することで、保全対策と計画をわかりやすく提案できるようになった。

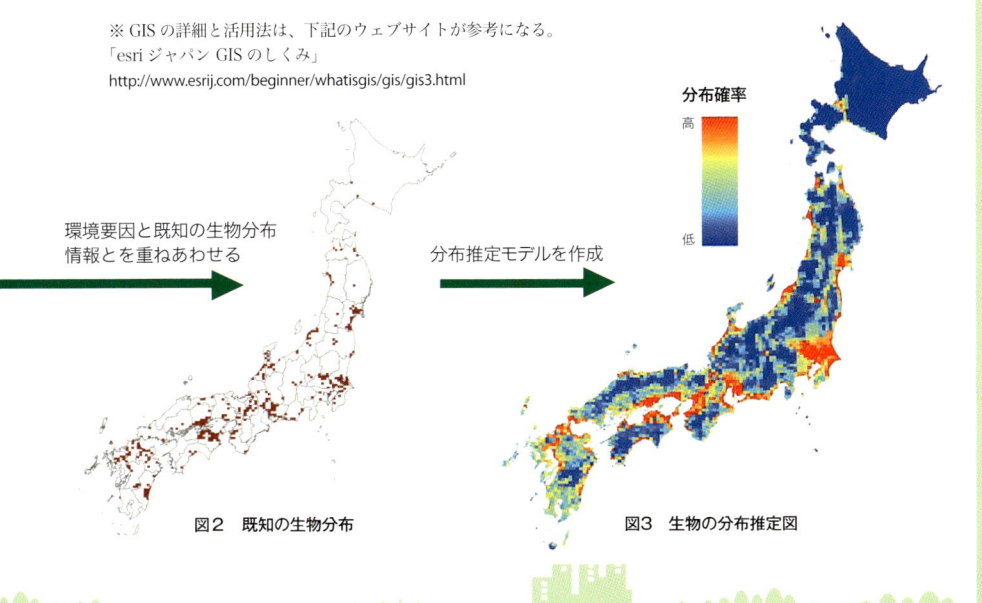

※GISの詳細と活用法は、下記のウェブサイトが参考になる。
「esriジャパン GISのしくみ」
http://www.esrij.com/beginner/whatisgis/gis/gis3.html

環境要因と既知の生物分布情報とを重ねあわせる

分布推定モデルを作成

分布確率 高 低

図2　既知の生物分布

図3　生物の分布推定図

2-12 台風で破壊された森はどう再生されるべきか

森本淳子（北海道大学大学院農学研究院森林管理保全学分野 准教授）

台風の到来は人間の暮らしには大きな脅威だが、自然の森林が健全性や多様性を維持するうえでは欠かすことのできないイベントでもある。では、自然の摂理にまかせることのできない脆弱な人工林であればどうか

　木材生産が目的の人工林にとっても、台風の破壊的行為は本来「災害」だ。しかし、もはや木材の生産を求められなくなった人工林にとっては、自然の森として再生するきっかけともなりうる。一見すると負の効果しかもたない自然現象だが、じつは豊かな森林を創出するうえで重要な役割を担っている。

ギャップの有無、サイズが遷移の方向を決める

　台風による破壊は、森林の環境やその後の森林の再生の道筋にどのような効果をもたらすのだろうか。大規模な破壊か、小規模な破壊か。木が根こそぎひっくり返るように倒れたのか、それとも幹が途中で折れたのか。破壊されたそれぞれの状況によって、日当たりや土壌水分などの物理的環境、地面の微細な凸凹など、森林にもたらされる環境は異なってくる。その環境条件の違いは、破壊後に新たに生まれる植物の種類や量を変え、さらには、その後

写真1　台風で全壊したトドマツ人工林

の時間の経過にともなって生育する植物の種類や大きさの変化の道筋（遷移）にも変化をもたらす。

　森林が倒壊した範囲の径が、周囲の木の高さの何倍にもわたるほど広ければ、残った樹木の陰にならずに光が差し込む空間（ギャップ）が広くなる。そうなると、倒壊前の環境と比較すると、その一帯は劇的な変化を起こす。直射日光や風雨にさらされることで、気温、地表面の土壌水分、日当たりの一日の変化（最高値と最低値の差）が大きくなるなど、環境は過酷になる。破壊部分が小規模であったり、すべての木が倒れなかったりすれば、残った木々に日光や風雨が遮蔽されて変化の幅は抑制される。

林床部の光環境にみごとに反応する植物

　破壊された森林に一歩足を踏み入れると、倒木が複雑に重なり無惨な姿をみせているかと思えば、大木が根こそぎ倒れて土壌が露出している。そのそばでは、森林が破壊される前から生えていた小さな木々が光を浴びて輝いているなど、様相はじつに多様である（写真1）。倒木がつくる起伏（凸凹）や残された植物は、その後の森林の再生にどのような影響を与えることになるのか。

　森林の下層空間に生えていた樹高の低い若い木々は、倒れてきた木の下敷きになることもあるが、そうでなければ上層に生えていた木がなくなって明るく開放された光環境に反応して旺盛に成長をはじめる。地中に長いあいだ眠っていた種子や、地上部の枝葉は傷ついたものの残った根は、環境の変化に反応して発芽や萌芽をはじめる。

　複雑に重なりあって倒れた木々は、もたれあって下に空間をつくっていることもある。比較的大きな空間ができていれば、しばらくはもともと生育していた植物が存在するが、重なりあった木の幹や枝が光を遮るとしだいに枯れはじめる。直射日光を免れ、半日陰の適度な湿り気が保たれている場所は、シダ類やコケ類の生育に向いているようだ。

新しい環境には新しい植物体が宿る

　このように、倒れる前から存在していた植物体は森林再生の主体であり、大きな原動力となる。しかし、倒壊によって生まれた新たな環境には、新しい植物体を主体に再生がはじまる。

　樹木が根こそぎひっくり返ると、根を張っていた地面に大きな穴が開く。これをピットといい、ひっくり返った根の部分は小山のように盛り上がっている。これをマウンドという。マウンドの表側（地表面だった部分）には、樹木が倒壊する前から生育していた植物が残っているが、マウンドの裏（地中内だった部分）やピットは、植物のない土壌がむき出しの状態になる（写真2）。

写真2　根こそぎ倒れた木
大きく盛り上がった根と土の塊（マウンド）の下に穴（ピット）が形成される

写真3　伐期を過ぎて放置された人工林
同じ時期に植えられた同じ樹種の細い木々が混みあって生育し、台風などで倒壊しやすい

　ピットには、やがて種子や胞子などが飛来して草木やシダ類が発生する。樹木が根こそぎ倒れるとこのような多彩な環境が生まれるが、幹が途中で折れただけだと、当然ながらこのような新たな環境は生まれない。
　倒れた幹も、じつは重要な再生の場となる。破壊の規模が小さい場合や、周囲の樹木が成長して倒壊した樹木の上空を遮蔽しはじめると、倒れた幹が適度な湿り気をもち、土壌の菌類に弱い小さな芽生えが発生しやすくなる。ただし、破壊の規模があまりに大きく環境が激変した場合は、倒れた幹は乾燥してすぐには再生の場にはならない。

倒壊地の再生に影響を与える周囲の森林

　台風によって生まれる倒壊地の状況とその後の回復過程を紹介してきたが、森林の破壊が大規模な場合、周囲の環境も、その後の森林再生に重要な影響を与える。倒壊地の周辺には種子の供給源となりうる森があるのか、その森とはどのくらいの距離があるのかなどが、再生の方向や過程などを大きく左右する。
　種子の散布様式には、運ばれる動力によりいくつかタイプがある。倒壊地に運ばれてくる種子は、風で運ばれる風散布と鳥類や昆虫類が運ぶ動物散布とが主になる。散布可能な距離は種子によって異なるため、倒壊地からどれだけ離れた場所に種子供給源となる森林があるかによって、その後に発生する植物の種や量が異なる。

ギャップダイナミクス

　台風による森林倒壊の規模や、倒壊で残されるさまざまな凸凹や残された植物体が多様なほど、その後に再生する種は多彩になり、多くの若い木に成長機会を与えることになる。さらに、再生の過程では、周囲の森林も大きな影響力を発揮する。台風以外にも、もっと頻繁で小規模なイベントとして自

然枯死や虫害による倒木もあり、これらも森林の若返りを促すことにつながっている。

　いろいろな時期にできた、さまざまな大きさや形の「穴（＝ギャップ）」は、森林のあちこちに分布している。森林の部分的な破壊現象は、少し大きな視野で森林をみたときに、樹齢や種の構成が多様なパズルとなる。これを森林

写真4　重機を使った材の収穫

のモザイク構造とよび、長い年月をとおして「森林」として存在するためには、モザイク構造が刻々と変化すること（ギャップダイナミクス）が重要である。

人工林から自然林への再転換

　日本ではいま、収穫の時期を過ぎても伐られないまま放置された人工林（写真3）が増えている。そこで、利用価値を失った人工林をもとの自然林に戻そうとする動きが、日本だけでなくヨーロッパ先進国でもはじまっている。

　同じ時期に植えられた、同じ樹種で背の高い木が混みあって生えている人工林は、台風が襲来するといっせいに倒壊しやすい。かつては、倒壊すると倒れた材を引出し（風倒木の収穫）、林床整備（地ごしらえ）し、材生産に適した針葉樹を植林していたが、その手法を見直すことで自然林への転換が可能かもしれない。いまはまだ、事例研究を積み重ねる段階だが、北海道のトドマツ人工林の倒壊地での実験からは、次のようなことがわかっている。

❶倒壊したあとの林床に残されている植物体の破壊は森林再生を遅らせる。たとえば、風倒木の収穫や地ごしらえに大きな林業機械（グラップルやブルドーザー）を利用すると、残っていた稚樹や実生が破壊され、森林の再生が遅くなる（写真4）。
❷周囲に人工林しかなく、種子が供給可能な範囲に自然の森林がまったく残されていない場合は、もとの自然林には戻らないかもしれない。

　長いあいだ人工林として維持されてきた森林には、もとあった多様な種からなる植物体が完全に失われていて、再生しようにも親木がない状況にある。散布の様式から考えて倒壊地に種子が運ばれてくる可能性がない場合は、ヒトの手で核となる木を植えてやる必要があるかもしれない。

　とはいえ、台風による破壊は、人工林から自然林に再転換する機会でもある。人工林の倒壊もまた、一概に「災害」とはいえないかもしれない。

参考文献　Morimoto J, Morimoto M, Nakamura F. 2011. Initial vegetation recovery following a blowdown of a conifer plantation in monsoonal East Asia: Impacts of legacy retention, salvaging, site preparation, and weeding, *Forest Ecology and Management* 261: 1353-1361.

2-13 保護が招く自然のツツジ群落の衰退

森本淳子（北海道大学大学院農学研究院森林管理保全学分野 准教授）

人の自然へのはたらきかけは時代とともに変化する。両者の共存関係とは所詮、人間の一方的な価値観による納得の論理にすぎない。人が自然を改変してきた里山はその典型かもしれない。人が利用をやめて本来の姿にもどろうとしている里山からは、野生ツツジが消えるかもしれない

　日本の野山に生育するツツジのなかには、園芸品種のツツジと異なって山火事、刈り取り、放牧などの攪乱によって群落が維持されてきたものがある。ところが現代は、そのような攪乱が抑制されることで、かつてみられた大規模な群落は減少している。そのいくつかの事例を紹介しよう。

京の三山を彩っていた野生ツツジが消えた

　京の都の春は「紅萠ゆる」と形容されたほど、山は野生ツツジ類で覆われていた。ところがいまは、コナラやクヌギの落葉広葉樹林に紛れてひっそりと咲くにすぎない。同じブナ科だが常緑高木のシイ類やヒノキの森にもツツジは残存するが、花芽が形成されないから目立たない。京都市を取り囲む三山の植生はなぜ、このように大きく変わってしまったのだろうか。

　家庭燃料としてガス・石油が主流になる前は、薪や炭が主要な燃料であった。したがって、高木類は樹高が高くなる前に頻繁に伐られ、野生ツツジ類も焚き付け用の「柴」として刈り取られていた。この結果として形成される明るい柴山が、江戸期の京の景観であった。刈り取りを受けたツツジ類は、切り口から何本もの萌芽枝を発生させる性質がある。地下の根や地上部の株は生き残り、刈り取られた翌々年には花芽をつける。刈り取られては旺盛に萌芽し、花を咲かせることで京の春を彩っていたのであろう（写真1）。

三つの理由

　かつて里山だった京都のヒノキ林で生き残っていたコバノミツバツツジの年枝（毎年1節ずつ伸びている枝）の数を数えていたところ、50年以上も生きながらえている太い幹の立派な老木に出合ったことがある。野生ツツジ類がどのくらい長寿なのか、正確に推定できた例はない。

　さて、京都市の里山は、どのように変化してきたのか。まずマツ林が成立し、その下にツツジ類が生育していたが、1990年代には松枯れでマツ林が消失し

てしまった。松枯れは、マツノマダラカミキリに寄生したマツノザイセンチュウが引き起こす樹病である。この結果、マツ類に代わって里山の優占種となったのはコナラやクヌギのナラ類、標高の低いところではスダジイやアラカシなどのシイ・カシ類、土壌の浅いやせた土地ではヒノキである。かつての明るい柴山とくらべると、いずれの林下も暗くて野生ツツジ類には適さない環境のように見える。

その理由は三つある。

❶伐られては萌芽するサイクルがなくなって、群落の老齢化が進む。
❷野生ツツジ類の上方に木が茂りすぎると花芽の形成に必要な光が届かなくなり、その結果、種子ができなくなる。
❸コケの発達した環境が、茂りすぎた里山には少なくなってきたこと。野生ツツジ類の種子は小さく、風に飛ばされたり雨に流されて土壌中に埋もれたりしやすい。最適な立地は、適度な光と水があり、土壌中の病原菌に触れることなく生育できるコケの上だからだ。

京都市では刈り取りの停止が野生ツツジ類の衰退を招いた。このような図式は日本各地にあるかつての里山で観察されている。

山火事が育んだ香川県直島のツツジ群落

少雨温暖で貧栄養な真砂土が卓越する瀬戸内海地方には、他地方の里山とはまた異なる攪乱のしくみがある。しかも、その結果、比較的大きな野生ツツジ群落がいまなお維持されている（写真2）。

この地方では1960年代まで海水から塩を精製しており、マツ類、ツツジ類の枝、シダ類（主にコシダ）が燃料としてさかんに使われていたという。そのため、禿山がいたるところに出現していた。何度も刈り取りを受けた野生ツツジ類（コバノミツバツツジ、ヤマツツジ）は旺盛に萌芽し、高木の被圧を受けない明るい環境下で美しい開花景観を生み出していたに違いない。

塩の生産が工業的な製法に変わってからは、植物の収奪的な刈り取りがなくなり、植生は回復した。その一方で、乾燥した下草や落葉が原因の山火事が頻発するようになった。香川県の小豆島の西方約15kmに位置する直島では、製塩をやめた1960年代以降、2、3年に一度は島のどこかで山火事が発生するようになった。しかも、この山火事という攪乱のおかげで、島には他地域では見られない野生ツツジ類の大群落が存在することになったのである。

山火事が発生してまもない場所には、焼けて炭化した根株があちこちにあるが、1年もたつと生き残った組織から萌芽枝が旺盛に出てくる。5年もたつと、みごとな開花景観がみられるという凄まじい生命力である。この島では、火災履歴に応じて多様な開花景観が楽しめる。

ヤマツツジ　　コバノミツバツツジ

写真1　コバノミツバツツジ(紅紫色)とヤマツツジ(朱色)
京都の山中でヤマツツジの開花をみることは少なくなった

計画的な山火事もひとつの対策

　ただし、近年になり、防災の意識の高まりから山火事の頻度が抑えられ、2004年以降は一度も山火事が発生していない(2011年現在)。今後、この島の野生ツツジ群落が衰退する懸念は拭いきれないが、ことはそれほど単純ではないかもしれない。山火事の人為的な抑制が続くと、インターバルは長いが大きな山火事を引き起こすことが、北米で明らかになってきているからだ。
　スケールは異なるが、林床に蓄積した落葉や乾燥したシダ類が、直島に新たな火災レジームを引き起こすことも考えられる。低灌木が茂る前に、人の手で計画的にエリアを定めて火入れする予防策が、アメリカ、オーストラリア、地中海地方の一部の国で実施されている。火災多発地であるアメリカのフロリダ州にあるTall Timbers研究所は、1,600haもの敷地を利用して火災のインターバルを変えて、優占種であるロングリーフ・パインの更新や、再生してくる植物種の構成に与える影響をモニタリングし、データを蓄積している(写真3)。日本でもこのような観測の充実が求められている。

牛や馬が育てていた雲仙天草国立公園のツツジ群落

　日本で最初の国立公園に指定された雲仙天草国立公園の名物は、ミヤマキリシマとヤマツツジからなる野生ツツジ類の大群落である(写真4)。しかし、その規模は指定当時の数％にも満たないほどに縮小しているという。それでも、その野生ツツジ群落を維持するために他の植物を刈り取って排除するという多大な労力が、1934年の国立公園指定から現在にいたるまで投じられているという。なぜそうする必要が生じたのか。皮肉なことに、国立公園化に伴う「放牧の停止」がきっかけだといわれる。
　島原半島は江戸期から牛や馬の放牧がさかんで、明治期からは綿羊も放牧されていた。田植え期以外は山で放牧していたため、自然に草地景観が保たれていた。その地で生育する木は、家畜が食べないツツジ類とイヌツゲくらいだったようだ。島原藩は、ツツジ類の盗掘と草地への放火を監視していれば、美しいツツジ景観を保つことができた。

写真2　山火事から15年後の景観（香川県直島）
薄桃色がコバノミツバツツジ、濃緑色がウバメガシ、ヒサカキなどの常緑樹

写真3　周期的に火入れされているロングリーフ・パインの森林（フロリダ州）

　ところが、国立公園指定に先立ち、放牧地を移転させたり廃止したりしたことを契機に、群落の維持に多大な労力を要することになってしまった。かつての放牧地は、放置しておくとススキに覆われ、やがてマツやヒノキの林となり、シイ、カシ、タブなどの常緑樹林となる。これを防ぐには、昭和初期に「ツツジの掘り起こし」と称されたように、周辺から再生してきた植物をたえず除間伐しなければならない。放牧は、野生ツツジ群落の維持に不可欠な攪乱だったことに専門家たちが気づいたのは、国立公園に指定されてから40年以上たってからのことであった。

＊

　三つの事例はいずれも、刈り取り、山火事、動物の被食という一見すると破壊的な事象だ。しかし、それが地域固有の野生ツツジ群落の形成に一役買っていた。保護するばかりでなく、計画的な火入れや刈り取りを積極的に行なうことも、森林管理のひとつの手段であることを、これらの事例は示している。

写真4　雲仙天草国立公園のミヤマキリシマ群落
（写真提供・社団法人日本観光振興協会「花暦」
http://www.nihon-kankou.or.jp/hana/top.html）

参考文献　Junko M, Hironobu Y. 2004. Dynamic changes of native Rhododendron colonies in the urban fringe of Kyoto city in Japan: detecting the long-term dynamism for conservation of the secondary nature. *Landscape and Urban Planning* Vol.70: 195-204.
田中正大. 1981. 日本の自然公園——自然保護と風景保護. 相模書房.

生物多様性ってなに？ 調査手法と評価方法 ❺

宇宙や空から地上を3次元で観測するリモートセンシング

今西純一（京都大学大学院地球環境学堂地球親和技術学廊 助教）

リモートセンシングは、衛星や航空機から地上を観測する技術のことである。人が容易に到達できないような奥地や地図が整備されていない森林の詳細な状況などの情報を手に入れたい場合に、たいへん有用である。

「近赤外域」の情報で植物を識別する

リモートセンシングと聞いて思い浮かぶのは、一般には衛星画像や航空写真であろう。太陽光が地上の物体に当たって反射してきた光（電磁波）を光学センサーで計測している。

ふつうの写真は、目に見える波長の赤〜緑〜青の電磁波（可視光）しか記録しない。しかし、目に見えない波長の電磁波をとらえるセンサーを用いると、地上の物質の状態をより正確に、あるいは特定の視点から推定することができる。

たとえば、「近赤外域」の情報があれば、画像中の植物を識別することが容易になる。緑地をパッチ（面状の緑地）、コリドー（パッチをつなぐ線状の緑地）、マトリクス（緑地以外）に分類して、パッチの大きさやパッチ間の距離、コリドーによる連結性などの指数を求めれば、緑地の配置を景観生態学的に評価することも可能である。

形状を3次元で記録するレーザー・スキャナー

光学センサーとは異なるタイプのセンサーもある。LiDAR（レーザー・スキャナー）やSAR（合成開口レーダー）のような能動型のセンサーである。電磁波をみずから地上に向けて発射し、反射して戻ってきた電磁波を計測することで、光学センサーにくらべて天候の影

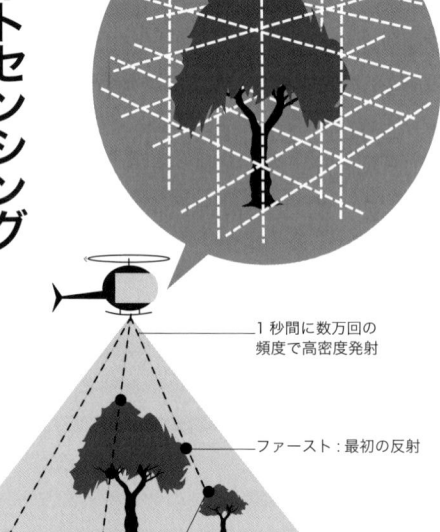

図1 航空レーザー・スキャナーによる森林の計測

響を受けにくい特徴がある。したがって、大気に水蒸気が多く、快晴の日が少ない日本ではとくに有効である。

なかでも、航空レーザー・スキャナーは、景観生態学的な情報の取得にもっともポテンシャルが高い。

航空レーザー・スキャナーは、航空機から地上にレーザー光を発射し、物体の形状を3次元の点群で記録する装置である。このレーザー光の直径は地上で直径十数cm以上であることが多く、人の目に害はない。レーザー光は、1秒間に十数万回という頻度で高密度に発射され、地上の物体を照射する(図1)。

林冠粗密度、林冠開空率も推定可能に

スキャナー装置は、レーザー光を発射した位置と方向、地上の物体から反射して戻ってきたレーザー光の強さを記録していて、その情報からレーザー光の反射位置を点群として再現する(図2)。さらに、各点にはファースト(最初の反射)、ラスト(最後の反射)、オンリー(反射が1回だけであった)など、反射回数に関する属性や反射強度の情報が付与される。これらの情報を解析することで、対象の空間を3次元で評価する。光学センサーでは2次元的にしかとらえられないが、3次元的に評価できるようになったことは画期的であった。

航空レーザー・スキャナーは、詳細な標高データの作成や遺跡の調査など、多くの場面で使われている。近年の研究の進展は著しく、森林分野では森林の高さ(林冠高)や、森林を構成する樹木の量(バイオマス)、さらには森林の枝葉の密度(林冠粗密度)や森林の隙間の割合(林冠開空率)の推定を可能にしている。高解像度の航空写真とあわせることで土地被覆を分類する研究や、鳥類の生息地評価のために森林の階層構造を推定する研究も進められている。

図2　航空レーザー・スキャナーで計測した森林の断面

2-14 「安定が大敵」の砂浜の植物

笹木義雄（学校法人柳学園 柳学園中学・高等学校）

桂離宮をはじめとする日本庭園は、訪れる人の心を癒してくれる。なかでも水、洲浜、松による「白砂青松」の造形は、海岸景観の理想の姿としてその再現が多くの庭の基本テーマとなっている。では、庭師たちが維持・管理しているこの造形美は、じっさいの海浜ではだれが、どのように維持しているのだろうか

砂浜は海と陸という異なる世界のはざまであり、しかも波による攪乱をたえず受ける不安定な場所である。高潮や津波による砂浜の侵食、飛砂や塩混じりの潮風、夏の高温・乾燥などの自然からの試練を直接的に受ける。「陸上植物」が生育するには厳しい環境にある。

砂浜では、砂が乾くと風で飛ばされて飛砂となる。植物の葉や茎にぶつかった飛砂は表面のクチクラ層（葉の表皮組織の上層に存在するろう状の物質）を傷つけ、塩分の付着は葉をしおれさせる。まさに「青菜に塩」状態だ。飛砂や潮風などの影響は地表面から高いほど強くなり、植物の成長点の生育を阻害する。背が高くかつ耐塩・耐乾性の不充分な通常の陸上植物は、砂浜で生きてゆくことはできない。

砂浜の植物が不安定な立地で生きられる理由

これに対し、海浜植物は成長点が地表面や地中にあったり、地上近くを這うように伸びる匍匐茎や地下茎を伸ばして風から身を守ったり、葉の表面を厚いクチクラで保護したり密な毛を生やしている種が多い。そのため、波浪

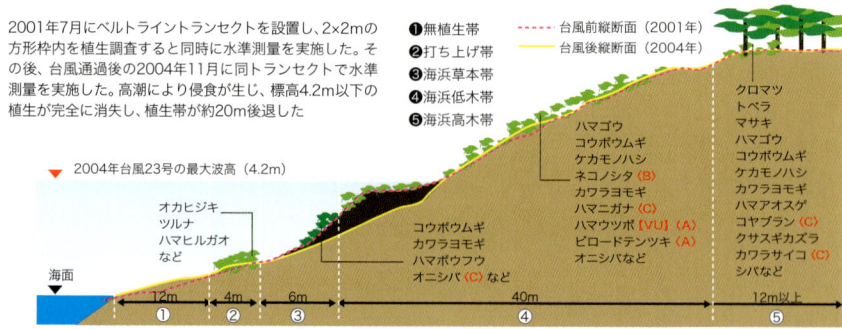

図1　自然海浜における成帯構造の事例
（兵庫県南あわじ市阿万吹上浜）

図2　浜坂砂丘の遷移の進行のようす（1974-2004年）

安定化にともない、空中写真の赤い線で囲まれた部分に植物が侵入しはじめ、白い裸地の部分が減少し、黒く示された植生の部分が増加した。その一方で、鳥取砂丘では、砂丘景観を維持する目的で、1980年代後半より除草が行なわれているため、白い裸地部分が多い。図の右側は、空中写真の赤線内の画像を、画像濃度を手がかりに、森林、安定草地、不安定草地、裸地の四つに分類したものである。解析には「アーダスイマジンver8.6」の「教師なし分類法」を用いた。周辺の防風林から木本が侵入し、徐々に森林が増加している

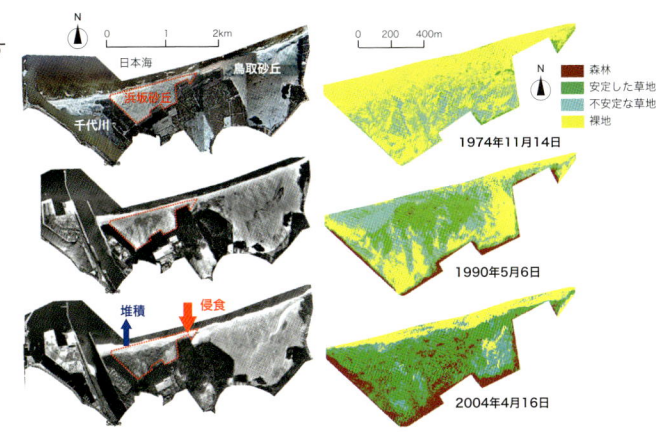

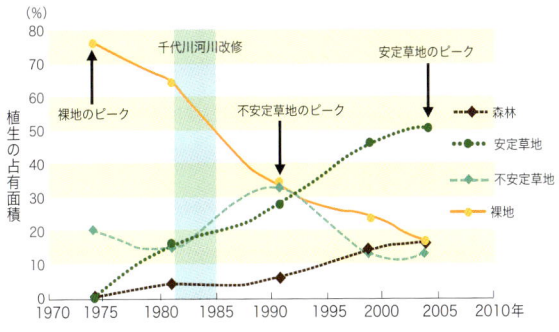

図3　浜坂砂丘における各植生が占有する面積の経時変化

図2の赤線で囲まれた部分では、千代川の河川改修後から急激に裸地が減少した。その一方で不安定草地の面積が増え始め、1990年ころには不安定草地がピークとなった。その後、裸地と不安定草地の占める割合が減少し、安定草地と森林の面積が増加した。この調子で推移すると、将来森林の面積がより増大すると同時に不安定草地の面積は減少すると予想される

や夏の高温・乾燥によって地上部が枯れることがあっても地下部は生き残り、環境がよくなればふたたび芽をだすことができる。

　波浪によって生じるさまざまな環境勾配に沿って、海浜植物はそれぞれが自分の居場所を見つけ、帯状に棲み分けている。①波打ちぎわの無植生帯からはじまって、②一年生草本が優占する打ち上げ帯、③多年生草本が優占する海浜草本帯、④低木が優占する海浜低木帯、⑤高木が優占する海浜高木帯という順だ。このようすを成帯構造という（図1）。波浪の影響が大きい波打ちぎわは裸地となり、その影響が小さくなるにつれて、それぞれの環境に適応する種が優占する。

海浜植物に訪れる危機

　そのような海浜植物の多くは、横に伸びるのが得意でも、上に伸びるのは苦手だ。背の高い植物が侵入し、頭上を覆われるとなにもできない。光の獲得競争に弱い彼らだが、それでも生きてゆけるのは、自然の「攪乱」という庭師がたえずほかの植物を除草したり、枝打ちしてくれたりするからだ。

　ところが、防波堤がつくられて波浪が人為的に抑えられたり、白砂青松の景

観をつくるクロマツ林の管理を人間が放棄することで環境が安定化すると、裸地は草原へ、草原は森林へと遷移が進行し、海浜植物は消失してしまうのである。

その一方で、攪乱が強すぎてもいけない。2004年に淡路島を襲った台風23号は、第2室戸台風以降40年ぶりの大きな被害をもたらした。島南部の阿万吹上浜では、標高4.2mより低い場所は波に洗い流され、裸地となった（図1）。さすがの海浜植物も大きすぎる攪乱に遭うと生育場所を失ってしまう。さらには、河川からの土砂供給量の減少や漂砂の変化などによって生じる海岸侵食、沿岸部の埋め立て、防潮堤など人工構造物による生育地の分断や消失も深刻な問題である。

クロマツ林と化した浜坂砂丘

こうした問題は、日本各地で生じている。私は、25年前に鳥取市の千代川河口東側の浜坂砂丘に調査地を設けた。そこは冬期の砂の堆積量が40cmにも達し、砂の堆積に強いコウボウムギのみが生育可能な環境であった。しかし、15年前ころからこの地域に砂が堆積しなくなった結果、周りから侵入した実生が成長し、いまでは立派なクロマツ林になっている。

浜坂砂丘の安定化の原因は、千代川上流に設けられたダムによって土砂供給が減少したことに加えて、河口の付替えと沖に延びた防波堤にあったとされる。防波堤によって高い波が抑えられ、河口の東側の突堤付近に鳥取砂丘からの漂砂が堆積するようになったのだ。浜坂砂丘では、こうした安定化に伴い森林の増加がみられる（図2）。同時に、おもに海浜植物が優占する不安定草地の占有面積は、1990年ころにピークを迎えたのち、減少を続けている（図3）。

ほどよい攪乱環境を維持することは難しい。21世紀にはいり、淡路島の海浜植物の多くが環境省や兵庫県の絶滅危惧種となってしまった。

海浜植物の敵とも味方ともなる人工構造物

図4　離岸堤による漂砂の変化と養浜への海浜植生の新規定着事例（兵庫県明石市藤江漁港西岸）
養浜工が実施されると、海浜植物が新規に成立したり、アカウミガメが産卵に上陸するようになった
（撮影・海上保安庁、1999年12月2日）

著しい侵食のために砂浜が完全に消失した海岸では、突堤、潜堤、離岸堤、突堤工（ヘッドランド）などを適用することで漂砂の流れを変え、侵食を食い止めるなどの対策がとられている。

明石市周辺の海岸はかねてから侵食が著しく、防潮堤を守るために人工的に砂を盛り上げる養浜工が実施されてきた。さらに離岸堤が設置されたところでは波浪の影響が小さくなる

だけでなく、浜の周辺部から中央部に砂が移動して凸型に堆積し、いわゆるトンボロ(陸繋島)状になる(図4)。ここには、周辺からゴミと一緒に流れ着いた海浜植物が定着していることが観察されており、生育地が減少している海浜植物にとっての新天地となっている。

　人工構造物はこれまで、環境を悪化させるマイナス面だけが注目されてきた。しかし、これらを適切に配置させることで劣化した環境を復元し、新たな生育地をつくりだすことも可能となる。そこは、野外の「種子銀行」となり、海流を通して周りの海岸に海浜植物の種子を供給する基地になるだろう。

　とはいえ、日本の大部分の海岸には防潮堤などの人工構造物が設置されている。そのため、もし海面が3mていど上昇すると、海浜植物はいまの生育地の多くを失うだけでなく、漂着可能な逃げ場も失ってしまう。地球温暖化などによる海面の上昇は、日本の海浜植物にとって危機的状況を招くことになる。

海面が上昇するとどうなる？

　これまで良好な環境が保たれてきた海岸でも、ひとたび大きな高潮や津波に洗い流されると、海浜植物の群落が一気に消失する可能性がある。昔ならば周辺の地域個体群から種子がふたたび供給されたかもしれない。しかし、すでに生育地が孤立している瀬戸内海沿岸などの地域では、それは難しい。

　海浜植物を保全する立場からすると、防潮堤を現在よりも内陸側に移動させ、水際から内陸までの連続性、すなわち「エコトーン」を取り戻すことが理想である。そうすることで単調な環境がモザイク状に複雑化し、多様な種の生育が可能になるであろう。多様性に富んだ「エコトーン」の再生は、それぞれの種を絶滅から遠ざけることになる。

　2011年の震災による大津波のあと、宮城県名取川河口ではクロマツの大木が大型の漂着物を支えたまま立っている姿が見られた。1000年に一度の大津波であっても、海岸林は被害のいくらかを確実に軽減したと推定される。砂浜や海岸林に充分な幅をもたせることで、海岸に人工的に砂を供給する養浜工と同様に、波浪による堤防への影響を減らすことができるのだ。しかし、現実的には堤防の陸側のすぐそばにまで人家や工場が建っている場合が多く、実行に移すことはなかなか難しい。

　そこで、震災後の復興都市計画など地域の将来像を描く大きな枠組みを再検討するような機会に、被害が予想される地域は「防災ゾーン」として自然に戻し、防潮堤を計画的に内陸側に移動させてはどうだろうか。もちろん、津波の被害に遭われた地域の方がたの想いが計画に活かされることが最優先である。ただし、海面上昇にともない被害の想定される地域では、海岸域の自然環境の保全と防災対策を目的に、そこまでの対応をすべきではないかと考える。

2-15 ウロは哺乳類、鳥類の貴重なハビタット

橋本啓史（名城大学農学部生物環境科学科 助教）

大木や枯れ木にぽっかりと空いた穴、樹洞はウロともよばれ、哺乳類や鳥類をはじめ、さまざまな生きものの棲み家となっている。ではこのウロ、どんな木に、いつ、どのようにできるのだろうか

写真1　アオバズクの親子（愛知県名古屋市）

写真2　枯れ木や枯れ枝に巣穴を掘るアカゲラ（北海道苫小牧市）

哺乳類ではリスやムササビ、大きなものではツキノワグマも、ウロを利用して子を育て、冬眠する。コウモリの仲間にも、ウロに棲む種類は多数いる。和田岳氏（大阪市立自然史博物館）の集計によると、日本国内で繁殖する254種の鳥類のうち、33種が樹洞を使って繁殖するそうだ。フクロウの仲間やシジュウカラの仲間の小鳥が代表種であるが、カモの仲間にもオシドリのようにウロで子育てする種がいる。樹木の隙間に巣をつくる種に分類されている鳥のなかにも、スズメをはじめ樹洞を利用する種がいる。そのように、国内で繁殖する鳥類の15％くらいの種が樹洞を利用して子育てをしているが、森林性の鳥にかぎれば、その割合はもっと高い。

ウロができやすいかどうかは、樹種と樹齢で決まる

樹洞ができやすいかどうかは樹種ごとに差があるが、幹の太さや樹齢に比例してできやすくなることが知られている。樹洞は、樹木についた傷から腐朽菌が心材に侵入してできる。腐朽菌の入口となる傷は、山火事や落雷、強風などによる落枝、それにキツツキ類が幹に穴を開けることでできる。

私たちは、京都市街地の緑地や山麓の林で、フクロウの仲間のアオバズク（写真1）が巣として利用できる直径約10cm以上の入口の樹洞を探して調査した。幹周・樹齢と樹洞のできやすさとの関係を、樹種ごとに整理したのである。幹周が300cmを超える巨樹に樹洞がある割合を調べると、シイとムクノキは高く、ケヤキとエノキは低かった。クスノキは、きわめて太い巨樹のみにあった。

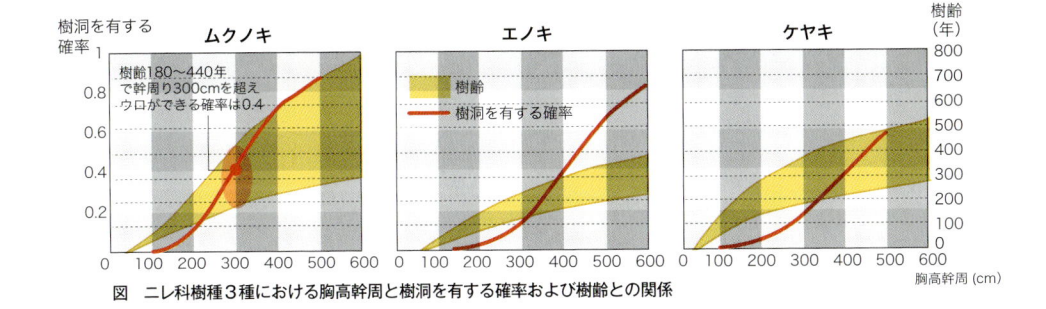

図 ニレ科樹種3種における胸高幹周と樹洞を有する確率および樹齢との関係

胸高幹周300cmのムクノキで確率約0.4

このような樹種間の差は、樹種によって強風に耐えられる物理強度の違い、それに腐朽菌に対する抵抗性の違いによるものと考えられる。しかし、その個体の生育期間を考慮する必要もある。ニレ科樹種3種の胸高幹周（地上1.3mの高さでの幹周）と樹洞のある確率、および樹齢との関係を図に示した。赤線が樹洞のある確率を、黄色の帯が樹齢を表す。年間の平均相対成長率から求めた胸高幹周と樹齢との関係を表す曲線が上限に、その成長率に1標準偏差を加えた相対成長率から求めた胸高幹周と樹齢との関係を表す曲線が下限に描かれる。たとえばムクノキは約440年、早ければ約180年で胸高幹周300cmに達し、そのときに樹洞がある確率は約0.4であることが読み取れる。

樹洞のある確率は、同じ胸高幹周であれば、ムクノキ、エノキ、ケヤキの順に高かった。しかし、ムクノキは推定された樹齢と幹周との関係を考慮すると、樹洞ができるまでにかなりの年数を要すると予測される。現在ある大木や樹洞は、貴重なハビタット（生息地）として保全する必要があるだろう。

アオゲラは生木を、アカゲラは枯れ木をつつく

日本で繁殖する鳥類のうち、キツツキ類をはじめとする11種の鳥類が自ら木の幹に穴を掘ることのできる樹洞の一次生産者である。このキツツキの仲間にも、生木に巣穴を掘ることのできる種と、おもに枯れ木を掘っている種とがある。アオゲラはヤマザクラなどの生木に好んで巣穴を掘るが、アカゲラやコゲラは枯れ木や枯れ枝に巣穴を掘る（写真2）。

立ち枯れ木は、都市緑地内ではいつ倒れるかわからない危険な存在でもあるが、キツツキ類にとっては重要な採餌場所と繁殖場所である。伝播性のある松くい虫やナラ枯れ病は防除すべきと考えるが、都市緑地での倒木による通行人の危険を回避できるようにしつつ、立ち枯れ木を樹洞性動物のハビタットとして提供してやりたいものである。現に、キツツキの巣穴は、利用後あるいは利用途中に横取りされて、ほかの樹洞性の動物に利用されている。

2-16 糺の森の植生の変遷──アラカシの脅威

田端敬三（近畿大学農学部 非常勤講師）

下鴨神社（賀茂御祖神社）は京都最古の神社の一つで、794年の平安遷都時にはすでに現在の位置に神社と森があったという。1994年には全域がユネスコの世界遺産に登録された。京都で唯一、古代の山城原野の原植生の面影をいまに残す貴重なこの森を、いかにして保全すべきか

　下鴨神社の境内林である糺の森（写真1）は、面積約12ha、東京ドーム約3個分の広さで、都市に残る森林としては他に類をみない規模を誇る。都市域にありながら、高さが30mにも達する巨樹が数多く立ち並ぶ。8500〜5000年前ころの京都盆地周辺には、ムクノキ、エノキ、ケヤキが中心の落葉広葉樹林が拡がっていたことが花粉分析により明らかになっている。いまの糺の森の大木の多くもムクノキ、エノキ、ケヤキであることが特徴だ。

鴨川の氾濫が維持した落葉広葉樹の森

　森林は一定不変ではない。西南日本の場合、裸地にはまず、日向で成長の速い落葉広葉樹「先駆性樹種」の森が形成されることが多い。やがてそうした樹木が成長して林内が鬱蒼となるとそうした陽樹（日陰では生育できない樹木）の後継木は育たなくなり、かわりに陰樹（多少日陰でも生育する樹木）の常緑広葉樹が増加する。したがって、最終的には常緑広葉樹主体の森「極相林」に推移するとされる。

　ところが、『平家物語』のなかで白河法皇が「思いどおりにならないのは、賀茂川の水と双六の賽、比叡山の僧兵」と嘆いたといわれるように、賀茂川（鴨川）は氾濫を繰り返す暴れ川として知られていた。糺の森が発達するにつれて林内は暗くなり、主役は常緑広葉樹に交替しそうになるたびに、賀茂川と高野川の合流点近くに位置する糺の森の大木は川の氾濫で倒され、林内は陽樹のムクノキ、エノキ、ケヤキの再生が可能な日当たりのよい環境に戻った。しかも、氾濫原に堆積した水はけのよい砂礫土壌は、これら3樹種の成長に好適である。こうして、糺の森はムクノキ、エノキ、ケヤキ中心の落葉広葉樹林を維持してきたのである。

いまや常緑広葉樹のクスノキが森の主役に

　しかし、この糺の森の姿が近年、人の影響で大きく変わりつつある。

1934年に室戸台風が来襲し、翌年にも大規模な洪水が発生した京都市内は、甚大な被害を受けた。糺の森でも多くの樹木が倒れ、1939年の樹木調査では、幹周囲長100cm以上の樹木はわずか97本しか残っていなかった（京都植物園技師の池田政晴氏による調査）。

　それでも、倒木跡地ではこれまでのようにムクノキ、エノキ、ケヤキが芽生え、成長し、やがて自然に森は修復されたであろう。ところがこの跡地にとにかく森を再生しようと、本来は京都市内に自生しなかった常緑広葉樹のクスノキが多数植えられてしまったのである。くわえて、1936年から鴨川の氾濫を抑制するために川底が掘り下げられ、断面が拡張された。たしかに、洪水が頻発するようだと京都市民は安心して生活できない。しかし糺の森をムクノキ、エノキ、ケヤキ中心の落葉広葉樹林にしてきた洪水による冠水、これにともなう倒木が発生しなくなった。

　それでは、もともと自生していなかったクスノキを導入したうえ、川の氾濫がなくなったことは、糺の森にどのような影響を与えているのか。

　糺の森では、植生の詳細を明らかにするため、全域で幹直径が10cm以上の3,000本を超える樹木を定期的に計測する大規模な調査が行なわれている。その結果、森の優占度の指標となる樹種別の胸高断面積合計（地上1.3mの高さでの幹の横断面積の合計）の値は、1991年ではムクノキがかろうじて最大だった。ところが、2002年、2010年はクスノキが最大になった。温暖化の影響もあるのか、暖地を好むクスノキは著しく成長し、ほぼ60年でもっとも中心を占める樹種となったのである。この先もはたして、クスノキ中心の状態は続くのであろうか。

近い将来はアラカシの森へと変遷するのではないか

　糺の森に現在ある大木が倒れたあとは、その場所をどんな樹木がとって替わるのだろうか。1991年から2002年のあいだに枯死した成木と、その跡地に発生した高木性の芽生えで樹高が最大のものを「後継木」とし、樹木の置き換わるパターンを調べた（図）。すると、ムクノキ、エノキ、ケヤキが枯死したあとは常緑広葉樹のアラカシが後継木となるケースが42％にのぼった。全体でも、成木の枯死したあとの後継木がアラカシである割合は38％ともっとも高かった。

　アラカシは糺の森にもとから自生する種ではある。しかし自生する以上に、常緑樹であることから周囲との境界部分に多数植えられ、増加したようだ。上層を100％とすると平均約7％ほどしかない糺の森の下層の乏しい光環境でも、陰樹であるアラカシは多数の芽生えが見られた。

　今回の調査では、クスノキが後継木となっている例はまったくなかった。一般に常緑広葉樹は陰樹だが、じつはクスノキは、ムクノキ、エノキと同じく陽樹である。鴨川の氾濫が起こらず、林内環境がさらに安定し、暗くなると、

写真1（左） 糺の森の参道
（撮影・橋本啓史）

写真2　下鴨神社のフタバアオイ

クスノキの幼木は育たないだろう。クスノキ、ムクノキ、エノキ、ケヤキの成木がやがて枯死するとき、次に森の主役となる可能性が高いのはアラカシである。

鴨川の安定は社紋のフタバアオイを枯れさせる

『源氏物語』にも登場する由緒ある「葵祭」は、毎年5月15日に開催される。京都御所から下鴨神社に至り、さらに上賀茂神社へ向かう一行の冠や牛車にはカツラの小枝とウマノスズクサ科の多年草フタバアオイの葉が飾られる（写真2）。徳川家の「葵の御紋」はもともと下鴨神社の神紋で、このフタバアオイをデザインしたものだ。フタバアオイは山地の木陰でひっそりと生育するが、下鴨神社のシンボルになるほど、糺の森で多く見ることができた。

京の人びとの暮らしを支えてきたのは、地下水である。京都盆地の底に貯えられ、市内では数m掘るだけで水が湧き出た。江戸時代の物語作者の滝沢馬琴が「京のよきもの」に「加茂の水」をあげたように、豊富で良質な水は、京豆腐、湯葉、酒造、茶の湯、友禅染めなど、多様な食、文化、工芸を育んだ。そうしたなかでも賀茂川、高野川の合流点にある糺の森は、名前の語源の一つが「直澄」ともいわれるほど、とくに澄んだ流れと泉に満ちた場所だった。こうした条件が、湿った環境を好むフタバアオイを育ててきたのである。

しかし、鴨川の改修はフタバアオイにも打撃となった。地下水位は低下し、京の湧き水の多くが涸れたのである。毎年7月の土用の丑の日に、下鴨神社本殿内の「みたらし池」で「足つけ神事」が行なわれる。池に足を浸すと、無病息災が叶うとされる。かつてのみたらし池は豊かな水が湧き上がっていた。しかしこの水はいまは井戸から汲み上げる。ほかの池や流れも多くが涸れ、糺の森は乾燥化し、フタバアオイはほとんど見られなくなった。

糺の森の植生は、鴨川の改修や本来は自生しない樹種の導入などの人為的影響で大きく変化してきた。このような状況をうけて神社は、「奈良の小川」など旧来の流れの復元、フタバアオイの保全活動、ムクノキ、エノキなど落葉広葉樹の植樹を行なっている。植生の継続的な調査を通して経過をみながら、糺の森本来の姿を取り戻す地道な取り組みは、今後とも必要であろう。

枯死した成木の樹種	アラカシ	常緑広葉樹（除アラカシ・クスノキ）	ムクノキ、エノキ、ケヤキ	その他	高木性樹種の定着なし
ムクノキ・エノキ・ケヤキ	42	17	17	4	20
常緑広葉樹	37	47	5	5	5
全体	38	31	14	5	12

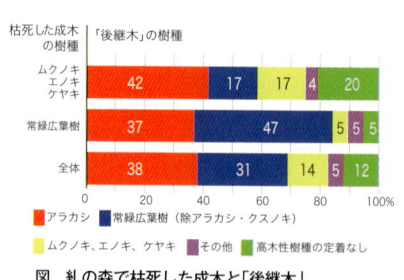

図　糺の森で枯死した成木と「後継木」の置換パターン

参考文献
安田喜憲・三好教夫編. 1998. 図説 日本列島植生史. 朝倉書店.

第 3 章

「災い」を「恵み」にかえる賢い適応

島根県出雲平野には、敷地の北西に築地松を仕立てて強風から家を守る屋敷林が点在する（撮影・森本幸裕）

3-01 湖西の里山景観が現代に贈るメッセージ

堀内美緒（金沢大学地域連携推進センター 博士研究員）

滋賀県にある湖西の里山は、琵琶湖西岸に沿うように南北に走る比良山系の山麓に緩やかに拡がっている。里山の景観はその地域に伝わる技を住民たちが駆使して歴史を超えて共同でつくりあげてきた作品であり、同時に現代の私たちに持続可能な自然資源の利用のあり方、土地利用のモデルを提示している

　比良山地の1,000m級の山やまの山頂付近にはブナやミズナラの林が、山麓にはアカマツの林やコナラを中心とする雑木林が点在する。

　1960年代までの湖西のミズナラやコナラ、アカマツは燃料の割木や柴となって琵琶湖の対岸にまで運ばれ、湖東に広く流通していた。居住地は山麓の低地にかたまり、そこから湖岸まで棚田と畑が拡がっていた。棚田や居住地のはずれにはタブノキやスダジイなどの常緑広葉樹のこんもりとした森があり、そこではたいてい氏神や山ノ神が祀られていた(図1)。

湖西の里山ランドスケープ

　1970年代以降のこの地域は、京阪神への通勤圏として住宅地の開発が進んだ。それでも、都市近郊の農村として水田や雑木林などの二次的自然、湖や石積みの水路などの水辺、伝統的な建築様式の家並みや神社などを一連の景観として、今日においてもみることができる。人間の居住空間であると同時に、二次林、農地、水辺などの多様な土地利用が織りなすこの地域的なまとまりは近年、「里山ランドスケープ(景観)」とよばれるようになった。

　日本の里山ランドスケープの特徴は、異なるタイプの土地利用がこまやかに配置されたモザイク構造をつくっていることである。このことが持続可能な土地利用のモデルとして、国内外の研究者からも高い評価を受けている。

100年前の日記と出合う

　今日の里山ランドスケープを理解するには、里山の履歴を知ることが重要である。それには地形図や写真などの地図資料から景観の歴史をたどる作業が欠かせない。さらに、景観を形成してきた目に見えない地域の営みを、郷土に残る記録資料や古老への聞き取り調査などを通じて掘り起こす作業が必要になる。

　2002年のころ、私は卒業論文を書くために湖西の里山地区にある滋賀県

図1　湖西の里山（イラスト・福田彩）

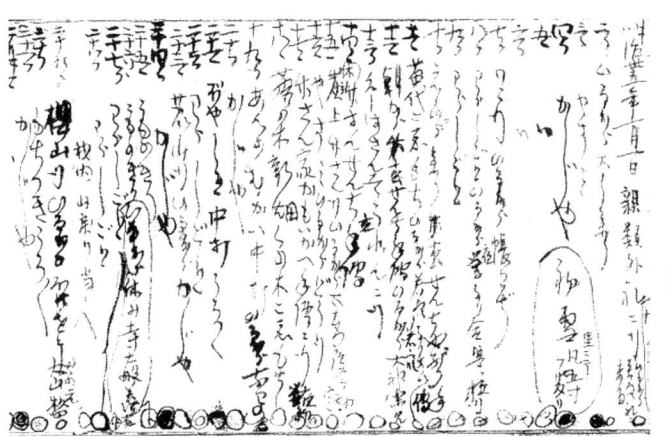

図2　T氏の日記（明治35年）
日付とその日に行なった作業、天気の記号が1行ごとに書かれている。たとえば、明治36年3月7日には「新畑のくのぎをこし仕、南山くのぎ植」（新畑のクヌギの苗を起こして、南山に植えた）とあり、どの場所でどんな里山利用の営みがされていたのかがわかる

　大津市の守山集落にはいって聞き取り調査を進めていた。そうするなかで、ある民家で1900年から1922年に書かれた日記と出合った（図2）。その家のご先祖の一人のT氏が20〜40歳代にかけて1日も途切れることなく、毎日の仕事の内容を簡潔に記録したものであった。T氏は、家業として鍛冶屋を営みながら、農閑期には山仕事をし、畑や田んぼを耕作する農家であった。
　もう一軒の民家からも、同じ1900年前後に書かれたI氏とその父親の日記が出てきた。I氏は父親とともに山の木を伐採し、用材や割木を生産する仕事をしていた。湖西ではこのような仕事をする人は山人（やまど）とよばれた。

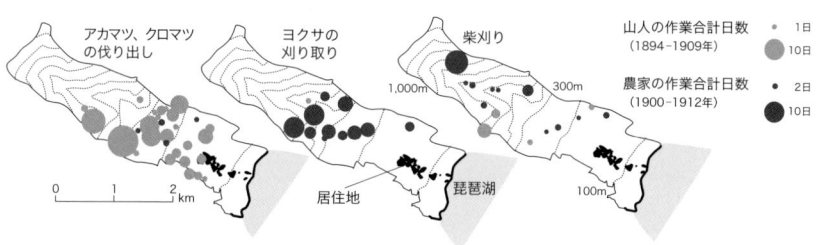

図3　1900年頃の山林利用の空間パターン

日記が語る資源と空間をめぐる暮らしの知恵

日記を読み解いたところ、明治後期の湖西の里山ランドスケープで行なわれていた山林に関する作業は、松葉くくり、杉切り、檜植え、柴刈り、下刈など272種類にのぼることがわかった。

守山集落の居住地周辺の標高150〜300mに拡がる傾斜の緩やかな山麓地は、ジヤマとよばれる私有林であった。地元の農家はアカマツやスギ、ヒノキなどの針葉樹と、割木として重宝するコナラなどのナラ類を自分の山に植えていた。山人はそのような針葉樹やナラ類を伐採・運搬し、販売する作業をしていた。

ナラ類は、15〜20年周期で割木になる大きさに成長し、伐採された。伐採跡地にはススキやイタドリなどの草が生え、伐採した株からはたくさんの若い芽「ひこばえ」が萌芽した。これはヨクサとよばれ、刈り取られて田んぼの肥料や、牛の敷き草や飼料に利用された。同時に、ナラ類の若い芽は2、3本を残した。それは林に戻すための手入れであった。

ヨクサがよく採取されていたのは居住地から1〜2km離れた急傾斜の山地で、ヘラヤマとよばれる共有林であった。山草を採取する場所からさらに遠い標高500m以上の山地はサンナイとよばれる共有林で、おもに自家用の柴や割木が採取されていた。

このように、守山集落の里山ランドスケープでは、居住地からの距離や地形、所有形態に応じて土地がうまく使い分けられていた(図3)。

持続的な資源利用を支えていたルールと技術

1900年当時の暮らしは植物資源に依存することが多く、資源採取に労働を投下すればするだけ豊かになった。現金が必要なときは、集落内の共有林や自分の所有する林のアカマツやクヌギを割木として、あるいはスギを建築材として売っていた。とはいえ、植物資源も再生産可能な範囲で採取・植栽するなどの管理をしなければ、たちどころに生活は行き詰まる。そこで、100年前のこの集落には、過剰な資源採取を抑制するルールがあった。

たとえば、共有林のヨクサやホトラの刈り取りを開始できる日は「鎌の口」

とよばれ、その日までは採草は禁止されていた。共有林にはいること自体が禁止される「山戻り」の日も年に3回ほどあった。これに違反する人の取り締まりは、元服を終えた独身男性で構成する集落の青年組織「山調方(さんちょうかた)」に任されていた。集落に残る「山調方備考録」(1897-1988年)には、違反した者を見つけて厳重に注意したという明治や大正時代の記録が残る。

写真　復元されたトンボグルマ

　農作物以外の生活資源の多くを山林から得ていた昭和初期まで、その運搬は人力、牛や馬などの畜力に依存するしかなく、一度に伐採・運搬できる量も技術もかぎられていた。湖西では、輪切りにしたクロマツを車輪にした簡単な組み立て式の荷車「トンボグルマ」によって山の資源を搬出していた(写真)。自由な伐採が許されていた共有林も、「伐採したものはその日に持ち帰るべし」という規則があったうえ、共有林が居住地から遠くにあった。1日の採取量は必然的に制限されることになった。

　以上のように100年前の里山は、資源利用の行動を規制する集落のルールと技術的制約とが両輪となって資源利用の姿を規定していた。同時に、そうすることで持続的な土地利用を可能としていたのである。

里山ランドスケープを次世代に引き継ぐ意義

　里山のランドスケープをつくってきたのは、各地の里山にもいた無数のT氏やI氏である。里山は、自然の地形を骨格にしながらも、人びとが経験的に編み出したルールや知恵にのっとり、その地域に伝わる技を人びとが駆使して共同でつくりあげてきた作品であるといえる。もちろん、里山の土地利用のありかたは、産物の流行り廃り、政策の方針などによって、ときにはダイナミックに変化した。それでも里山は、現実に人が何百年と暮らし続けてきたという意味で、持続可能な土地利用の形態であるといえる。

　日本の多くの里山はいま、住民の過疎・高齢化によって大きな転換期を迎えている。里山ランドスケープを次世代に引き継ぐには、それぞれの地域の土地利用の知恵や技、経験に学びながらも、人と里山との関係をデザインし直す作業が必要である。そうした作業は、東日本大震災が、われわれにあらためて突きつけている持続可能な社会や土地利用のあり方、自然エネルギーへの転換などの課題解決の緒となると、私は考えている。

参考文献　国際連合大学. 2010. 里山・里海の生態系と人間の福利——日本の社会生態学的生産ランドスケープ　日本の里山・里海評価（概要版）.

3-02 豪雪地帯に暮らす里山の知恵

深町加津枝（京都大学大学院地球環境学堂景観生態保全論分野 准教授）

日本海に面する京都府宮津市の山間部には、棚田や周辺のブナ等の落葉広葉樹林と一体となった伝統的な集落がある。日本の里山景観の代表ともいえるこの上世屋には、地すべりや豪雪などの災いを豊かな湧水利用の棚田やブナ林の恵みに変えてきた知恵と歴史がある

　丹後半島から日本海に注ぐ世屋川の流域に拡がる宮津市上世屋は、標高300mから600mに位置し、丹後天橋立大江山国定公園の一画を占めている。京都府景観条例に基づく景観資産に「棚田と笹葺き民家が織りなす上世屋の里山景観」として登録されているほか、「にほんの里100選」(104ページ、3-03)に選定されるなど、その里山景観は高く評価されている。

棚田景観と稲作文化を支える肥沃な土壌と豊富な水

　上世屋の地質は新第三系に属する礫岩、あるいは礫岩・砂岩・泥岩の互層である。大きな地すべりブロックが滑動してできた地形であり、集落内には不規則な凹凸があって、そのあいだを3本の河川が流れる。

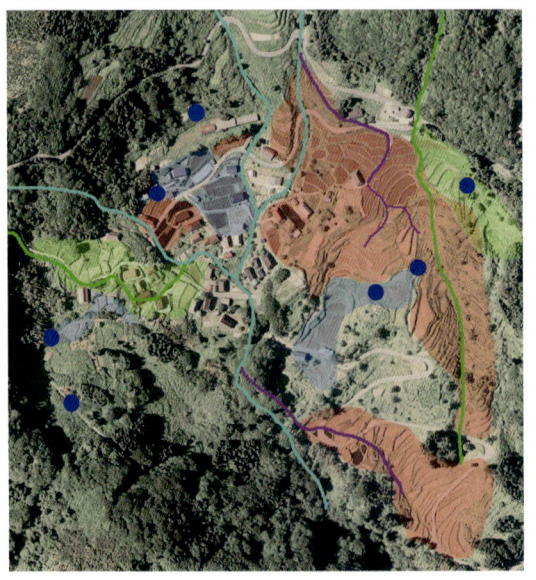

図　集落周辺の水資源の供給経路
河川、用水路、沢水の水路がネットワークを形成。山腹斜面から水が集まるポイントは住宅地の周囲に集中している(三好ら、2007)

総面積は約650haで、居住域は標高350m前後。おもな産業は稲作を中心とする農業である。1960年代までは製炭業、それに野生のフジ繊維を織った「藤織り」もさかんであった。1924年ころの人口は290、60世帯。ほぼすべての世帯が農家であった。しかし、1980年には56人、25世帯(農家16戸)に減少し、2000年には22人、13世帯(農家7戸)と急速な過疎化が進行した。

写真1　豪雪地域として知られる京都府宮津市の上世屋

　集落は地すべり地の緩傾斜面に位置し、集落内を流れる河川と集落との比高(ひこう)は小さい。このような地形条件は、豪雨時に土砂災害がたびたび発生する要因ともなってきた。その一方で、河川水を家屋内や水田などに引いて利用しやすい環境を提供している。

　集落周辺の水資源の供給経路(図1)をみると、河川、用水路、沢水水路群がネットワークを形成していることがわかる。水資源は河川水、沢水、湧水と多様であり、取水地点の選択肢も広いなかで、住居地周囲には山腹斜面からの水が集まる地点が多くある。このように良質の湧水が豊富に、かつ多くの地点で得られることは、地すべり地の特徴である。このことが、地すべりによってもたらされた肥沃な土壌とともに、上世屋の棚田景観と稲作文化を支えてきた。

2011年の集落内の最大積雪は2m50cm

　出水(でみず)とよばれる湧水は、飲用、洗濯、風呂などの生活用水のほか、野菜や飲料の冷却、それに防火用水としても使われてきた。冷たくておいしい出水が出る地点を住民は広く認識し、農作業のあいまに休息する場としていた。湧水は沢水などに比べて水温が低く、農耕には不向きである。しかし、一定の水量が年間を通して安定的に得られることから、稲刈後の田んぼに翌年のための灌水として利用している。このような湿田は「ジル田」とよばれ、その周辺にはフキやワサビなどの山菜や、クロバナヒキオコシなどの薬草が多く分布した。希少種の生息地としても重要であった。

　上世屋は日本海側気候に属しており、冬季の積雪が多く、2011年には集落での積雪は最大2m50cmとなる豪雪となった(写真1)。豪雪は人びとの暮らしに害をもたらすことから、離村や廃村の大きなきっかけともなってきた。たとえば、「三八豪雪」とよばれる1963年(昭和38)の豪雪は、丹後半島山間部の過疎化を大きく加速させた。

ブナ林利用と切り離せない人びとの暮らし

　このような気候・環境は、ブナが優占する広大な森林をもたらした。東北、北陸地方などの多雪地帯では、このような里山のブナ林は薪炭や用材などに利用され、地域の人たちの暮らしを支えてきた。冬期のまとまった降雪は春先の豊富な水源となって森を支え、その森の恵みが地域固有の文化の源となっていた。

　上世屋のブナ林では、1960年ころまで炭焼きが行なわれていた。炭窯周辺を数年かけて小面積ずつ手鋸で皆伐する方法がとられていた。一つの窯で使う材を人力で運搬できる範囲で集めて炭に焼き、その範囲を超えると移動し、新たな窯を築いて炭を焼く。この作業を繰り返した。

　この方式の炭焼きは、光条件や種子供給のタイミングを与えることでブナ林の更新を助長することとなった。1908年と1944年の二度の大火で上世屋集落がほぼ全焼したさいは、共有林内にある高齢のブナを炭焼き用に販売して復興資金としたように、非常時の備えとしても重要であった。

　上世屋に隣接する浅谷と内山の集落は、現在は廃村となっているが、ここでもブナ林を利用した文化がみられた。浅谷では、木地師がブナを材料にしゃもじなどを生産していた。内山では、火災などによる家の建て替えに備えて自給用の大径ブナを選択的に残していた。これを用心山とよび、利用するブナを育てるために粗放的、部分的な下刈りと除伐を行なっていた。形質のよい100年生以上の大径ブナを家屋の梁などの材に利用した。

　ある古老は、「山の奥に行ったらブナの木がたくさんありますが、なんでブナの木を残したかというと、用心山です。家を建て替えるときのための用心にです。ブナの木は炭にするとやっぱり良かったらしいです。火力もあったそうですし、ブナブナいうて大事にしたようです」と語った。ブナを後世に残そうという明確な意志がうかがえる。

　尾根付近には、地表から2〜3mの樹高から萌芽して「あがりこ状」になった胸高直径1m以上の大ブナが分布している(写真2)。樹木のこの姿は、冬期の薪採取を繰り返していた歴史を物語っている。

持続的で多角的に植物資源を利用する知恵と技術

　地域住民が継続的に利用してきた里山ブナ林には、クロモジやチマキザサなどの多様な植物が分布する。クロモジは、雪深い冬に歩いて移動するのに不可欠なかんじきの材料として利用された。特有のにおいのために虫が入りにくく、曲げても丈夫であることから最適の材料とされたのである。大きなブナがあり適度に日光が届く森林のクロモジは、太さが均一で長持ちする良質の材料だった。

一方、ブナ林の林床を優占するチマキザサは、この地域の笹葺き民家の屋根葺き材として利用された。資源量が豊富で乾燥に手間がかからず、稲刈りから雪が降るまでの短期間に葺き替えが可能なチマキザサは、多雪地域に適応した絶好の屋根材であった。笹葺き民家一軒の葺き替えには数千束が必要であるが、数年で再生し継続して刈り取られることでチマキザサはまっすぐな稈（イネ科植物の中空の茎）と良質な葉をつける性質がある。大量のチマキザサを毎年利用することが森林の更新を促進し、さらに上層の樹木を薪などに利用することでチマキザサの成長はいっそう促進された。

　豪雪がもたらす森林の特性をふまえながら、持続的かつ多角的にその空間と資源を利用してきた知恵と技術がそこにあった。

写真2　あがりこ状となったブナ

自然条件と暮らしとを結ぶ「文化的で賢い適応」

　地すべりや豪雪は、以上のように自然のプロセスとして時には地域に災いをもたらしたが、一方で上世屋の人たちの生活や産業の源となる環境や資源をもたらしてきた。災いを避けるさまざまな工夫をしながらも、自然のプロセスがもたらす恵みを最大限に活用する「文化的で賢い適応」をしてきたといえよう。それは、地すべり地形を読み取って集落や農地を配置することを基本にしながら、豊富な水資源が随所で安定して得られるという水環境の特質を、上世屋の暮らしや産業に多彩に結びつけるものであった。また同時に、豪雪という自然がつくりだしたブナ林を賢く利用する暮らしのあり方を生み出した。それは、自然を持続的な資源として利用する知恵と技術を暮らしに結びつけるものであった。

　近年、上世屋の生活文化や里山景観を保全し、活用しようとする、地域内外の人たちの手による活発な活動がみられるようになった。公共事業になどによって自然災害を防ぐ努力も継続して行なわれている。

　一方で、そのような活動・事業と、自然のプロセスに適応しつつ形づくられてきた伝統文化や文化的景観には、相容れない側面も見受けられる。地域の歴史に学び、災いと恵みとを切り離すことなく、「文化的で賢い適応」をする具体的な戦略が求められている。

3-03 「にほんの里」のイメージと現実

岩田悠希（アジア航測株式会社）

「にほんの里」と聞くと、日本人はどんな風景を思い描くのだろうか。温暖・湿潤なモンスーン気候帯にあって、地殻変動帯の急峻な山々に覆われた島国、日本。頻繁に繰り返す地震、台風、水害の災害を受けながらも、森川海や氾濫原の恵みを巧みに利用する里人たちのよき暮らしの未来はどうなるのか

20世紀になっても各地で見ることができた日本の昔ながらの暮らしぶりは、地域の自然にそった固有の景観を維持するだけでなく、物質やエネルギーの面でもかなり自立的であった。しかし、1960年代になると、薪炭から石油や天然ガスへの燃料革命を契機に、暮らしの近代化が進み、農山村の過疎化と都市への人口集中が進行した。結果として、生態系の恵みを活かす人びとの知恵の塊でもあった多くの里は、かつての面影を失った。

同時に、そうした里山や草地、ため池や畔、手掘りの水路などがつくる環境に適応していた多くの生きものもまた、絶滅の危機に瀕してしまった。そういう生きものの多くは、じつは氷河時代を生きぬき、照葉樹林文化のもとで里人たちの農耕文化によって育まれてきたものだった。

景観、生物多様性、人の営みで選ぶ「にほんの里100選」

このようななか、いまも残る里や、明日につながる自然共生の里を発掘しようと、朝日新聞社と財団法人森林文化協会が「にほんの里100選」を2008年に

里タイプ	クラスター中心値	キーワード	割合 (%)
森林型	森林率(88%)・水田率(5%)・その他農地(4%)・平均標高(140-450m)・比高(13-27m)	集落、川、水、山、広がる、人々、地元、地域、暮らす、訪れる、過去・昔、原型、心、独特、棚田百選	38.7
混在型	森林率(50%)・水田率(20%)・その他農地(10%)・平均標高(0-450m)・比高(13-27m)	水田、里山、生物多様性、保全、棚田百選	22.8
水田型	水田率(60%)・建物用地率(15%)・森林率(10%)・平均標高(0-140m)・比高(0-13m)	ふるさと、水田、広がる、季節	11.7
畑地型	その他農地率(50%)・森林率(20%)・水田率(10%)・平均標高(140-450m)・比高(0-13m)	畑	10.3
海辺型	海水域率(60%)・森林率(15%)・平均標高(0-140m)・比高(0-13m)	海、集落	9.9
都市型	建物用地率(60%)・森林率(10%)・その他農地率(10%)・平均標高(0-140m)・比高(0-13m)	集落、森、緑、里山、楽しむ	6.6

表　里タイプ、クラスター中心値、相関関係のあるキーワードと全体の割合

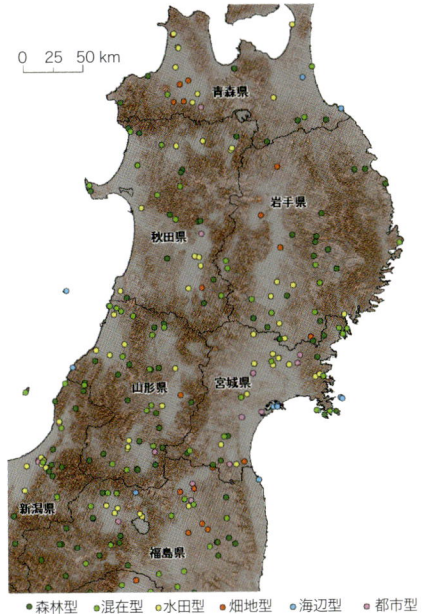

図　景観類型別に色分けした推薦地の分布図（東北地方）
（背景の赤色立体地図はアジア航測株式会社提供）

写真1　青森県田子町新田地区（森林型）

写真2　奈良県明日香村（混在型）

選定した[*1]。「景観」、「生物多様性」、「人の営み」という三つの視点から日本各地の優れた里、つまり「人の営みがつくった景観がひとまとまりになった地域」を募集した。その結果、4,474件もの応募があり、重複している場所をはぶくなどで3,024か所が推薦地として挙げられた。

このなかから選びぬかれた100の里は、いずれも生き生きとしてユニークだ。しかし選定の過程で、各都道府県にすくなくとも1か所はなくては、との配慮も働いている。

景観のタイプを六つに分類する

では、現代も生き残り、かつ日本人が継承したいと思っている「にほんの里」とはいったいどんなところなのか。私たちは、応募データそのものに注目し、これを分析することにした。

応募書類には、応募者が記入した推薦地の名称、推薦する理由が書かれている。私たちはまず、応募データのうち分析に利用できる3,024のデータに緯度経度情報を与え、国土数値情報が提供している1km^{2}メッシュの土地利用、標高の値と重ねあわせた。そうしたうえで、たくさんのデータを少数のグループ（クラスター）に分類する「非階層クラスター法」を使い、推薦地の景観類型化を

*1　「にほんの里100選」 http://www.sato100.com/

行なった。使ったのは、クラスターの中心と各データとの距離が最小になるようなクラスター中心値を逐次的に求めて分類を行なう方法だ。クラスター中心値は、各グループの平均的な土地利用の割合や標高値として捉えることができる。

次に、その応募推薦文をすべて情報化して、その傾向をコンピュータで解析する「テキストマイニング」分析により、応募者が里のどんな要素をアピールしようとしたかを調べた。そのようにして得られた、アピール文に100回以上出現したキーワードと里タイプとの相関関係は、じつに興味深いものだった。

分析の結果、推薦地は六つの景観類型に分けることができた（表）。東北地方を例に、六つの景観類型別に推薦地を色分けしたのが前ページの図だ。

もっとも多いのは森林面積が平均88％の「森林型」

なかでも、クラスター中心値の森林面積が88％の里がいちばん多いことがわかった。これを私たちは「森林型」と名づけることにした。

山深い場所に佇む青森県田子町新田地区は「森林型」の里の一つの典型だ。山々に囲まれた人口約120、40戸の小さな集落の入り口には、江戸時代に作られたと伝えられる茅葺屋根の風車が大切に残されている。河川敷の平野部や丘陵地の谷津にひろがる水田には刈った稲を天日に干す「はさ掛け（稲木）」があり、蕎麦畑や野菜畑も見られる（写真1）。

山の上には神社が祭られ、集落を見守っている。集落を囲む山はコナラ、クヌギ、クリ、ヤマザクラなどの落葉広葉樹が多い。これら裏山の木々をまだ薪ストーブや台所の竈に二次林として使っている人もいるそうだ。山にはまたスギ・ヒノキの人工林や、昔の焼畑、馬を飼っていた草地の跡も見られる。ここ15年ほど前からは、自治会を中心に、地元の資源を使った新しいイベントも行なっており、なかでも、外部の人を呼んで地元で採れたソバを水車を使って搗く「そば祭り」は集落すべての人が協力する一大イベントだ。

このような昔の暮らしや人のつながりを残している日本各地の場所が、過去・昔、原型を映し、心などの情緒をよびおこす場所として人びとに大切に思われていることが、キーワードからも浮かび上がった。それと同時に、高齢化・過疎化により失われようとしている事態は深刻だ。

森林、水田、その他で構成される「混在型」、ふるさとを連想させる「水田型」

クラスター中心値の森林面積50％、水田面積20％、その他農地面積が10％の里は「混在型」と名づけることにした。このタイプの里は、「森林型」よりも傾斜が緩やかな地域に分布している。キーワードからは、近年増えている里山の活動が進められている場所が多いことが推測できる。奈良県明日香村柏森地区のように棚田百選に選ばれ、オーナー制などによって棚田景観を守って

いる場所や(写真2)、伝統的な山焼き(火入れ)によって半自然草原を守っている岡山県真庭市蒜山上徳山の草原なども「混在型」の里として人びとに注目されている。

　クラスター中心値の水田面積が60％である「水田型」と名づけられた里は、全国の米どころに分布している。宮城県の仙台平野は河川の氾濫によって形成された洪積台地や沖積低地で、大規模な水田耕作が可能であった場所だ。現在は区画整備が進み、大型機械を導入して米生産が行なわれているが、「ふるさと」というキーワードと強い相関関係がある。水田の風景は多くの日本人にふるさとを連想させるようだ。

りんご畑の「畑地型」、里海の「海辺型」と自然をわずかに残す「都市型」

　水田以外の農地面積が優占する「畑地型」と名づけた里は、平均標高140〜450m、比高0〜13mの台地に分布していることが多い。たいてい土地の水はけがよく、稲作よりも畑や果樹園に適している。青森県つがる市のリンゴ畑のほかには静岡県裾野市の茶畑、紀伊半島の柑橘類の畑がその代表例である。地域の気候や地質によって、畑地の優占する里に愛着をもつ人もいることは、日本の風土の多様性を表しているといえる。

　クラスター中心値の海水域面積が60％を占めるいわゆる里海への応募もあり、このタイプは「海辺型」と名づけた。里海は、里山とはまた違った文化景観である。2011年の東日本大震災で津波被害を受けた宮城県牡鹿郡女川町のように、ホタテ、ウニ、アワビなどの豊かな漁業資源に支えられ、半農半漁を営んでいた昔ながらの海辺型の里は、まだ日本各地に見られる。

　建物用地面積が60％を占める「都市型」の里もあった。このタイプは首都圏周辺に集中している。都市部に近い里が次つぎと市街地化の波に飲み込まれるなか、わずかに残る昔ながらの景観や自然が残る場所に人びとは愛着を感じ、守ろうとしているようだ。

＊

　将来に残したいにほんの里。それは、先人の昔の暮らしや知恵を引き継ぐ山々に囲まれた里や海辺の里、景観の美しい棚田の風景や、子供の頃にふれあった里の動植物や、四季を感じるふるさとの水田風景などに会える心なつかしい場所であった。都会の喧騒から逃れたり、人とのつながりを感じたりできる救いの場所であった。また、おいしい作物ができる豊かな土地であった。これらの里を未来に引き継ぐには、現代を生きる若者が、今後どう具体的に関わっていけるのかが大きな鍵になるのではないだろうか。

参考文献　Iwata Y, Fukamachi K, Morimoto Y. 2010. Public perception of the cultural value of Satoyama landscape types in Japan. *Landscape and Ecological Engineering* 7(2): 173-184.

3-04 火入れと利用が守る草原の生態系

高橋佳孝（独立行政法人農業・食品産業技術総合研究機構 近畿中国四国農業研究センター）

展望の開けた雄大な草原は、自然の優れた風景として国立公園に指定されるなど評価されてきた。狭小な土地で草木と闘いつつ農地を耕作してきた日本人が、一見して田畑や森林にくらべて生産性の低いこの景観をなぜ好むのだろうか

　広々とした草原をわたる風、移りゆく四季のなかで折々に咲き誇る草花は、人の心を癒してくれる。しかし、このような草原が手つかずの自然ではないことを、そして、どのようにして誕生したのかを知る人は少ないかもしれない。

森の国日本になぜ草原が存在するのか

　降水量が多く温暖な日本では、草本群落はやがて森林群落へと遷移する。火山の噴火や河川の氾濫などの強い攪乱を受けた場所を除けば、「自然の状態」で草原（草本群落）が維持されることはむずかしい。私たちが目にする草原の多くは、草資源を家畜の餌や肥料などに利用するために、火入れや刈り取り、放牧など、人為的に干渉（攪乱）することで維持されてきた（写真1）。

　古来、人の暮らしに草原はなくてはならないものだった。優占種であるススキやオギなどのイネ科植物は屋根葺きの材料であった。牛や馬の飼い草として、さらに草肥として田畑で作物を育てるにも草が必要であった。草の利用をや

火に強いイネ科草本を残し、灌木を除去する火入れ
写真1　人の営みがつくりあげた雄大な草原景観

野草も採草されることで価値が生まれる（写真提供・大滝典雄）

放牧による採食と排泄のサイクルが牧歌的景観をつくりだす

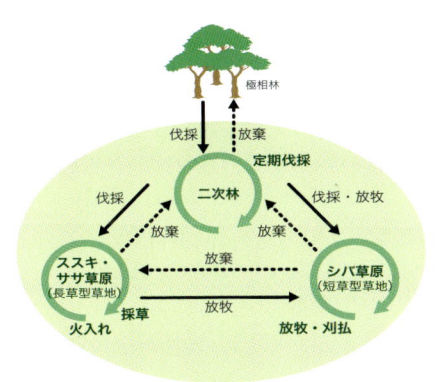

図1 半自然草原の利用形態と植生の関係（概念図）

写真2 短草型草原に生育するオキナグサ（絶滅危惧植物）

めると、そこに芽生えた灌木などが生長し、森林へと遷移してしまう。火入れは、それを阻止し、若い草が育つようにするために欠かせないものだった。

このように、日本の草原の多くは人の手による適度な攪乱のもとで形成される。人の利用のしかたや攪乱の頻度によってゆらぎ、人間がいったん手を引けば、ただちに森林へと遷移する不安定な植生でもある。

写真3 長草型草原に生育するキキョウ（絶滅危惧植物）

草本植物が豊かな日本

昔から農業は雑草との闘いであったように、日本は草が豊富で生育も旺盛だ。木と草の種類数をその割合でみると、木が30％、多年草が60％、一年草が10％で、意外にも草本植物が多いことに驚かされる。このことから、日本の植物相にとって水田畦畔や林縁を含む草原が維持されている環境がいかに重要であるかがわかる。たとえば、年1回ていどの草刈りをすればススキなどの長草型草本植物が安定して生育する。牛馬を放牧すればススキは減少し、かわって草丈の低いシバなどが主体の短草型草原になる（図1）。

管理の形態や優占種、景観が異なれば、生息する植物や動物も異なってくる。長草型草原ではワレモコウや秋の七草に代表される背の高い草花を、短草型草原ではスミレやオキナグサ（写真2）のような小さな草花を見ることができる。

草原の火入れの効能を理解していた古代人たち

ススキやシバなどのイネ科植物の多くは、茎や芽（生長点や休眠芽）が地際や地中にあり、刈り取りや採食、野火にあっても、新たな葉を次つぎに再生する

ことができる。これに対して、樹木のような直立茎をもつ植物は、芽生え(萌芽)が刈り取られたり、踏みつけられるとダメージが大きい。

このことを理解していた日本人の祖先たちは、狩猟や採集に適した環境である草原をつくり、維持するために古い時代から火入れを行なってきた。野火をともなうそのような植生管理が実施されていたことは、土壌中に残された炭化物やイネ科植物由来の植物珪酸体から知ることができる。古いものだと、約1万年前の縄文時代にまで遡ることができる。

火入れの炎は、地上部で数百度に達することがあっても、地中数cmの深さでは温度上昇はほとんどない。休眠芽が地上にある木本類が炎のダメージを受けても、休眠芽が地下または地表近くにある草本植物にはほとんど影響がないわけだ。炎が短時間で燃え尽き移動するのが草原の火入れの特徴で、大量の樹木を燃やして肥料とする焼畑とはこの点で異なる。

自然史を語る草原の生きものたち

森林が卓越する日本列島だが、地史的なスケールで時間を遡れば、寒冷で乾いた気候のもとでステップのような草原・疎林が広く分布していた。およそ1万6千年前までの最寒冷期には、海面が下がって九州と朝鮮半島はほぼ陸続であり、大陸の動植物が日本列島に入ってきた。

たとえば、オキナグサ、キスミレ、ヒメユリなど中国東北部を起源とする「満鮮要素」とよばれる草原性植物も、この時代に朝鮮半島を経由して南下したとされている。そのなかには、地域固有の種・亜種に進化したものも少なくなく、日本の自然史を語るうえで重要な存在である。

最終氷期が終息し、温暖・湿潤化にともなって森林が拡大すると、草原性の植物は生育地喪失の危機にさらされた。しかし、冷涼な気候の高地、火山活動などの自然の攪乱が頻発する地域、狩猟や採集のために人が焼き払いつづけた場所には草原が残された。

人が野火を放ち、草を採取することで、草原として明るく清澄な環境が保証される。寒冷期に移入してきた生きものたちにとって、これらの場所は貴重な「逃避地(レフュージア)」となった。伝統的な草原管理は、意図せずして温暖化から日本の生物多様性を守ってきたともいえる。

棲みかを失う草原の生きものたち

人間の農耕生活とかかわって維持されてきた日本の草原がいま、危機に瀕している。採草や火入れ、放牧が行なわれなくなり、健全な草地が消滅したことで、草原の生きものたちが急速に消えつつあるのだ。植物のレッドデータブックをみても、草原を生育地とする植物が全国的に減少していることが

わかる。九州の阿蘇地方に集中的に分布している満鮮系植物の多くも、農地開発、人工草地化、遷移の進行などによって生育地が失われ、絶滅が危惧されている。

先に述べたように、日本では草本の種類数がきわめて豊富でありながら、草原が驚くほど少ない。しかも、その約半分は「阿蘇くじゅう地域」に分布しており、その他の地域では「草原そのものが、もはや文化的遺産ともよぶべき希少価値をもつほど減少してしまった」といっても過言ではない。

ハギ、オミナエシなどの秋の七草は古くは『万葉集』に詠まれた草花で、おもに茅場とよばれるススキ草地に生える植物である。しかし、最新のレッドデータブックでは、フジバカマとキキョウ（写真3）までが名を連ね、このままでは秋の七草が「秋の五草」になりかねない。

草原を抱える地域の将来

日本の草原の多くは千年以上もの長い歴史があり、そこでの営みに適応した多様な生きものが暮らしてきた。かつてのように、飼料、肥料、燃料として「草」が使われるならば草原は復活するだろうが、それには草を資源として利用するシステムの再構築が必要になる。

草原を保全する担い手不足も深刻で、マンパワーが不足している。今後は地域の主体性を尊重しながらも、ボランティアやNPO等を含む新たなかたちでの管理主体の形成と、これを支える社会システムが求められる。

旧来の資源利用だけにとどまらず、草原がもたらす恵み（生態系サービス）は、いまや文化的・調整的な機能を含めてきわめて多岐にわたる（図2）。農畜産業の基盤をなす草資源の利用が、生物多様性や生態系サービスを重視した新たなサービス産業によって喚起され、両者が車の両輪のように相互に補完・刺激しあうことで、草原の保全・利用の新しい展望は開けるであろう。

生態系サービス

昔の草の利用
・牛馬のえさ
・敷きわら
・堆肥
・厩肥
・屋根葺き材料
・薬草
・野の花
・燃料

資源採取

新たな草地の価値
・伝統文化の継承
・生物の多様性
・二酸化炭素の吸収
・水源涵養
・気持ちのよい風景
・癒しの空間
・レクリエーション
・地域食材によるサービス

図2　草地生態系が提供する多様な生態系サービス

3-05 屋敷林という景観に秘められた先人の知恵

岩田悠希（アジア航測株式会社）

「ところ変われば品変わる」というが、それぞれの地域の暮らしのなかで人びとが地理的条件や気象、災害などの自然条件に順応することで、里にさまざまな景観を生みだした。屋敷地の周囲を多様な樹木で囲って風よけにし、燃料となり、果実を味わうこともできた屋敷林もそういうもののひとつだ

　「日本は地形的に複雑であるばかりでなく、モンスーンの地域のなかにあって、気候や気象の変化に富んでいるため、集落の形態に種類が多く、従って農家をとりまく屋敷林もまたこれらの影響を受けて、地方的に、また集落的に、それぞれの特色ある様相を出現している」。これは1960年代に日本各地の屋敷林を調査し、その形態を分析した中島道郎の言葉である[*1]。その当時はまだ、平野部の各地の農村で特徴のある屋敷林が見られたことがうかがえる。
　屋敷林というのは、防風、防塵、防火、防霧などのために仕立てられた農家の屋敷周りの人工的な林のことである。山間部では、山麓の地形を利用して、強い風の影響を避けるように居住を構えることが可能であったが、平野部では遮るものがあまりない。局所的な強風が吹く季節は、茅葺屋根が飛ばされたり、一つの家で火事が起こった場合の火の粉が近隣の家に燃え移ったりするなどの被害が甚大になる。そこで、平野部の水田地帯や台地の畑作地帯の集落の多くで、家屋の高さを超える背の高い屋敷林がつくられた。屋敷林は、用材や燃料、堆肥などの供給源として、里山の代用のような役割も担っていた。
　現在は、平野部の多くで都市化が進み、敷地内に住宅を増築することが増え、茅葺屋根がなくなったことなどもあって、伝統的な屋敷林が残っている地域はかぎられている。よく知られているところでは、岩手県胆沢扇状地や宮城県仙台平野など東北地方太平洋側に見られる居久根、富山県砺波平野のカイニョ、島根県出雲平野の築地松などがある。いずれも広い平野に点在する屋敷周りに仕立てられた巨大な屋敷林だが、地方独特の特徴も見られる。

写真1　島根県出雲平野に点在する築地松　　　　　　　　　　　（撮影・森本幸裕）

防風林とともに果樹も育つ
仙台市長喜城の居久根

　仙台平野は、西の奥羽山脈の丘陵地帯と太平洋とのあいだに拡がる平野である。冬季に北北西、夏季に南東の風が吹くが、北または北西の寒風はとくに強い。数は少なくなったが、仙台市若林区長喜城に現在も残る居久根は、冬に奥羽山脈から吹き降ろす強風から家を守るため、南を除いてコの字型に屋敷を囲むように仕立てられている。植えられている代表的な樹木は、スギ、ケヤキ、ヒノキなどで、大木に成長したものは高さ30mにもおよぶ。

写真2　富山県砺波平野のカイニョ
南西から吹く季節風から屋敷を守るカイニョ

　この一帯は、戦国時代の武将、伊達政宗の時代から水田開発が行なわれ、低湿地に貞山堀という運河をめぐらし、住戸には屋敷林の植林を奨励したのがはじまりだ。周囲には土堤、さらに堀を設けたという。家を示す「い」と敷地境界の「くね」で居久根という。遮るもののない平野に吹く冬の冷たい季節風を防ぐことが目的だとされるが、じつは蒸発散による敷地の排水改良に堀とともに貢献する。

　屋敷林として、人びとはやがて実の生る木も植えるようになった。長喜城では、カキ、カリン、クリ、ウメ、アンズなどの果樹が植えられ、季節の恵みを与えている。山林から遠い平野部で暮らしてきた人たちの生きる知恵である。

　2011年3月11日の東日本大震災では、居久根に囲まれていない南側から浸入した津波に被災した家屋がいくつかあったのは残念だ。長喜城の典型的な居久根も津波はまぬかれたが、伝統的な家屋の被害は大きいという。

自給自足の暮らしに近づけるしくみのカイニョ

　富山県砺波平野の庄川と小矢部川のあいだでは、大規模な屋敷林が屋敷を囲むカイニョとよばれる孤立住宅が点在する景観を見ることができる(写真2)。砺波平野の散居村集落である。中世に山麓地帯から次第に沖積平野へ進出を始めた人びとが、繰り返し起こる庄川の氾濫を避けるため微高地を選んで家を建て、扇状地の豊富な水を利用して水田を家の周りにつくることで形成されたといわれている。

　この地域では、冬の季節風が南西方向から吹き付け、さらに4月から5月にかけては「井波風」とよばれる局所風が吹く。これは平野南部の八乙女山を越

＊1　中島道郎. 1963. 日本の屋敷林. 全国林業普及協会.

屋敷林という景観に秘められた先人の知恵――岩田悠希

113

えた強風がフェーンとなって吹き降ろす現象で、ときに瞬間最大風速が40m にもおよぶ強風がおもに南西から吹き降ろしてくる。この強風から屋敷や畑を守るため、敷地の西側や南側に設けた大きな森がカイニョだ(図)。

　高木はスギを主とし、ヒノキ、アテ、ケヤキ、カシ、マツ、カエデ、ヒサカキなどが植えられ、花木としてウメ、ツバキ、ツツジ、コブシ、モクレン、サザンカ、ウメモドキなど多様な木が植えられており、森のように枝を密にした家、下枝は落として樹幹上部だけを残した家などさまざまある。

　扇状地は水が豊富であるため、スギの生育に適している。この地域の人たちは成木を建材として利用し、木を伐ったら苗木を植える作業を繰り返してきた。スギの落葉はスンバとよばれ、風呂やかまどの焚きつけに使用し、その灰を田畑の肥料に利用してきた。またカシは農具や大工道具として、敷地の西北の隅に植えられたタケは、ほうきやざるなどの日用品として使い、前庭に植えられたカキ、クリ、ウメ等の果樹はおやつや保存食として、高低木の下草に植えられたオオバコ、ドクダミ、ユキノシタ、オウレン等は薬草として、フキ、セリ、ミツバ等は山菜として人びとのいのちを支えてきた。「高(土地)は売ってもカイニョは売るな」という格言が言い伝えられるほど、暮らしになくてはならないものだったのだ。

風速を約3分の1に弱める出雲平野の築地松

　島根半島と中国山地のあいだに拡がる出雲平野では、特徴的な築地松の屋敷林を備えた散村が見られる。斐伊川の氾濫によって拡がってきた氾濫源で

図　カイニョの配置と役割
砺波市ホームページ「砺波平野の屋敷林を学ぶ」をもとに作成
http://www.city.tonami.toyama.jp/denku/kids/kids-f/fukudokuhon.html

あることから、砺波平野と同じように集落は洪水を避けるように自然堤防上や三角州の末端に点在する微高地に築かれた。天和年間(1681-83年)のことだ。この地域に吹く風は、一年を通して西からの風が卓越し、とくに冬場は最大瞬間風速が25mほどになることもある。この環境に適応しようとあみだされたのが、築地松とよばれる巨大な屋敷林だ。

写真3　陰手刈り(のうてごり)
冬の季節風を緩和する独特の剪定がほどこされた出雲平野の築地松(撮影・森本幸裕)

築地松は、クロマツを陰手刈り(のうてご)という伝統的な方法で剪定してつくられる。家屋の高さよりやや高い11〜13mに切り揃え、屋敷側の枝は切り払い、外側だけに枝葉を残していることから、特徴的な形になっている(写真3)。この築地松は斐伊川下流域から大社湾までの出雲平野全域で見られ、ほとんどが屋敷の西側と北西側に仕立てられている。この屋敷林の防風効果の研究によると、風速は3分の1ほどに弱められ、風が強いほどその効果が大きいことが証明されている。

ただ、クロマツの植栽がこの形になったのは明治時代以降の洪水氾濫リスクが治水事業で緩和されてからだ。かつてはスダジイ、タブノキなどの照葉樹林主体の洪水対策にも主眼の置かれた屋敷林だったようである。

持続可能な資源としての樹木利用の未来

吹きつけて人びとを苦しめる冬の冷たい風は容赦ない。そのような局地風には、さまざまな名称が与えられてきた。鈴鹿おろし、伊吹おろし、六甲おろし、ダシ、空っ風、やまじ風などなど。そのような強風から家屋を守る屋敷林は、先人たちが暮らしを守るために生みだした一つの答えである。

家屋を覆うまでに育つ木を植える。木は風をしなやかに和らげ、落ち葉や枝は燃料として利用する。果樹や薬草などの恵みも与えてくれる。倒れて防風としての役目を終えても建材などとして蘇る。他の生きものたちに棲みかをも提供する。人の暮らしと調和して、ムダのないサイクルで持続する資源でもある。外部の資源に頼ることができず、身近な自然の恵みに依存するしかなかった昔の人たちが生み出した知恵。いまの暮らしに活かすことはできないだろうか。

参考文献　青木高義・小川肇・岡秀一・梅本亨. 2000. 日本の気候景観——風と樹　風と集落, 181. 古今書院.

生物多様性ってなに？ 調査手法と評価方法 ❻

安定同位体比でわかる生態系

夏原由博（名古屋大学大学院環境学研究科 教授）

目に見えない生態系での物質の循環を調べるとき、安定同位体比の分析が大きな力を発揮している。物質をつくる原子は核と電子からできている。その核の中には陽子と中性子があり、陽子の数は元素ごとに異なっている。そして原子の重さは陽子と中性子の合計の数で決まる。

安定同位体の基本特性を利用する

それぞれの元素は決まった個数の陽子をもつが、同じ元素（同じ原子番号）で、中性子の個数の異なる物質を同位体という。同位体には、放射性同位体と安定同位体とがある。放射性同位体は、放射線を出してほかの元素に変わる性質がある。安定同位体は放射線を出さず、ほかの物質に変わることはない。

炭素の原子番号は6で、環境中に存在する炭素原子の98.89%は原子量12（^{12}C）であるが、1.11%は原子量13（^{13}C）で重い。放射性同位体には原子量10、11、14、15のものがある。

物質の中に含まれる安定同位体の割合の標準物質に対する隔たりを千分率(‰)で示した値を安定同位体比という。標準物質は、国際的に決められていて、^{13}Cの場合は、アメリカ・サウスカロライナ州にある地層のベルムナイトの化石に含まれる炭酸カルシウムである。

光合成のタイプで安定同位体比は異なる

^{12}Cと^{13}Cとでは化学反応に対する反応性が異なり、^{12}Cのほうが反応性は高い。光合成によってできた化合物は、植物が取り込んだ二酸化炭素よりも^{13}Cの割合が少なくなる。このように化学的あるいは物理的プロセスによって同位体比が変わることを同位体分別という（図1）。

ところで、植物の光合成にはいくつか異なるタイプがある。シアノ

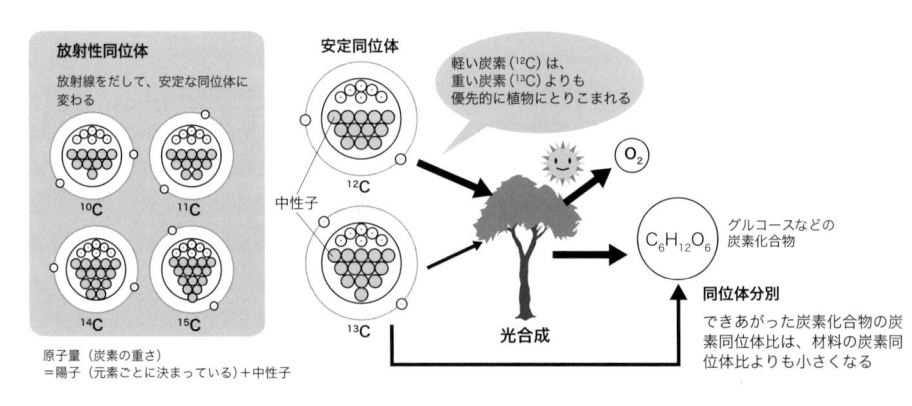

図1　炭素同位体の概念図と同位体分別

バクテリアや緑藻は異なるクロロフィルをもっており、日本でふつうに見られるC3植物とトウモロコシなど熱帯に多いC4植物とでは、はたらく酵素が異なっている。化学反応が異なれば同位体分別も異なるので、光合成のタイプによって植物体の安定同位体比が異なる。C4植物は、C3植物よりも^{13}Cの比率が高い。

それぞれの同位体比をそれぞれに活用する

窒素同位体比（$δ^{15}N$）は、食物連鎖での位置を推定することができる。栄養段階が上がるごとに、3.3‰ほど増加するからだ。そこで窒素同位体比は、炭素同位体比とあわせて食物連鎖の解析にもちいられる(図2)。

生態系を構成する生物の窒素同位体比は、生産者の同位体比の影響をうける。土壌中に存在する窒素は大気窒素の^{15}N比よりも高いので、窒素を固定する植物は低い^{15}N比を示す。したがって、河川水中の窒素の起源を知るときにもよく使われている。化学肥料の^{15}N比は大気窒素とほぼ同じで、人し尿や畜産廃棄物は+10‰〜+20‰の高い値を示す。そのため、河川水への人為的影響の大きさを評価することもできる。

水に含まれる酸素や水素の同位体比は、地理的な差が大きく気温との相関があることから、生物が育った温度や場所を推定できる。植物の組織を構成する酸素は、植物が取り込んだ水分子中の酸素に由来する。水が蒸発するときは軽い安定同位体から気化するため、残った水の安定同位体比は高くなる。凝固するときには軽い安定同位体が分別される。しかも、気温が高いほど降水の安定同位体比は高くなる。この関係を利用して、化石や年輪から過去の気候を類推することができる。

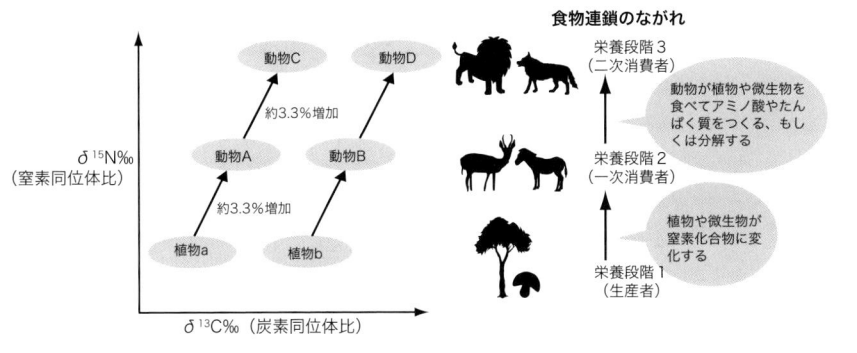

図2 食物連鎖での炭素同位体比と窒素同位体比の変化

第 **4** 章

都市化の影響と最適化のバランス

京都市の中心市街地に誕生した梅小路公園の「いのちの森」では、1996年の開園以来、ボランティアによる生態系モニタリングを継続している（写真提供・京都市）

4-01 生態学の視点で都市空間をみつめると……

夏原由博（名古屋大学大学院環境学研究科 教授）＋
橋本啓史（名城大学農学部生物環境科学科 助教）

過疎が進み里山が崩壊する一方で、都市への人口集中はますます進行する。その人間が快適に暮らす装置づくり、あるいは経済効率を優先するがゆえの行為が都市の人工化と単純化をいっそう加速させる。そのような都市化は自然を消滅させる行為となるが、人智でもって自然を再生することは可能なはず

　京都の錦市場でウナギは川魚の店で売られている。日本のはるか南東、マリアナ諸島沖で産卵されたウナギの稚魚は、数千kmの距離を海流に乗って日本沿岸にたどり着き、川を遡上する。淀川を遡上したウナギは琵琶湖で育ち、宇治川を下る天然ウナギは最高の品質とされた。現在では、淀川大堰や天ヶ瀬ダムなどによってウナギの遡上は阻まれており、琵琶湖には稚魚が放流されている。

　日本でもっとも流域面積の大きい利根川でも、シラスウナギの漁獲量はピーク時の65分の1に減少してしまった。減少の原因は、1971年に建設された河口堰だという議論もある。大都市圏に河口のある河川は、治水や利水を目的に人工的に改変され、流域の生態系はつながりを絶たれてしまっている。

都市はなぜ自然との関係を断ち切ろうとするのか

　都市に自然を残す、あるいは再生する目的は、上に書いた①森里川海のつながりの確保、②自然体験の場の提供、③生態系サービスの享受などにある。

　わが国では人口の3分の2が都市（人口集中地域）に居住しており、子どもたちの大部分は都市の自然を体験して育つことになる。子どもたちが自然体験を通じて学ぶことは多いが、「いのち」、「多様性」、そして「自然は意のままにならないこと」を知ることも重要だ。

　生態系サービスには、洪水防止機能（163ページ、4-11）や都市気候の緩和などがあり、人が心地よく暮らすうえで必要なものである。しかし都市はもともと、食料も資材も生産しており、自然から隔離された存在ではなかった。下鴨神社や上賀茂神社の社有林も、触れることのできない神域ではなかった。「木は薪や橋板などとして利用されていただけではなく、入札でもっとも高い価格を示した人に売り渡していた」し、竹やきのこも使われていた（146ページ、4-07）。しかし、そうした都市の自然との関係は、今日では失われている。資源とし

ての竹が利用されなくなったことも、森林植生への脅威の原因となっている（132ページ、4-04）。

島の生物地理学の平衡モデル

おおざっぱに言って、大きいことはいいことだ。海に浮かぶ島は、面積が大きいほど生息する生きものの種数が多いことは古くから知られていた。しかし、1960年代になると、絶滅と移住のバランスによって島に生息する種数が決まるという、「島の生物地理学の平衡モデル」が提案された。島の生きものは大陸からの移動によって維持されるという説である。つまり、大陸からの距離が近いほど移住率は高くなり、小さな島では種ごとの個体数が少ないために絶滅率は高くなるという仮定のもとでの提案である。そうすると、大陸から近い面積の大きな島では種数は多く、大陸から遠い小さな島ほど種数は少なくなる。

このモデルは、保護区や都市緑地の計画にも適用できると期待された。じっさいに、都市緑地の生物の種数は、面積や都市周辺の自然地からの距離と関係するという結果が得られている。しかし、島にしても都市緑地にしても、生息場所の質はさまざまだ。しかも、島と違って都市緑地は周囲の環境の影響を強く受ける。これらの議論については、のちに述べることにする。

メタ個体群モデル

環境が変化することを考えると、大きな生育場所が一つだけあるよりも、小さな生育場所が多くあったほうがよい場合もある。島の生物地理学の平衡モデルが提案された同じころ、メタ個体群モデルが提案された。メタ個体群とは小さな局所個体群（パッチ）の集まりのことである。

アメリカの数理生態学者レビンスは、局所個体群の環境が変動する場合に、生物が局所個体群にとどまっている場合よりも、局所個体群間を移動したほうが全体の増加率は高くなることを示した。これは、変動が極端で局所絶滅が生じる場合に拡張できる。小さな個体群は絶滅しやすいが、ほかからの移住によって再生し、メタ個体群全体は持続することができる。生育場所をつなぐエコロジカル・ネットワークについては、4-03（126ページ）で紹介する。

種ごとの豊かな多様性と環境

島のモデルやメタ個体群モデルでは、生物ごとの生活史の違いは無視されたが、じっさいには種ごとに生活史は大きく異なっている。たとえば、広いホームレンジ（日常的な行動域、行動圏）を必要とする猛禽類は小さな都市緑地に生息できないが、コケは数cm四方の空間に生育することも可能である。大阪府

と京都市の都市緑地を対象とした調査では、広い緑地に生息する鳥は、それより狭い緑地に生息する種のすべてを含む「入れ子構造」を示すことがわかった。しかし、コケやシダにそのような傾向がないことは知られている。生物ごとに必要とする環境が異なることは、4-02(123ページ)、4-06(142ページ)、4-08(152ページ)で説明されている。

面積だけでなく、重要な資源や環境が生物の分布を決める鍵となることは多い。4-05(136ページ)では、森林に棲む動物には塩が重要な資源であることを紹介している。似た環境を利用する場合にも、種によって利用の幅が異なる。シジュウカラのように、自然の環境の代償である緑化樹を都市の中で利用できることが、シジュウカラの都市への進出を可能にしている(4-02)。

複雑さと攪乱が多様性の源泉

限られた空間を使って都市の生物多様性を向上させるにはどうすればよいか。コケやシダの研究は、その示唆に富んでいる(4-06、4-08)。「日本庭園のデザインの一つに、小山や池、滝などで自然の風景の縮小版をつくる技法がある。その結果として生まれるさまざまな光・水環境は、コケ植物の生育環境の多様化につながり、ひいてはコケ植物多様性を高める要因の一つになっていると考えられる」。同様の結果は、庭園の池に生息する魚からも得られている。

また、「日本庭園ではその美しい景観を維持するために除草や落ち葉掃除などのきめ細やかな管理が行なわれている。草本や落ち葉に覆われるとコケ植物は日照不足になって枯れてしまう」。コケよりも大きな生育場所を必要とする生きものには、もう少し大きなスケールの複雑さと攪乱が必要だろう。

写真　京都市の中心市街地につくられた梅小路公園(約11ha)
復元型ビオトープ「いのちの森」は公園の中心施設(写真提供・京都市、2007年)

都市にうまく棲みついた鳥たち

橋本啓史（名城大学農学部生物環境科学科 助教）

都市化すると緑地は孤立・断片化、縮小して、一般的には鳥類の種数は減少する。ところが、雑食種、種子食種、樹洞営巣種の鳥類は意外にも都市に適応していて、じつは鳥類全体の個体数は増えているという。生ゴミや人のおこぼれも食べるカラスやスズメなどの雑食性の鳥にとって都市は食物が豊富だからだ。樹林性の鳥類も近年では都市に進出してきている。なぜ彼らは都市でも棲めるのだろう

　都市では昆虫相は貧弱になるが、一年をとおして種子や果実を食べているハト類は、ちょっとした空き地に生える草の種子なども食べ物にできる。しかし、深い森とちがって、都市の小規模な緑地では巣の中のヒナはカラスなどの捕食者に見つかりやすい。一方、人工物の隙間にも巣をつくって子育てする樹洞営巣種のヒナは、樹上に開放性の巣をつくる鳥とくらべて、カラスなどによる捕食をまぬかれる可能性は高い。

写真　北京市街地のカササギ

都市暮らしをはじめた鳥たち

　日本の都市や農村において、昔から人間の近くで暮らしてきたのはツバメとスズメ、それに家禽が野生化したドバトだ。ツバメは人家の軒下などに巣をつくり、カラスなどの天敵からヒナを守る用心棒としてヒトを利用している。スズメは人家の隙間などを樹洞に見立てて巣をつくる。ドバトは棚状の人工物を庇として利用して雨を凌ぎ、その下に巣をつくる。ツバメは飛翔性の昆虫をおもな餌としているが、ドバトは種子食で、スズメは昆虫と種子を食べている。

　都市では、ドバトやスズメは人からも餌をもらって暮らしている。一方で、この数十年のあいだに都市に進出してきた樹林性の鳥たちもいる。ヒヨドリ、キジバト、シジュウカラ、コゲラ、そしてハシブトガラスなどがその代表である。彼らは狭い都市緑地に閉じこもるのではなく、街路樹や住宅地の庭など緑地外の緑も積極的に利用することで、都市にも棲むことができている。したがって、彼らが棲めるかどうかは都市緑地（パッチ）の面積や質だけでなく、緑地周囲（マトリクス）の土地利用や樹木の分布にも影響されていると考えられている。近年は、このマトリクスの質に着目した研究が増えている。

　なお、都市に棲みはじめたキジバトは、樹上だけでなく、ドバトと同じように人工的な棚状の場所にも巣をつくっている。シジュウカラも、樹洞だけでなく人工物の隙間でも子育てをしている。

鳥類相を豊かにする要因と貧弱にする要因

　私は、都市部の大阪市街地で小規模公園を含む都市緑地の鳥類の種数と種組成、それに環境要因とくに公園を取り囲む都市的土地利用との関係を調べたことがある。その結果、緑地内の樹林面積の増加が鳥類相を豊かにする要因であり、周辺200mの道路用地の割合と周辺100mの商業・業務地域の割合とが鳥類相を貧弱にする要因になっていた。道路用地には大通りや阪神高速の高架道などを含み、商業・業務地域には中・高層のビル群を多く含んでいる。

　私は、とくにシジュウカラを取りあげ、その分布条件を「ロジスティック回帰モデル」という在・不在の確率の分析によく用いられる統計手法によって検討した。すると、シジュウカラは、緑地周囲の街路樹などを含む半径250m内の樹冠面積が広く、周囲1km内にほかのシジュウカラ生息地の数が多ければ分布確率が上がることがわかった(図)。近くに個体の供給源があることで、その緑地に生息するつがいが一時的にいなくなっても、隣接地から巣立った別の個体がすぐに移入することで生息分布が維持されやすいのだろう。

移動を妨げる高層建築物はとまり木でもある

　大都市は高層建築物の乱立する「起伏の激しい空間」でもある。鳥の目とはいうものの、低い高度ばかりを飛んでいる種類もある。そのような鳥にとって高層建築物は高い塀、大通りは谷のような存在だ。しかも、高架道やオフィス街に囲まれた大阪市街地の都市緑地は、鳥類相が貧弱である。高架道やオフィス街が、鳥類の緑地間移動の妨げになっていることが原因だと考えられる。

　とくに、なわばりを形成する鳥類は侵入者を目で監視する必要があり、建物などで死角になる緑は防衛に不利である。高層建築物で分断された緑環境では、単位面積(樹木量)あたりに形成される鳥のなわばり数が大きく減少することも理由の一つと考えられる。一方で、なわばり性鳥類は都市の電線やアンテナといった高所をソング・ポストとして積極的に利用することが知られている。高い場所で、なわばり内への他個体の

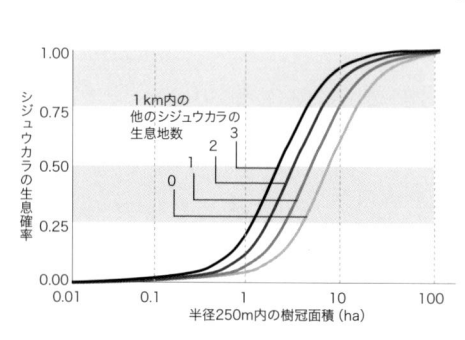

図　シジュウカラの生息確率と樹冠面積および1km内の他の生息地数との関係の解析

今回得られたモデルにもとづいて、生息確率が0.5を超えるために必要な半径250m内の樹冠面積を計算すると、1km内のほかの生息地数が0個のときは6.0ha（緑被率31%）、1個のときは4.0ha（緑被率20%）、2個のときは2.6ha（緑被率13%）、3個のときは1.8ha（緑被率9%）となった。文献などから考えると、シジュウカラの生息地としては3ha以上の樹林が適当である。1ha未満の樹冠面積の小緑地でも繁殖が成功することもあるが、一時的に大量発生した偏った餌(えさ)資源に依存していることも多く、局所的な絶滅が起こりやすい。近くにほかの生息地があれば、そこからしばしば個体群が補充されて、個体群が維持されるとも考えられる

侵入を監視していると思われる。

　高層ビル群をうまく利用している鳥類はカラスの仲間で、日本ではハシブトガラスが、韓国のソウルではカササギが、中国の北京ではカササギに加えてオナガが高層ビル街の屋上付近を飛んでいる姿を目にする。北京のオナガの餌がなにかは不明だが、日本のハシブトガラスやソウルのカササギは高層建築物をとまり木のように利用して、高所から生ゴミを見つけると舞い降り、人が近づくとビルの上に避難するという都市生活を送っている。ハヤブサの仲間も高層ビルを断崖に見立てて、高みからドバトなどを狙って急降下して捕らえている。

営巣木やとまり木選びはそこから見える緑の量が決め手？

　私は、かねてから高さ方向の情報も考慮した「三次元の景観生態学」が必要ではないかと考えており、文部科学省の科学研究費で2007年度から2年間、高層ビルの建設ラッシュの北京市街地のカササギを研究する機会をえた。カササギはカラス科の中型の鳥で、姿が目だつので行動を追いかけやすい（写真）。樹上にボール状の大きな巣をつくるため、巣の位置をほぼ見落としなく地図に落とせる。北京市街地の緑の分布とビルの高さは衛星画像から作成したデータを使い、カササギの巣の周辺の樹木の面積と高層建築の面積、低層住宅地と高層ビル街におけるカササギの行動圏の違いなどを調べた。

　まず、北京市街地のカササギの巣の位置を地図に落とし、地理情報システム(GIS)上で緑の分布とビルの高さデータから、巣のある木の上からビルなどに視界を遮られずに見えている樹木の面積を求めた。また、巣のなかった木でも同様に、ランダムに選んだ木の上から見えている樹木の面積を求めた。

　それらを比較した結果、巣から半径200m内の巣から見える樹木の面積は、ランダムに選んだ木の周囲の樹木の面積よりも大きく、ロジスティック回帰モデルでも巣から半径200m内の巣から見える樹木の面積の広さで、カササギの巣の分布が説明できることがわかった。

＊

　カササギの行動圏の広さの違いを低層住宅地と高層ビル街とで観察によってくらべたところ、ビル街における行動圏および行動圏内の樹冠面積は、低層住宅地における行動圏・樹冠面積よりも大きかった。しかし、高層ビル街のつがいは行動圏内のすべての樹木を利用しているわけではなく、主要な行動圏内(90%)の樹冠面積は低層住宅地と高層ビル街でほぼ同じだった。高層ビル街で繁殖していたつがいは、行動圏内の樹木をよく見渡せるビル屋上などの高い止まり場を利用していた。やはり視覚的に見える樹木の面積は重要で、建物の裏にあって見えない樹木はなわばりとして防衛しにくいのであろう。

4-03 エコロジカル・ネットワークの可能性と未来

橋本啓史（名城大学農学部生物環境科学科 助教）

都市域の緑地は人間のレクリエーションの場のほかにも生物多様性の保全、大気や水の浄化、洪水や土砂災害の軽減、微気象の緩和などの環境保全機能である。しかし、散在する小規模な緑地だけでは効果は現れにくい。そこで、核となる緑地を緑道や崖線、河川沿いの帯状の緑でつないで大きな効果を発揮させようというのがエコロジカル・ネットワークの考え方だ

　ネットワーク化によって複数の緑地間を動物が自由に行き来できるようになれば、広い面積の生息地を必要とする種も生存できる。ある生息地で個体数が減ったとしても、別の生息地から個体が移入して個体群が維持できる可能性も高くなる。微気象緩和機能については、緑道そのものがヒートアイランドを分断する効果に加えて、海や川などの水域や山の森林地帯とつながることで、市街地に涼風をよび込む「風の道」を形成することにも寄与する。

エコロジカル・ネットワーク計画の歴史

　欧米の都市では、古くから都市の緑地計画にネットワークの考え方が取り入れられてきた。とくに19世紀末に田園都市論を唱えたイギリスのエベネザー・ハワードが都市の無秩序な拡大防止を目的に提案した都市を環状の緑地帯で囲む「グリーンベルト」、同じく19世紀のアメリカの造園家フレデリック・オルムステッドが提案した公園を並木や遊歩道（パークウェイ）でつないでレクリエーションの便を向上させるパークシステムなどの考え方は、後世のエコロジカル・ネットワークの発展に大きな影響を与えた。

写真1　エコロジカル・ブリッジ（オランダ／ヘルダーラント州）

写真2　公園をつなぐ緑道（京都市西京区桂坂）

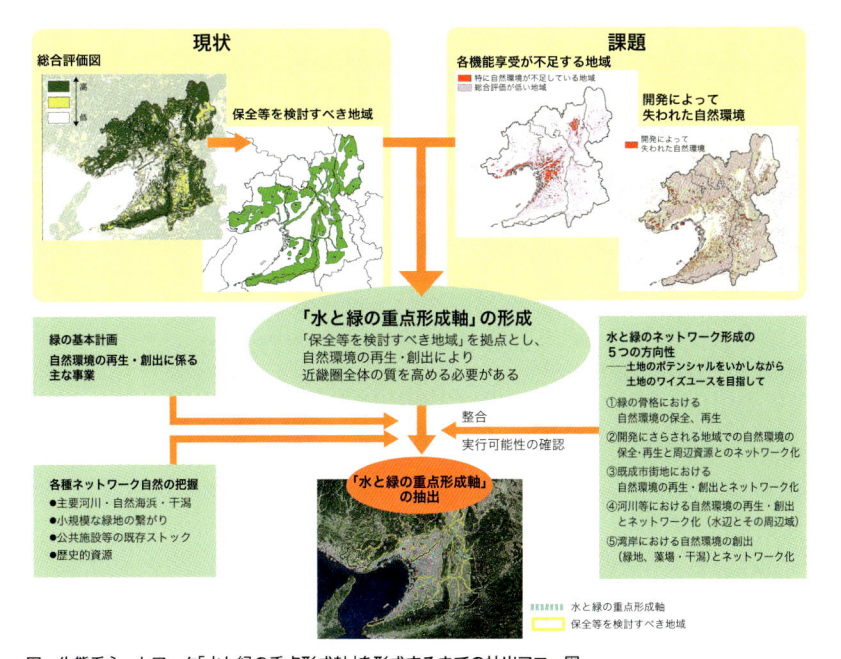

図　生態系ネットワーク「水と緑の重点形成軸」を形成するまでの抽出フロー図
「近畿圏の都市環境インフラのグランドデザイン～山・里・海をつなぐ人と自然のネットワークに向けた提言～ 資料集」
（近畿圏における自然環境の総点検等に関する検討会議 2006年）をもとに作成

　パークシステムはその後、並木などの緑を付随した自転車・歩行者のためのグリーンウェイへと発展し、1990年代以降の欧米でさかんに計画されるようになった。これには川・湖・運河などのブルーウェイをともなうこともある。さらに、オランダやドイツで発達した国土レベルで生物の生息地を結ぶビオトープ・ネットワーク計画も欧米でさかんになり、欧州では各国のビオトープ・ネットワークを相互に接続させる国際的なネットワークも形成されつつある。

　日本では、大正時代末の関東大震災（1923年）からの復興計画「東京緑地計画」が策定された。計画では、災害時に広域避難場所となる大公園の設置とともに、避難路ともなる「行楽道」や市街地の無秩序な拡大防止や火災の延焼を防止するグリーンベルト「環状緑地帯」が計画された。結果的には、大公園がいくつか整備されただけで環状緑地帯は実現しなかったが、この考え方は現在の首都圏・近畿圏の近郊緑地保全区域の指定などに反映されている。

構想は地方自治団体レベルでも実施段階に

　国土の開発・保全に関する国と地方公共団体の施策の基本的な計画である「国土総合開発計画」に、エコロジカル・ネットワークの考え方が導入されるのは第4次全国総合開発計画（1987年）あたりからである。第5次にあたる「21世紀

の国土のグランドデザイン」(1998年)では、「国土規模での生態系ネットワークの形成が求められる」との認識のもとに、エコロジカル・ネットワーク計画図を作成することが盛り込まれた。

　これを受けて、三大都市圏では「都市環境インフラの再生のための自然環境」の総点検と「まとまりのある貴重な自然環境の保全と水と緑のネットワークによって形成される都市環境インフラの将来像」を検討した。私は、近畿圏の生物部会(座長：森本幸裕教授)と中部圏の検討会に関わった。

　近畿圏の生物部会では、植生図や希少生物の既存の分布図だけでなく、ハビタットモデルで推定した指標生物の分布図(ポテンシャル・マップ)を作成し、その他の機能別評価図とも重ね合わせて自然環境を総合評価するなど、地理情報システム(GIS)や景観生態学の手法が活用された。こうして作成された総合評価図や現状の課題、既存の計画やネットワーク資源などを勘案してエコロジカル・ネットワークとして整備すべき「水と緑の重点形成軸」を抽出し、「近畿圏における都市環境インフラの将来図」(171ページ)が作成された。

　「国土総合開発計画」から看板を替えた「国土形成計画」の全国計画(2008年)でも、いくつかの指標生物の移動分散や渡りを考慮した「全国エコロジカル・ネットワーク構想」が検討された。林野庁が所管する国有林でも、野生動植物の生息・生育地を結ぶ移動経路を広範囲に確保するため、保護林相互を連結してネットワーク化する「緑の回廊」の設定を2002年から進めている。近年では、地方自治体が定める「緑の基本計画」や「生物多様性地方戦略」においても、エコロジカル・ネットワークを検討するようになった。

エコロジカル・コリドーは、どこまで有効か

　しかし、課題はある。緑地の多面的機能を発揮させる点では否定しないが、生物多様性保全の面では疑問符のつくコリドーのデザインもある。たとえば、都市を囲む環状のグリーンベルトは計画図として美しいし、既存の道路や鉄道に沿った緑化によるコリドー形成はコスト面でも実現の可能性は高い。しかし、生きものの従来の生息地の連続性と異なることもある。そのように孤立した生息地間に野生生物保護を目的に人為的にコリドーを設置することの功罪について、保全生物学者のあいだで活発な議論が1980〜1990年代に交わされた。

　ダニエル・シンバロフとジェームズ・コックスは1987年に、コリドーの有効性は野外で実験的に実証することが難しく、伝染病や外来生物の拡大などの負の側面も考えられると主張した。設置コストも高いことから、同じコストを生息地の保護区拡大に向けたほうが有効ではないかとも提案した。

　リード・ノスはこれに反論し、コリドーの功罪を整理したうえで、負の側面

コリドーの潜在的な正の側面	コリドーの潜在的な負の側面
1　保護区への移入率を高めることによって、 　A　種の豊富さや多様性を高めたり維持する 　B　特定の種の個体群サイズを増加させたり絶滅確率を低下させる、または局所絶滅した生息地に個体群を復活させる 　C　近交弱勢を防ぎ、個体群内の遺伝的多様性を維持する	1　保護区への移入率を高めることによって、 　A　伝染病や害虫、外来生物、雑草、その他の望まれない生物種の保護区や地域全体への分布拡大を助長する 　B　固体群間の遺伝的変異を均質化させたり、局所的な環境に対して適応的になってきている遺伝子構成が失われる
2　行動圏の広い種の採食範囲を拡げる	2　山火事やその他の非生物的な攪乱の拡大を助長する
3　パッチ間の移動の際に捕食動物から逃れるための隠れ場所を提供する	3　狩猟者や密猟者、捕食動物に身をさらす（待ち伏せされる）危険性を高める
4　活動目的あるいは生活史段階によって異なる生息環境を必要とする種が、さまざまな環境や遷移段階の場所に移動することを可能とする	4　しばしばコリドーの候補地となる河畔林の帯は、産地に生息する種は利用せず、移動分散や生存にも寄与しない可能性がある
5　大きな攪乱（山火事など）の際の避難路・避難場所を提供する	5　絶滅危惧種の生息地保護のための旧来の土地保護戦略（保護区の面積の拡大）に対して矛盾することや高コストとなる
6　市街地の無秩序な拡大を防いだり、汚染を浄化したり、レクリエーションの機会を提供したり、美観や土地の価値を向上させたりする「グリーンベルト」を提供する	

表　リード・ノスがまとめた「コリドーの潜在的な功罪」についての考え方
Noss（1987）Conservation Biology 1: 159-164　をもとに作成

の多くはコリドーの幅を広くとり、連続していた生息地間だけをつなぐことで解決できる、コリドーの多面的な機能を考えればコスト面でも有効だと主張した（表）。リチャード・ホッブスも科学的な実証研究の少なさを認めつつも、保全対象の生物種の特性をよく把握しながらコリドーを設置することは選択肢の一つとして進めるべきだとした。また、ポール・バイヤーとノスはこれまでのコリドー研究の事例を検討した結果、負の側面が現れているものはなく、実験デザインがうまくできている研究では、有効性はおおむね示されているとしている。

＊

　コリドーが地域絶滅や近交弱勢の防止に寄与するかどうかは、長期的な研究が必要である。実験は難しいが、近年は電波発信機を利用して動物を追跡（バイオロギング）することで、動物がコリドーを利用してじっさいに生息地間を移動しているかどうかの野外データを得ることが可能になっている。
　都市のエコロジカル・ネットワークと聞くと、すぐにコリドーの計画を考えがちだ。しかし、かならずしも連続した緑地帯でなくても、空を飛ぶ鳥類や昆虫には所々に隠れ場所となる飛び石的な点状の緑があれば、移動路として機能することがある。これはステッピングストーン・コリドーともよばれる。
　マトリクスである市街地内の点状の緑も、数が増えればどのルートでも移動できるし、一部の生物にとっては生息地ともなる。市街地の緑被率を高めるなどのマトリクスの質の向上にも、あらためて目を向ける必要がある。

生物多様性ってなに？ ⑦ 調査手法と評価方法

景観の生態史観——攪乱が再生する豊かな大地
第4章 都市化の影響と最適化のバランス

ICレコーダーで鳥類を調査すると……

藪原槙子（株式会社A・H・N）

鳥は生息地を選択する「こだわり派」だ。身のサイズや食べ物に応じて、棲んでいる森林の種類、空間的高さが異なる。この鳥たちの「好み」をうまく利用することで、環境変化の有無、善し悪しを評価できる。

まず、ターゲットとする場所にどんな鳥が棲んでいるかを知ることからはじまる。代表的な二つの方法がある。

耳が頼りの種類判別は調査員の熟練度しだい

ポイント・カウントは、あらかじめ決めた調査地点で一定時間留まり、聞こえた鳥の声や目視した鳥を記録する方法で、調査したい環境条件を細かく設定・分析するのに適している。ライン・センサスは、決めたコースを一定の速さで歩き、同じように記録する方法だ。調査地を広範囲にわたって総合的に評価できる利点がある。

調査は、鳥たちが特徴ある声で鳴く繁殖期に行なうことが多い。調査できるのは鳥がもっともよく鳴く晴れた日の早朝、もしくは夕方。雨や風が強くても、陽が高くなっても鳴かなくなり、記録できない。

鳥の種類判別は、人間の耳が頼りだ。専門家ならその豊富な経験と勘で鳥の種類を簡単に判別し、計測地点からの距離も推測する。しかし、素人に同じことを求めても、そう容易ではない。鳥類調査の結果は、調査員の熟練度に左右される場合がある。

ICレコーダー利用のたくさんの長所

そこで活用したいのがICレコーダー。2万円くらいのもので、私たちが聞こえる程度は充分に録音できる。何回でも聞き直せるし、聞き洩らすこともない。同定を第三者に確認してもらうこともできる。音声ソフトを併用すれば波形を見ることもできる。耳と目の両方で判別できるから、これで専門家との差はかなり埋まる(図1)。

しかも、いちばんの利点はタイマー機能を駆使できること。一度仕掛ければ、何日ぶんも記録ができる。レコーダーの量を増やせば、一日に記録できる調査地点をいくらでも増やせる(図2、写真)。

とはいえ、弱点だってある

もちろん、ICレコーダーにも欠点はある。鳴かない鳥は録音できない。姿を見ていないから個体数を推測することも、距離を判定することも難しい。行動を観察することもできない。しかも、設置・回収、判別の作業が別々だから、通常の方法とくらべて結果を得るま

図1 ヤブサメの鳴き声
フリーソフトRavenを使用して作成
(http://www.birds.cornell.edu/brp/raven/RavenOverview.html)

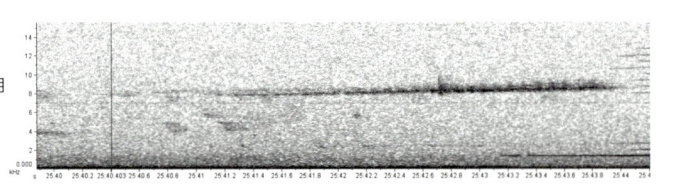

図2　調査地の植生図と録音ポイント

予想外の悪天候、機械の充電、ほかの予定との兼ねあいで何度もスケジューリングしながら、20.53km^{2}の北海道立自然公園野幌森林公園に19台のレコーダー（タイマー機能付きが7台）を配置して、11日間で96個（48地点×2回）のデータを1人で収集した。タイマー付きのレコーダーが増えれば効率はさらにあがる

写真　樹木にセットしたレコーダー

● 録音ポイント
植生図
林相
　gap
　広葉樹林
　針広混交林
　針葉樹林
　― 林道

でに多くの時間が必要になる。その意味では、レコーダーを使った調査はまだ実験的で、現時点では通常の調査法にレコーダーを併せて使うほうが賢明だ。そのほうが精度も高く、多くの情報を持ち帰ることができる。

鳴き声の波形から自動判別できれば……

　調査方法には課題もあるが、調査目的によってはとても有効なツールとなる。何度も侵入できない保護地区での広範な調査が可能になり、夜間の記録も複数回とることができるなど可能性は拡がる。
　一度に多くの記録を得ることができ、しかも設置に専門技術を要さないから幅広い人の参加ができ、広範囲のデータ収集もできる。したがって、大きなスケールで環境変化の評価も可能になるのではないか。波形からの鳥の種類の自動判別ができるようになれば、長期的な調査にもっと貢献できるツールとなるだろう。

4-04 竹を侵略者にしてしまった日本人の後悔

柴田昌三 （京都大学大学院地球環境学堂地球親和技術学廊景観生態保全論分野 教授）

竹は希にしか花をつけないイネ科の植物である。このことが遺伝子の交雑、すなわち新しい品種の誕生と改良を困難にしてきた。日本人は野生状態のままの竹とつきあってきたが、それだけ人間によるコントロールは難しい。人間にとって有用な資源供給植物である竹は、どうすれば復権させられるのか

有史以前から日本人と深い関係を保ってきた大型の竹は、マダケとハチクである。この2種は細工性に富むうえ、竹は稈が空洞であることから、古くから手軽に扱える植物資源として日本人の暮らしと深く関わってきた。

竹材は伝統的な生活必需品である籠（かご）や笊（ざる）などの日用品の材料となるほか、日本を代表する文化である茶道の成立にも欠かせない資源で

写真1　管理モウソウチク林（左）と管理放棄後3年目のモウソウチク林（右）

あった。その竹材は近代に至るまで半管理の自然状態にある竹林から採取されていた。しかし、その竹林がいま、管理放棄の状態にある（写真1）。

積極的に植栽され文化と暮らしを支えてきた竹

わが国の大型竹の本来の自生地に関する情報はほとんど残されていない。しかし、竹は基本的に水分、とくに移動性の高い地下水を好む植物であることから、河川敷などに分布していたと考えられる。そして、温帯性の竹の特性である地下茎を張り巡らせる性質を知った人間は、積極的な利用をはじめた。河川や溜め池の護岸に最適の植物として、江戸時代までは積極的に植栽されるようになった。たとえば豊臣秀吉は、京都の洛中と洛外とを仕切る土塁として築造した「御土居」の上部にマダケを植栽した。竹は小型の笹とあわせて重要な生物資源であるとともに、高い防災機能をそなえる植物として認識されていたのだ。

マダケの開花が招いた日本人の竹離れ

マダケやハチクは、南西日本を中心に日本各地の河辺・水辺でいまも認め

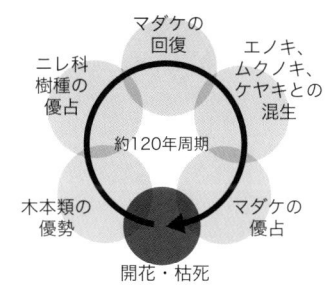

図1 マダケの植生と河川敷の景観の変化

表1 滋賀県愛知川河辺マダケ林におけるマダケ開花前後の樹冠密度と樹木が林冠に占める割合の変化
1961年と1982年の航空写真を用いて解析（吉田ら、1991）

調査対象区 （調査面積）	河口 からの 距離 (km)	林冠形成樹木 本数の変化 （本数／ha） 1961 → 1982	樹冠率の変化 （%） 1961 → 1982
A1 (200m×200m)	2.1	0.50 → 2.25	3.51 → 12.06
A2 (200m×200m)	2.4	1.00 → 2.00	6.78 → 8.78
A3 (100m×400m)	2.9	4.00 → 8.50	16.47 → 34.60
A4 (100m×400m)	3.3	3.50 → 6.25	14.34 → 17.45
A5 (100m×400m)	4.0	1.50 → 2.50	4.64 → 8.00
A6 (100m×400m)	4.8	3.00 → 4.50	8.19 → 15.45
A7 (100m×400m)	5.7	2.00 → 4.25	2.82 → 11.45
A8 (100m×400m)	7.5	2.00 → 5.00	3.55 → 7.39
A9 (100m×400m)	8.1	4.75 → 17.75	10.10 → 40.48
A10 (100m×200m)	8.4	3.50 → 10.50	6.44 → 19.56
平均		2.53 → 6.18	7.75 → 17.53

胸高直径≧3cm

	1992	1994	1997	1999	2001	2003	階層
アラカシ	52	49	42	47	46	40	低木層
ヤブツバキ	51	54	41	37	37	35	低木層
シロダモ	31	28	15	13	13	12	中低木層
ムクノキ	30	30	29	29	28	28	高木層
ヤブニッケイ	20	18	9	9	9	10	中低木層
ケヤキ	17	21	18	15	14	13	全階層
ネズミモチ	13	14	13	14	14	13	低木層
エノキ	11	10	8	7	6	4	全階層
スギ	9	6	-	-	-	-	（植栽）

表2 滋賀県愛知川河辺マダケ林における開花マダケ回復過程（開花後20〜30年目）における構成樹種の本数変化（1,600m²あたり）
（柴田未発表）

られる。護岸を目的に竹が植栽された結果であるが、護岸や防災だけが植栽の目的ではなく、貴重な資源を調達する意図もあった。室町時代の日本の代表的な輸出品の一つであった扇の骨の主要な生産地は京都に隣接する滋賀県安曇川下流域であったという事実は、まさにそういう長い歴史を示す。大河川の河川敷のマダケやハチクは人間の営みのさまざまな面で重要な存在であり、その重要性は1970年ころまで継続していた。

この継続性が損なわれたのは、日本各地の竹の自生地で1970年ころに発生し、10年ちかくつづいたマダケの開花である。この開花でマダケ林では一時的に竹材の生産ができなくなった。しかも、この間に日本社会が高度経済成長期にはいったこともあいまって、マダケを資源として供給する術が失われてしまった。この結果、現在では資源供給が可能な状態にまで回復しているにもかかわらず、マダケを資源として利用することが多くの地域で少なくなってしまったのである。

開花が引き起こす生態系のローテーション

マダケとハチクは、生態学的にほぼ120年程度の周期で開花・枯死していることは記録からも確かであり、自然界では竹の開花・枯死後の10〜20年ほどは竹にかわって木本類が勢力を盛り返す期間となる。マダケが枯れてなくなった河川敷では、ニレ科樹種を中心に樹林が回復する。次に回復してきたマダケと競合する期間があり、やがてマダケが優占する期間をへて、ふたた

林床相対照度（4月）

凡例		
8%以上	7〜8%未満	6〜7%未満
5〜6%未満	4〜5%未満	3〜4%未満
2〜3%未満	1〜2%未満	1%未満

リュウノヒゲ分布

キチジョウソウ分布

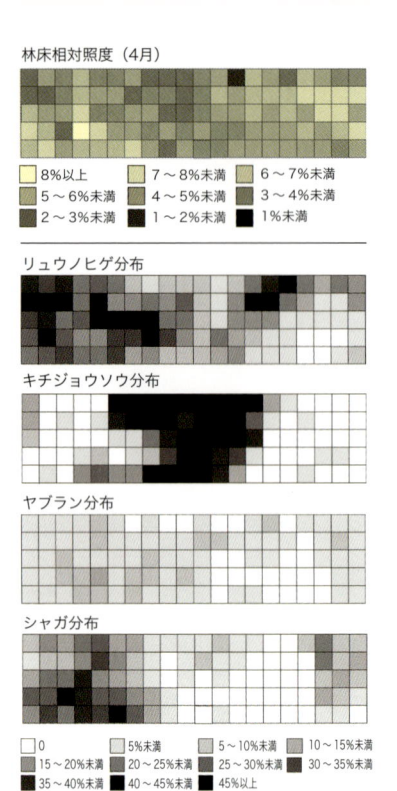

ヤブラン分布

シャガ分布

凡例			
0	5%未満	5〜10%未満	10〜15%未満
15〜20%未満	20〜25%未満	25〜30%未満	30〜35%未満
35〜40%未満	40〜45%未満	45%以上	

図2 滋賀県愛知川河辺マダケ林林床植物の出現状況
各方形は2m四方（森下未発表）

びマダケの開花を迎える。長期的にはそのような生態系のローテーションが繰り返されてきたと推定できる（図1）。

河川敷のマダケ林では、マダケが不在の期間に急激に成長したエノキ、ムクノキ、ケヤキなどが混生する景観が生まれる（表1、2）。これらの樹木は下枝が少なく通直な幹を形成することから、商品価値の高い材となった。近畿地方の一部では、その林床で半収奪的な伐採という攪乱も行なわれた。さらに、これがもたらす適度な光条件のもとで、リュウノヒゲ、キチジョウソウ、ヤブランなどのユリ科植物や、シャガなどのアヤメ科植物が中心の林床植生群落がわずかな微地形に適応して成立し、特徴的な竹林植生をつくりだした（図2）。

開花しないモウソウチクはクローンかもしれない

マダケやハチクとは根本的に異なる竹がモウソウチクである。本種は、自生地である中国本土から琉球列島を経由して江戸時代初期に導入された植物とされている。自生地である中国揚子江流域では、モウソウチクは丘陵の中腹以上の位置にみられることが多く、乾燥にもあるていどの耐性がある種である。しかも、すくなくとも日本国内においては、マダケやハチクのように周期をもって開花した記録は認められない種である。

じつは、実生から繁殖維持したモウソウチクが67年目に開花したという記録はある。しかし、この原因としては遺伝学的に劣勢遺伝的な要素があったと考えられている。近年の調査では、国内のモウソウチクのすべてが同一クローンである可能性も指摘されている。以上の点を考慮すると、モウソウチクは、マダケやハチクにみられる周期性のある植生、あるいは生態系のローテーションが期待できない植物である可能性がある。

竹が悪者として扱われる事例が頻発する現状

日本の竹林とその管理の近年の状況を整理すると、次のようになる。

先に述べたように、高度経済成長期のマダケの開花を契機に、まず管理がおろそかになりはじめた。そして、1980年以降は竹材生産が放棄され、1990

年代半ば以降になると中国からの輸入水煮筍によって国内のモウソウチクの筍生産は衰退し、日本中の竹林の管理放棄はいよいよ進んだ。1980年以前の日本の全竹林面積の9割ほどが人の管理下にあったと推定されているが、現在では全竹林面積の3割ほどしか管理下にない。この結果、数多くの竹林拡大の事例が、日本各地で報告されるようになったのである。

　管理されなくなった竹林の防災力の低下も報告されるようになった。しかも、侵略された側の土地も管理されなくなっている。里山や人工林が抱える問題とも関連しているといえよう。いずれにしても、現象面のみをクローズアップすると、竹が悪者として扱われる事例が頻発する現状にある。

写真2　放置マダケ林に蔓延するテングス病

　とはいえ、現在では竹林も重要な資源供給源として認められる例が増えはじめている。竹林拡大を止める方法、資源生産の場として新たな管理の手法なども模索されている。竹林拡大についても、すべての竹林が悪者なのではなく、周辺土地利用に侵入している竹だけに注目することによって植生復元に必要な労力が削減できることも認識されるようになってきた。

モウソウチクの管理と資源利用の道を模索

　マダケやハチクの管理放棄が竹林におけるテングス病（写真2）の蔓延を助長し、竹林を衰退させることが報告されている。管理放棄がかならずしも竹林拡大に直結するわけではないことが認識されるようになった。管理放棄によって竹林が拡大する現象を起こすのはモウソウチクの林に多いこともわかってきた。この種の開花による植生の遷移への期待が低いことなども認識されたことから、現在ではモウソウチクの竹林管理と資源利用の道を模索することで問題が解決できる可能性が高いことも認識されるようになった。

　拡大が危惧される各地の竹林では、竹の植物的特性を再度見直しながら、これを阻止する術が考えられつつある。たとえば、竹林拡大はより優れた光条件にある場所を竹が求めることで起こっているが、このことを視野に入れて、もともと竹林であった場所の環境を竹の生育に適した環境に戻すように再整備することで拡大を抑制する手法も検討されている。

　もう一つの問題として、モウソウチクを竹の一つの種として認識するのではなく、他種も含めて「竹」として一括して社会が認識していることがある。竹は管理さえすれば、侵略者としてではなく、資源供給植物としての面を強調できる植物だということを知ってほしい。

4-05 熱帯雨林の野生動物の塩なめ場とその保全

Jason Hon（京都大学大学院地球環境学舎）　訳：塩野﨑和美

マレーシアのサラワク州では、かつてないスピードで土地利用の変化が起こっている。農業生産活動の拡大の結果、森林は大きく減少し、アブラヤシや木材のプランテーションへと姿を変えている。その一方で、森に依存して暮らす原住民や、塩なめ場でミネラルを補う野生動物の行動に異変が生じている

　サラワク州のあるボルネオ島では、2002年から2005年にかけて平均して年間1.7％の森林が破壊されている。とくにマングローブ林の破壊速度は速くて年間約8％ずつが失われ、泥炭地林も年に2.2％を超える速度で破壊されている。古い二次林や原生林も木材伐採で失われつつある。しかも、その多くが環境に配慮した持続可能な手法で伐り出されているとはいえない。

泥炭林も二次林もアブラヤシ畑に姿を変える

　サラワク州の泥炭林は、かつてはマレーシア全土の泥炭林の64％を占めるほど広大であった。しかも、泥炭林は開墾や維持管理に費用がかさむことから、農地に転用することはほとんどなかった。ところが、世界的なパームオイル需要の急増にともなって、1999年以降は大規模な転用がはじまった。泥炭林だけでなく、二次林もアブラヤシ畑に姿を変えた。

　サラワク州のアブラヤシのプランテーション面積の拡大はマレーシア国内でもっとも高く、2010年には国内平均の4.5％に対して12.8％の割合で拡大している（写真1）。総面積は10年ほどで3倍を超え、2010年には100万haに到達して、パームオイルはサラワク州における重要な輸出品となった。結果、サラワク州では泥炭林全域のわずか4.2％が保護されるだけとなった。

固有種も絶滅危惧種も生息する泥炭林

　農地や宅地の拡大を目的とする森林伐採によって、野生生物の生息地の多くが意図せずして破壊されている。泥炭林にしても、ほかのタイプの森林では見ることのできない野生生物の集団が生息する環境として重要である。サラワク州のマルダム国立公園の泥炭林には、固有種の約300頭のクロカンムリリーフモンキー、それに絶滅危惧種に指定されているサラワクスリリが生息している。

マングローブ林も、渡り鳥や魚の繁殖地として重要だ。しかし、マングローブは切り倒されて、その跡地はエビなどの養殖池へと変容しつつある。しかも、野生生物の生息地を守る保護区や国立公園の占める割合は少なく、国土の多くが森林伐採可能となっている。ボルネオ島のうち、マレーシア領の保護地域は、国土全体のわずか3.9％にすぎない。

　マレーシアにおいて、林業は主要な産業である。材木の輸出量はサバ州やサラワク州に多く、林業に従事する多くの地元住民の生活を支えている。一方で、ボルネオ島には焼畑農業をする人たちや、森に住んで狩猟と採集で暮らす原住民もいる。森林伐採とこれにともなう農地化は、伝統的な暮らしを続けている原住民から生活の手段と場を取りあげることを意味する。

人間、野生生物の両方に悪い影響を与える川の汚染

　不十分な伐採管理と無秩序な伐採操業は、環境に有害な影響を与えている。従来の伐採方法では、表土の流出が河川を汚染するなどの影響を抑えることはできない（写真2）。サラワク州の人たちは、運搬や飲料水など暮らしの多くを河川に頼っており、河川環境を良好に保つことは重要である。川の汚染は、地元のコミュニティの暮らしを圧迫すると同時に、野生生物のコミュニティにも悪い影響を与えることになる。森林伐採がマレーシアの経済を支える一方で、地元住民や野生生物の生活を脅かすおもな原因となる現状にある。

　経済発展を維持しながら自然と暮らしの環境を守るには、森林の持続可能な利用と森林保護の視点での森林管理政策が求められる。適正に管理された森林から産出した木材などに認証マークをつける森林（木材）認証制度は、持続可能な森林管理と木材を輸入する国には必要不可欠な制度となりつつある。しかし、この認証制度には、認証プロセスの透明度や認証自体の信頼性、原住民との合意の欠如、持続可能性についての課題など多くの問題を残している。

　なかでも原住民との合意は無視されがちで、2011年10月にはサラワク州の原住民であるペナン人が過激な森林破壊に抵抗して林道を封鎖する事態となった。信頼性の低い認証制度では持続可能な森林管理は不可能であるばかりか、さらに深刻な森林破壊を引き起こす要因ともなりかねない。そのような事態を防ぐうえでも、木材や木材製品を輸入する諸外国は独自の厳しい規準の森林認証制度を掲げ、規準にあわない輸入を受け入れないなどの規則をもうけて、原住民や多様な野生生物の生活の場である森林と泥炭地を守る必要がある。

草食、果実食の生きものに欠かせない「塩なめ場」

　森林は野生生物にとっての重要な生息地であるが、「塩なめ場」の存在はそ

写真1　アブラヤシのプランテーション

写真2　無秩序な伐採作業

　の重要性をさらに増している(写真4)。ボルネオ島では、野生生物にとっての塩なめ場の重要性についての研究はほとんどされていない。塩なめ場はとくに草食や果実食の生きものには重要な資源である。雨量の多い熱帯雨林では土壌の状態が悪く、そこに生育する植物に含まれるミネラルの量は乏しい。そこで、この地域の生きものたちは、不足するミネラルを塩分を含む泉の水や泥地から補給している(写真5〜8)。

　これまでの研究で、いくつかの哺乳類の分布は塩なめ場の存在との関係で決定づけられていることがわかっている。さらに、塩なめ場の存在が野生生物の行動や行動圏にあるていど影響を与えていることも明らかになっている。ボルネオ島サバ州にあるデラマコット森林保護区での研究では、保護区に生息する78％以上の種がミネラルの補給に塩なめ場を訪れたことが記録されている。

　2010年8月から1年間サラワク州の伐採からの経過年数が異なる三つの森に自動撮影カメラ(140ページ)を設置し、野生生物の塩なめ場利用について調査を行なった(写真3)。その結果31種の野生動物と地上性の鳥類が撮影された。伐採から時間が経過した森でより多くの種が撮影され、マーブルキャットといった肉食獣は伐採されて間もない森では撮影されなかった。また塩なめ場はおもな草食獣すべてに利用されていた。このことから塩なめ場が存在する森林を伐採から守ることが野生生物保護に必要であることが明らかとなった。

写真3　塩なめ場に自動撮影カメラを設置する筆者

写真4　塩なめ場

写真5　ヤシジャコウネコ(*Hemigalus derbyanus*)
マレーシア半島、ジャワ島およびブルネオ島に生息。IUCNで絶滅危惧Ⅱ類(VU)に分類

写真6　マメジカ(*Tragulus sp.*)
南および東南アジアに生息。名前のとおり小さく体高は20cm、体重0.7～2kgほどの原始的な反芻動物

写真7　ヒゲイノシシ(*Sus barbatus*)
ボルネオ島全域に生息。以前はよく見られる動物だったが、森林の減少とともに生息数が激減している

写真8　スイロク(*Rusa unicolor*)
東南アジアおよび中国南部に広く生息。水辺に棲むことから水鹿(スイロク)とよばれる

利用と保全の両面を盛り込んだ森林管理計画

　塩なめ場は、伐採や道路建設や土砂の沈殿、地滑りによって簡単に影響をうける。そこで、伐採許可林内での森林管理計画の一部である森林工学計画は、すべての道路建設において塩なめ場のような重要不可欠で保護すべき場所への影響を最小限に抑えることを求めている。

　サラワク州ではそれでも、道路建設が土壌侵食や河川の土壌堆積のおもな原因となっている。しかも、塩なめ場に近い場所で伐採しているため、種によってはミネラルの補給ができないなどの影響が出ていることが考えられる。しかし、木材会社の管理人たちは、伐採許可林内で野生生物が塩なめ場をどのように利用しているかには無頓着な現状である。

　ボルネオ島の野生生物にとって重要な資源である塩なめ場は、手つかずの状態で守る必要がある。長期的に考えれば塩なめ場だけでなく、その周囲の環境全体を保全することが重要であることも明らかである。そのためにも、しっかりした森林認証制度に基づく持続可能な森林管理と、さらなる野生生物保護区の設置など、利用と保全の両面を盛り込んだ森林管理計画が求められている。

生物多様性ってなに？ 調査手法と評価方法 ❽

野生動物調査の主役に躍りでた自動撮影カメラ

塩野﨑和美（京都大学大学院地球環境学舎）

野生の哺乳類の研究と聞くとなにやら楽しげで、山野で動物を観察しているイメージだろうか。たしかに、森にはシカやイノシシなどの動物が生息している。しかし、登山していて野生の動物に遭遇することが少ないように、研究者たちも野生の動物の姿をじっさいに観察できることはあまりない。野生哺乳類の多くは夜行性で用心深く、人がいると姿を隠すからだ。

赤外線センサーでシャッターが自動で切れる

研究者は動物の足跡や食跡などを頼りに調査しているが、近年は自動撮影カメラによる調査が主流になった（図）。

自動撮影カメラは赤外線センサーなどを搭載したカメラで、一定量以上の体熱を発する動物がカメラの前を通ると、自動でシャッターが切れる装置だ。とくに自動撮影デジタルカメラはシャッター音もなく長期間稼働するので、動物を脅かすことなく調査することが可能だ。ビデオ撮影も可能で、ふだん目にすることのない動物の行動を記録する可能性がある。

安価な自動撮影カメラが普及したことで、野生生物研究が拡がることが期待されている。ここでは自動撮影カメラによる研究、通称カメラ・トラップを2例紹介する。

塩なめ場で捕らえた31種類の哺乳類と地上性鳥類

1例目はボルネオ島のサラワク州でのカメラ・トラップ調査。ボルネオ島は多様な固有種が生息する島としてよく知られているが、その一方で農地化と木材販売を目的とする森林破壊が急速に進んでいる。サラワク州で保護されている森林面積はわずか4％にすぎない。それにくらべてサラワク州の35％で伐採が許可されている。

伐採可能な森も野生生物にとっては重要な生息地である。とくに草食獣にとっては欠かせない塩なめ場（不足した塩分などミネラルを補給

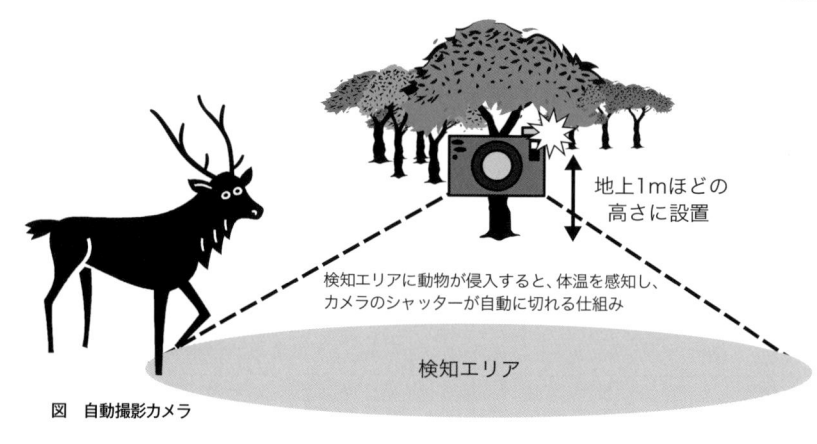

地上1mほどの高さに設置

検知エリアに動物が侵入すると、体温を感知し、カメラのシャッターが自動に切れる仕組み

検知エリア

図　自動撮影カメラ

写真1　サラワク州の塩なめ場で撮影されたホエジカ（Muntjac）

写真2　奄美大島で撮影された肉食性の外来ノネコ

する場所）も点在する。

　保護されていない森を野生の哺乳類がどう利用しているかを調査するために、塩なめ場のある管理形態の異なる三つの森でカメラ・トラップ調査を行なった。結果、31種類の中大型哺乳類と地上性鳥類が撮影できた。ホエジカ類やサンバーなどが多く撮影でき（写真1）、伐採から経年した森でとくに多くの種を撮影することができた（139ページ）。塩なめ場は有蹄類やハリネズミ、さらに6種類の食肉目が利用していることがわかるなど、伐採許可林に存在する塩なめ場保護の重要性が明らかになった。

それでもいた奄美大島のマングース

　2例目は、奄美大島での事例である。奄美大島もボルネオ島同様、アマミノクロウサギやアマミトゲネズミなどの固有の哺乳類が生息する島だが、マングースなどの外来食肉獣によって捕食され、生息数が減少していた。

　そこで、マングース根絶事業が展開され、根絶確認の手法として自動撮影カメラを利用したマングース・プロジェクトを実施した。近年は捕獲例がなく超低密度で生息していると推測される2 km²の狭い地域に160台もの自動撮影カメラを設置し、マングースの残存を確認した結果、マングースが複数頭撮影されたのである。捕獲がなくともマングースは残存していることが判明したのだ。

　おなじ調査で、マングースと同じ食肉性外来種のノネコも大量に撮影された（写真2）。個体識別から30頭を超えるネコが2 km²の山中に生息していることが判明し、奄美大島におけるノネコ問題の深刻さがはからずも明らかになった。

4-06 多様性保全の方向を示唆する シダ植物と微地形の相性

村上健太郎（名古屋産業大学環境情報ビジネス学部 准教授）

春の野山を歩けばさまざまな植物が出迎えてくれる。沢を上り、斜面をつたい、尾根を歩けば、それぞれに異なる植物や樹木があたかも棲み分けているかのような姿で私たちの目を楽しませる。やがて平地にたどりつくと、歩きやすくはなるものの森の植物層は単調になる。なぜなんだろう？

　お正月の玄関を飾るしめ縄には、ウラジロというシダが使われる。地方によっては、コシダという別のシダ植物が使われることもあるが、これも同じウラジロ科の植物である。この2種は葉の裏が白色になるなど、共通点が多い。ウラジロやコシダが縁起物に使われる理由は、葉の裏が白いことから白髪になるまで長寿を願う心を表現しているとか、葉が向かいあっていることから夫婦仲良く暮らせるようにという願いを込めているとか、神にたいして腹黒くないことを表しているなどとされるが、真偽のほどは定かではない。

　ウラジロやコシダは人里近い乾燥した山の尾根筋のアカマツ林に多く見かけるシダ植物である。一方、春の山菜のひとつのゼンマイも同じシダ植物だが、ウラジロよりも斜面を下った中腹や谷底に近い斜面で見ることが多い。

生物群集や生態系の基盤条件である地形

　このように、シダ植物の生育場所は、土地の形のわずかな違いを反映している。植物の分布と土地の環境とは密接に関係しているのだ。菊池多賀夫氏は、『地形植生誌』（東京大学出版会、2001）で、地形が植生に及ぼす影響を「形態的特性」と「変動的特性」の2種類に整理している。「形態的特性」というのは、標高や方位、傾斜の違いなどの地表の起伏の形態のことで、これが場所ごとの日射、風当たり、積雪、土壌水分などに不均質性をもたらしている。地形は、植物の生存にとって重要な要因にさまざまな影響を与えているのだ。「変動的特性」というのは、斜面崩壊や河川の浸食、運搬、堆積などのプロ

写真1　谷筋に見られる斜面（上）と尾根付近の緩斜面

セスのことだ。地形形成作用、すなわち地表の攪乱と言い換えることもできる。これが植物の侵入、成長、衰退に大きく影響している。

このように地形は、シダ植物にかぎらず、そこに成立している生物群集や生態系のすべての基盤条件だ。たとえば、西日本の丘陵地の二次林の尾根や斜面の上部にはアカマツ林が成立し、

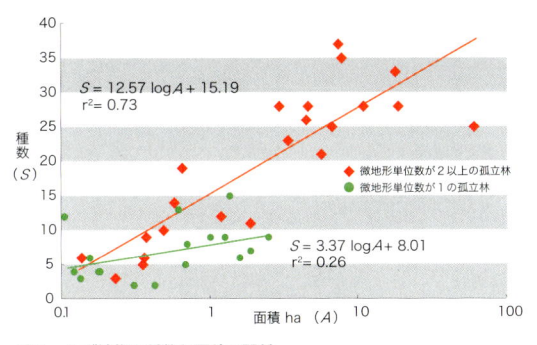

図1　シダ植物の種数と面積の関係
微地形単位が2以上の孤立林（◆）と微地形が1の孤立林（●）との比較

$S = 12.57 \log A + 15.19$
$r^2 = 0.73$

$S = 3.37 \log A + 8.01$
$r^2 = 0.26$

斜面の下部や谷底近くにはコナラ林が成立する傾向がある。尾根に挟まれた谷間の水田（谷津田）の植生を調べた事例では、谷の最上流部で急斜面の谷頭近くにあって明確な水路が形成されていない谷頭凹地では、他の微地形タイプにはない特異な植生になるという。

受精に水が必要だから谷筋に育つシダ植物

シダ植物は暖かく雨の多い地域に多い。日本は、世界的にもシダ植物が多様な国であり、600種あまりのシダ植物が生育している。とくに、暖かく雨の多い琉球地方や紀伊半島の南部などで種数が多い。もちろん、寒冷な地域の北海道の森林でもオシダやジュウモンジシダなど、生育種は限られるもののごく普通にシダ植物を目にすることができる。国土の3分の2を森林が占める日本では、日本のどこに行ってもシダ植物を見ることができると言ってよい。しかし、森林のどこにでもたくさんのシダ植物が生育しているかというと、そうでもない。

地形図を片手に、京都の大文字山にハイキングに出かけてみよう。谷筋に沿って歩いていると、ベニシダ、トウゴクシダ、オクマワラビ、クマワラビ、オオイタチシダ、ハカタシダ、リョウメンシダ、ナンゴクナライシダ、ジュウモンジシダ、イノデ類など、遊歩道沿いにさまざまな種類のシダ植物を見ることができる（写真1上）。しかし、尾根つたいに歩いているときは、コシダ、ウラジロ、シシガシラなどごくかぎられたシダ植物を目にするていどである（写真1下）。シダ植物は前葉体で受精するが、そのさいに精子が卵細胞に向かって泳ぐプロセスがある。つまり、受精に水が必要だから、多くの種が湿った谷筋などに集中する傾向があると考えられる。また、シダ植物が大型の種子や果実が定着できないほどの急な斜面や崖にも多いのは、種子植物との競争が起こりにくい環境にあるからだ。

シダ植物の「種の多様性」とかかわる「微地形の多様性」

森林の面積が広いほど、多様な種が生育することは知られている。しかし、この関係を京都の市街地に囲まれて孤立した39か所の森林で調べたところ、面積に次いで強く影響していた要因は微地形単位数であることがわかった。微地形の多様性が低い森林（すなわち、ほとんど起伏のない平坦林）と多様性が高い森林とでは種数に明らかな差があり、しかも平坦林では面積が増加しても種数はそれほど増加しない（図1）。つまり、大面積林におけるシダ植物の種数が多くなる理由の一つに、より多様な微地形単位が含まれることが主要因としてあるともいえる。

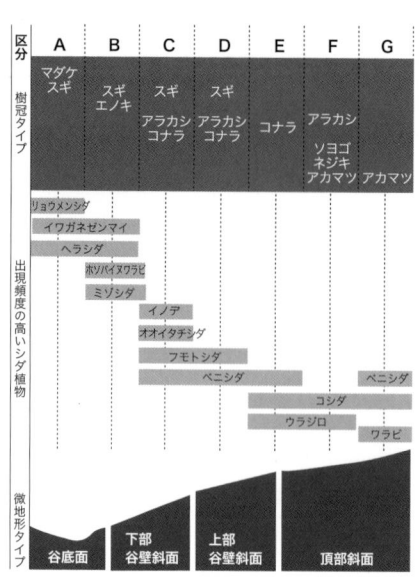

図2 微地形、樹冠タイプとシダ植物の出現頻度との対応関係
大阪府岸和田市の二次林（神於山）でのシダ植物の種組成調査にもとづく

シダ植物の被度と微地形タイプとの関係は図2のように整理される。受精に水を必要とするシダ植物は、多くの種が土壌水分率の高くなりやすい谷底面・下部谷壁斜面などに集中的に生育する。しかし、被度のピークは種によって異なる。イノデやコバノイシカグマ、ゼンマイなどはピークが明らかだが、ベニシダは斜面のどこにでも比較的、均一に生育している。コシダやウラジロなど、尾根（頂部斜面）に近い微地形タイプにしか生育しない種もある。微地形はシダ類にとって、きわめて重要な存在であることがわかる。

なお、ほかの森林を構成する樹木でも微地形の選好性は確かめられている。しかも、微地形が多様で地形的に不均質な森林にくらべると、地形的に均質な森林では明らかに種数が少ないことも知られている。

竹林跡にエコロジー緑化で自然林を再生する

大阪府吹田市にある万博記念公園内にある「自然文化園」は、博覧会の会場跡地に自然林を再生しようとする試みだ（178ページ、5-03）。この公園は、1970年代にはじまったいわゆるエコロジー緑化の先駆的な事例といわれている。幼樹を密植し、潜在自然植生の照葉樹林を約20年で成立させる緑化工法である。しかし、この方法では低木層や草本層の種の多様性が低いうえに、高木層もひょろひょろと単調で、樹齢の同じような樹木で構成される同齢林になるという課題がある（写真2）。

造成後約30年たった自然文化園を調べたところ、40種あまりのシダ植物が記録された。この種数は、自然文化園の周囲に残存している二次林に比較すると、かなり多い値である。しかし、森林はほぼ平坦地にあって、その林床部分にかぎると24種にすぎなかった。残りの種は、園内を流れる人工的な水路や石垣に生育している種であった。平坦林部分には、コシダやウラジロ、シシガシラなど、二次林にごく普通にみられる種すらほとんど生育していなかった。

写真2　万博記念公園自然文化園の密生林の状況

写真3　密生林内に造成された素掘り溝

平坦林に微地形を造成するとなにが起こるか
　そういうなかで特筆すべきは、照葉樹林内の排水不良の解消を目的に掘られた素掘り溝に、ハカタシダやオニカナワラビ、リョウメンシダ、イノデ、オオバノイノモトソウなどの多くのシダ植物が生育していたことである（写真3）。この溝は、深さ、幅ともに数十cmていどであるが、シダ植物のハビタット（生育場所）となる垂直の崖地を提供していた。この溝はシダ植物の生育を目的として造られたものではなかったが、偶然にもシダ植物のハビタット造成に成功していた。
　そこで、森林の樹冠タイプや明るさの異なる6か所で、長さ5m×幅1m×深さ1mの実験トレンチ（溝）を造成して、移入定着する植物のモニタリングをすることになった。約3年半が経過した時点で、多くのトレンチでコケ植物がまず増加し、そのあとにシダ植物の幼体が移入・定着している。まだ、充分に種の同定ができない幼体が多いが、イノモトソウ、フモトシダ、タチシノブ、オクマワラビ、ヤブソテツ類、ベニシダ類などが含まれているようだ。わずか5m²のトレンチ側面で、シダ植物の個体数は一時的ではあるが1,000を超えたトレンチもあり、今後の経過が注目される。

種の多様性の増進に結びつける自然回復緑化
　EXPO'70のために約300haの里地・里山が消え、その基盤条件である地形も改変された。現在の自然文化園は緩やかな地形で、人工の滝や園内を巡る水路が設けられているが、かつてのような大きな起伏はない。その結果として、尾根に近い乾性立地を好み、二次林にごく普通にみられるコシダやウラジロ、シシガシラなどのシダ植物をほとんど見ることができない。このことは、地形という基盤条件の重要性を語って余りあるといえよう。
　今後の自然回復緑化を種の多様性の増進に結びつけるには、微地形条件の多様性を高める必要がある、という教訓と成果を得ることができた。

4-07 絵図と古文書で読み解く社寺林の秘密

今西亜友美（京都大学大学院地球環境学堂景観生態保全論分野 特定助教）

神社やお寺は、林に囲まれていることが多い。あなたの家の近くの神社やお寺もそうではないだろうか。そのような林は、社寺林とよばれる。社叢ともいう。古くからある社寺林は、人びとに親しまれてきた身近な自然の一つである

　子どものころの私も、神社やお寺でよく遊んだ。京都に来て、故郷のものよりはるかに壮大な、神社やお寺の建造物とそれを取り囲む社寺林に感動したものだ。大きく太い木が林立する社寺林を見ていると、古くから聖なる場所としてあがめられ、保護されてきた自然の荘厳さを感じずにはいられない。

　なかでも、奈良県桜井市の大神（おおみわ）神社では、御神体である三輪山の一木一草に至るまで神が宿るものとし、伐採などをいっさい行なっていない。しかし、研究を進めるうちに、三輪山のように一度も人の手が入ったことのない社寺林は少ないのかもしれないと考えはじめた。

社寺林にかつて生育していた植物を推定する

　これから、京都市の著名な二つの神社を例に挙げて、江戸時代の社寺林の

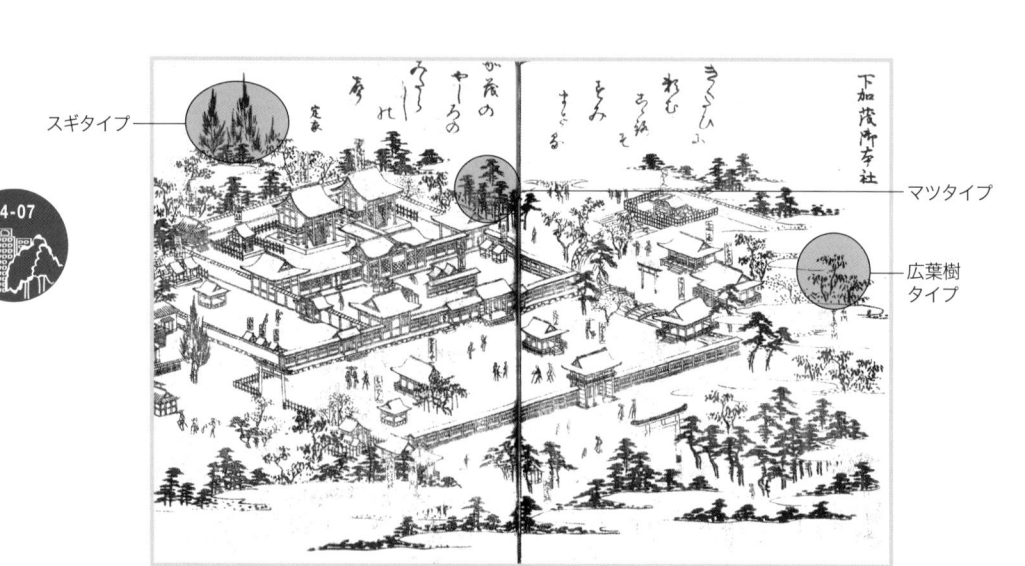

図1　1780年頃に描かれた下鴨神社のようす（都名所圖會）

（スギタイプ／マツタイプ／広葉樹タイプ）

ようすと人びととの関わりを紹介したい。紹介する神社は、京都三大祭の一つである葵祭が行なわれる下鴨神社(賀茂御祖神社)と上賀茂神社(賀茂別雷神社)である。下鴨神社は高野川と賀茂川との合流地点にあり、上賀茂神社は京都市北部の山麓に位置する。下鴨神社の社寺林は平地林であり、上賀茂神社の社寺林は山地林である。

社寺林にかつて生育していた植物を推定するには、絵図や古い写真、地形図などの視覚史料や古い文書などの文献史料の解読、花粉分析などの科学的分析などの方法がある。ここでは江戸時代を対象としたことから、入手可能な絵図と古い文書を使うことにした。

そもそも、生育していた植物を記録するために描かれた絵図はほとんどない。そこで、同じ時代に描かれた複数の絵図を見くらべたり、文書の記述とあわせて検討したりする必要がある[*1]。とはいえ、絵図に描かれた樹種の特定は難しいことが多い。樹木の形の特徴から、マツタイプ、スギタイプ、広葉樹タイプ、タケタイプに分けて植生を読み解き、文書の記述から可能な範囲で種類を特定した。なお、『都名所圖會』や『都林泉名勝圖會』などよく知られた古い絵図は、ウェブサイトで見ることができる[*2]。興味があればご覧いただきたい。

江戸時代になぜマツが茂っていたのか

まず、江戸時代の下鴨神社の社寺林のようすから読み解いていこう。私たちが入手した六つの絵図を見くらべると、林全体にマツタイプと広葉樹タイ

図2　1780年頃に描かれた上賀茂神社のようす(都名所圖會)

- 枯れた木や折れた木などの伐採
- 柴や草の刈り取り

↓

林の中が明るく保たれる

↓

明るい場所を好むマツが生育可能な林になる

図3　江戸時代の下鴨神社・上賀茂神社で行なわれていた林の手入れとマツの生育との関係

プの樹木とが混じりあうように描かれ、本殿周辺にはそれらに加えてスギタイプの樹木が描かれていた。川に近い場所には竹林が描かれていた(図1)。

上賀茂神社では、入手した七つの絵図と森林管理に関する古い文書を読み解いてくらべた結果、本殿などの建造物のある平地には、マツ、スギ、ヒノキなどの針葉樹と、カシ、ケヤキなどの広葉樹とが生育していた。神社の領地内の山には、おもにマツが生育していたことが推定できた(図2)。

現在の下鴨神社の植生については別章(92ページ、2-16)で詳しく紹介されているが、江戸時代の絵図にたくさん描かれていたマツは、いまはほとんど生育していない。江戸時代にはマツが多く生育していたと推定された上賀茂神社の山には、現在も尾根と頂上にアカマツが生育しているが、そのほかはコナラなどの落葉広葉樹やヒノキが多く生育する林になっている。

ではなぜ、江戸時代の両神社の林にはマツがたくさん生育していたのであろうか。マツは明るい場所を好む木であり、山火事や伐採などで林が攪乱されると、まっ先に芽生えて成長する。薪炭を燃料にしていた時代には、関西の人里周辺の山々(里山)にはアカマツが多く生育していたことが知られている。江戸時代の両神社でも、里山のように伐採など人によるなんらかの介入があったのではないだろうか。

社寺林は神社の収入源であり資源であった

そこで、古い文書から、江戸時代の両神社の林と人びととの関わりを読み解いた。どちらの神社でも木が伐採された記録はあったが、それらはおもに枯れた木や折れた木であった。生きた木が伐採されていた里山とくらべると、人による社寺林への介入の程度は穏やかであったといえる。

伐採された木でもっとも記録が多かったのは、マツである。木は薪や橋板などとして利用されていただけではなく、入札でもっとも高い価格を示した人に売り渡していた。下鴨神社では詳細な記述はなかったが、上賀茂神社では売ると決めた木に印をつけ、落札した人がその木を伐採して山から運び出す方法をとっていたようである。木を売ったお金の使い方については下鴨神社の古い文書に記述があり、釘やなわ、鎌などの品物を購入したり、小屋の建設費用にするなど、神社の公務に関係することに使われていた。

どちらの神社でも、里山と同じように林の下層に生える柴や草の下刈りを行なった記録があった。下鴨神社ではおもに11月と12月、上賀茂神社ではお

もに3月、4月、11月に、各神社に仕える人たちが行なっていた。上賀茂神社では山の面積が大きかったため、下刈りする山を10か所に、下刈りをする人たちを10組に分けて、くじ引きで下刈りする箇所を決めていたようである。

手入れで明るくなった林にはマツが芽生える

　以上のように、下鴨神社も上賀茂神社も枯れた木や折れた木の伐採、林の下刈りをしていたことがわかった。里山よりも人の介入の程度は小さいものの、どちらの神社も江戸時代は林の手入れをしていたことで、現在よりも林の内部が明るかったため、マツが自然に芽生えて成長していたと考えられる(図3)。

　二つの神社では、枯れ木や柴のほかにも、それぞれの立地だからこそ採取できる自然の資源をうまく利用していた。高野川と賀茂川に挟まれた下鴨神社は竹林に恵まれ、タケを大量に伐採していた。石などを詰めて河川工事の護岸などに使う蛇籠や建築材などに利用していた。タケやタケノコの皮は、枯れ木などと同じように入札にかけて売っていたことから、換金できる資源としても重要であったことがうかがえる。

　一方、山林が豊かな上賀茂神社では、マツタケなどのキノコが発生する山を入札にかけていた。落札した人は、9月から11月まで、その山で発生するキノコを採ることができた。マツタケは、林の手入れがされず、落ち葉や枯れ枝が積もって栄養が豊富になった土壌には発生しない。江戸時代の上賀茂神社は、先述した枯れ木などの伐採や下刈りをしていたほか、マツを枝打ちし、マツの葉を採取していた記録がある。そのような管理によって、マツタケが発生するアカマツ林が維持されていたのではないだろうか。

＊

　林は神社の持ち物であるため、勝手に入って木を切ったり、柴を刈ったりはできなかった。とくに、上賀茂神社では所有する山の面積が大きかったこともあり、神社に仕える人たちのなかから山の見回りの担当者を選び、山の資源が盗まれないよう監視していた。利用が禁止されていたのは神社と関係のない人たちだけではなかった。神社の関係者も同じであり、違反者に対する罰則も定められていた。林は神社の財産として厳しく保護されていたのである。

　江戸時代の下鴨神社と上賀茂神社は、社寺林を神社の収入源や資源として利用しつつ、神社の風致を保つことができるていどに人びとが介入していたことが推測できた。今後は、ほかの神社についても研究を重ね、社寺林と人びととの関わりをさらに解明したいと考えている。

＊1　小椋純一.1992.絵図から読み解く人と景観の歴史.71-95.雄山閣出版.
＊2　国際日本文化研究センターの「平安京都名所図会データベース」(http://www.nichibun.ac.jp/meisyozue/kyoto/index.html) などがある。

生物多様性ってなに？ 調査手法と評価方法 ⑨

スギゴケの葉につく命の露を守る

飯田義彦（京都大学大学院地球環境学舎）

スギゴケ類は日本庭園の構成植物の一つとして親しまれている。なかでも京都市内のコケ庭は、夜間に露を発生させる京都特有の盆地気候と「落ち葉掻き」のようなこまめな手入れがあって維持・成立してきたとされる。土壌から水を吸い上げる根をもたないスギゴケ類にとって、露の発生は水分生理にとても重要な役割を果たす。

まずは露の実測手法を確立する

近年、京都においては最低気温が上昇し、また相対湿度が低下するなどの都市気候の変化がみられ、露の発生にも大きな影響を与えていると考えられる。ところが、都市気候の影響評価に欠かせない葉につく露の実測手法は、これまで検討されてこなかった。

そこで、露の実測手法を確立する一環として、庭園のスギゴケ類のなかでも代表的なウマスギゴケを対象に、どのくらいの量の露が生じるのか、どういった気象状態のときに生じるのかを調べた。

100円ショップとホームセンターで揃える

露の計測には、ティッシュによる吸水法を採用した[*1]。簡単でコストもほぼかからない方法である。同時に、大気と地表面の熱環境と水分の挙動を把握するために、風向風速計、放射収支計、土壌水分計、地中熱流量計などのセンサーを設置した。さらに、地際と地表からの高さ1.5mまでの温度と相対湿度の変化を知るため、温湿度センサーを垂直に複数配置したタワーを自作した（図）。

複数の温湿度センサーの日射や風の条件を極力一定にするために日射を遮り、風を自然に通す構造で、なおかつ地際に設置できる大きさのシェルターも自作した。T型の塩化ビニール製のパイプ、ゴムシート、アルミテープ、タッパー（プラスチック製の密閉容器）、アルミサッシなど、すべて100円ショップやホームセンターで揃えたもので作製した。頭

①T型塩化ビニール製パイプの内外側をスプレーで黒く塗装
②外側にアルミテープを貼り、ゴムキャップに切れ込みを入れてコードを通す
③ゴムシートを巻いた固定台に装着
④シェルター完成
⑤ハンダでタッパーに溝付け
⑥ロガーボックスの完成

図　センサーを収めるシェルターと温湿度計タワー作製の手順

の中でイメージした構造にあいそうな材料を探索しては試作する。これを何回か繰り返して完成した。

露の量が多い日は、雨の翌々日に現れる

2008年秋季に京都大学大学構内のウマスギゴケの生育地に微気象総合観測システムを設置し、毎朝「採露」に通う日々を40日ほど続けた。そうした結果、露の量が多い日は雨の降った翌々日に現れることがわかった[*2]。仮説的なメカニズムを簡単に解説すると以下のようになる。
❶ウマスギゴケは、茎が密生することで土壌とのあいだに空間ができる（ここでは、この空間を「ターフ内」とよぶ）。
❷降った雨がウマスギゴケの下の土壌に浸み込み、同時にターフ内での水蒸気量は増加する。
❸雨を降らせた低気圧が過ぎ去った後、晴天化にともなう夜間の放射冷却現象により葉の表面温度がターフ内の露点温度より低くなって露が生じる。

このことから、大気中の湿度の高低よりも、ターフ内の湿度の高低が露の生成にとってより強く影響していると考えた。

庭園は冷気を溜める発想でデザインすべし

変化する都市気候のもとでコケ庭の微気象学的な現象をいかに持続させ、日本の庭園文化を代表するコケ庭を保全するかが課題である。露が発生しやすい条件を整える方法として、冷気を溜める発想に基づいた樹木の配置と庭園デザインを施すことが提案できる。

ウマスギゴケの露の量を実測し、微気象条件と比較した今回の研究は世界的に例がない。しかし、都市気候の影響評価にまでは至っておらず、ターフ内の湿度変化を把握する手法の開発など、今後とも継続的に研究を進める必要があると考えている。

*1 Brewer and Smith (1997)。乾いたティッシュで葉面の水分を吸水し、吸水前後の重量差から水分量を推定。

*2 畳1枚の大きさ（約2m²）で換算するとペットボトルキャップ2〜4杯分相当の水分量が「採露」された。

⑦アルミサッシにセンサーを固定

⑧温湿度計タワーの完成

⑨微気象総合観測システムの完成

4-08 「管理された攪乱」によって保全される日本庭園のコケ植物

大石善隆（信州大学農学部森林科学専攻 助教）

日本庭園は庭木、灯篭、庭石、東屋や茶室などで構成されるが、いずれも不可欠の構成条件ではない。必要条件といえる存在は、石とコケくらいのものである。ところがこのコケ、じつはいま都市化の影響で消滅の危機にある。しかも、コケにとってのサンクチュアリが日本庭園だという

　小さくて花も咲かないため、自然のなかではあまり目立つことのないコケ植物。しかし、日本庭園に目をむけると、そこではコケ植物はじつに主役級の存在感をみせている。わび・さびという独自の感性を育てた日本人にとって、しっとりとして幽玄な趣のコケは重要な庭園素材となっているためだ(写真1)。

コケに訪れた危機

　近年、庭園のコケは庭を彩る素材としてだけでなく、生物多様性の観点からも注目されつつある。庭園のコケと生物多様性——両者にはいったいどんな関係があるのだろうか。
　現在、人間活動が活発化することで生物多様性が急速に失われており、身近でみられた生物がすっかり減少して、絶滅危惧種に指定されていることも少なくない。コケも例外ではなく、多くの種が絶滅のおそれのある種としてリストアップされている。ところが、その保全に関する人びとの知見は乏しい。
　そこで、コケ植物の効果的な保全計画を検討すべく、われわれは京都市内を中心に緑地のコケ調査に取りかかった。その結果、驚くべき事実が明らかになった。複数の日本庭園から、絶滅危惧種を含むじつに100種以上ものコケが確認されたのである。

多様性にあふれた日本庭園の自然環境

　図1は、日本庭園、都市公園、二次林、芝地の4タイプの緑地におけるコケ植物の多様性と面積の関係を示している。この図からは①同面積で比較した場合、日本庭園ではコケ植物種数が顕著に多いこと、②緑地面積の増加にともなってどの緑地タイプでもコケ植物の多様性は増加するが、日本庭園での増加率が格段に高いことがわかる。どうやら日本庭園にはなにかしらのコケ植物の多様性保全効果があるようだ。

それでは、この保全効果はなにによって、どうもたらされているのだろうか。この謎を解くために、コケ植物の生活形に着目してみよう。

巧みな生存戦略から生まれた生活形
　シダ植物や種子植物は植物体内の物質の移動や水の上昇通路となる器官(維管束)をもち、根から吸収した水・栄養分を茎や葉へと運んでいる。しかし、コケ植物は維管束をもたず、生育に必要な水・栄養塩類の多くを体表面から直接吸収している。こうした特徴からコケ植物は周囲の環境の影響をとても受けやすく、環境の変化にうまく対応しながら生活しなければならない。そこでコケ植物は「周囲の環境に応じて、植物群落の形を変化させる」という生存戦略を編みだし、多様な環境に巧みに適応してきた。これがコケ植物の生活形(Life form)である。

　数ある環境条件のなかでも、光・水分条件はコケ植物にとってとくに重要であり、生活形の決定にも大きく影響している(図2)。視点を変えれば、コケ植物の生活形には、生育地における光・水環境が反映されているといえる。この生活形の概念をもちいて、日本庭園のコケ植物多様性をみてみよう。

　各緑地タイプの生活形の多様性・組成を比較したのが図3である。日本庭園では多くの生活形がみられることは、他の緑地タイプとくらべて光・水環境が多様であることを示唆している。この要因を検討したところ、興味深い事実が明らかになった。この多様な光・水環境は、なんと庭園デザインによって創り出されていたのである。

　日本庭園のデザインの一つに、小山や池、滝などで自然の風景の縮小版をつくる技法がある。その結果として生まれるさまざまな光・水環境は、コケ植物の生育環境の多様化につながり、ひいてはコケ植物の多様性を高める要因の一つになっていると考えられる。

人は意図せずに自然を攪乱する
　再度、図3に注目すると、日本庭園では植物高が低いタイプ(short turfs、thalloid mats)のコケ植物の割合が高いことが読みとれる。この結果はなにを示唆しているのだろうか。

　ここで、管理手法に目を向けてみよう。日本庭園ではその美しい景観を維持するために除草や落ち葉掃除などのきめ細やかな管理が行なわれている。草本や落ち葉に覆われるとコケ植物は日照不足になって枯れてしまう。こうした影響は、とりわけ植物高の低い種で大きいことを考慮すれば、ていねいな除草や落ち葉掻きなどの庭園管理はコケ植物の生育環境の質を高めており、とくに小型のコケ植物の保全に効果的であることが推察される。

ウマスギゴケ	ホソバオキナゴケ
コバノチョウチンゴケ	ヒノキゴケ

写真　日本庭園の代表的なコケ植物
これらのコケ植物はコケ庭の主要なグランドカバーとなることが多い

　生態系になにかしらの影響を与えることを「攪乱」という。これは生態系の成り立ちや変化を考えるうえで極めて重要な概念である。人が手を加えなければはびこる草本や降り積る落ち葉。こうした自然のなりゆきをさまたげ、景観を一定水準に維持する日本庭園の管理は、生態学的視点からは「管理された攪乱」ということができるだろう。

コケの楽園だった京都の自然環境

　日本の庭園文化の中心である京都。山城盆地内に位置する京都では一日の温度差(日較差)が大きく、さらに鴨川や桂川などの大きな河川が市内を縦断するため、朝露や朝霧・川霧が頻繁に発生する地域でもあった。

　記録によれば、1950年代の京都市内では年間50日ていども霧が発生していたようだ。雨とは異なり、朝露や霧はコケ植物をびしょ濡れにすることはなく、植物体をしっとりと湿らせることで水を供給する。こうした「しっとりとした」状態は、コケ植物の光合成効率がもっとも高くなることが報告されている。霧につつまれる古都・京都は、かつてはコケ植物の生育に適した地でもあったようだ。

　しかし残念ながら、近年の都市化の進展にともなうヒートアイランド現象の影響で京都市内の日較差が小さくなった結果、相対湿度が低くなるとともに、霧の発生頻度は大幅に低下した。都市化による生育場所の喪失だけでなく、生育環境の変化によって、京都市内の多くの地域で、もはや以前のような多様で豊かなコケ植物がみられなくなりつつあるようだ。都市部ではほと

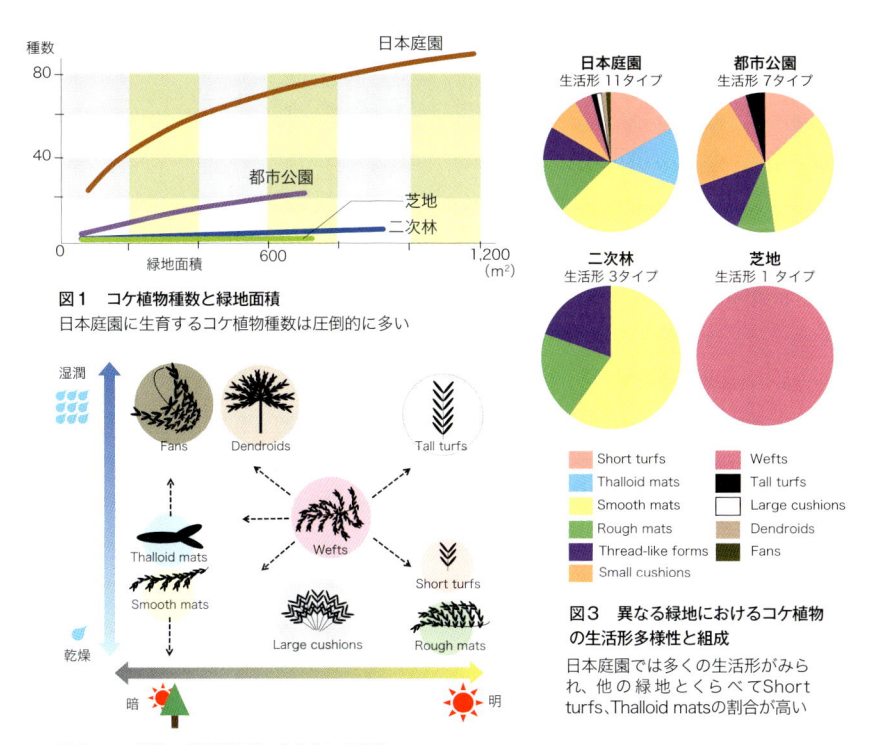

図1　コケ植物種数と緑地面積
日本庭園に生育するコケ植物種数は圧倒的に多い

図2　コケ植物の生活形と光・水条件との関係
図中の→は、生活形が主に適応する環境の範囲を示す。なお、この図はBates (1998)によるコケ植物の生活形について、一部簡略化したものである

図3　異なる緑地におけるコケ植物の生活形多様性と組成
日本庭園では多くの生活形がみられ、他の緑地とくらべてShort turfs、Thalloid matsの割合が高い

んど消失してしまったコケ植物も少なくない。こうした状況のなか、これらの種がいまもわずかに生育できる環境として京都に残されているのが日本庭園なのだろう。

小さなコケの世界から

　京都市内に点在する日本庭園では、「多様な環境を創出する庭園デザイン」と「庭園景観を維持する管理」とによってコケ植物多様性が高く維持されている。日本庭園は、あたかも砂漠のオアシスのように、「都市のコケ植物の避難地（レフュージア）」になっているようだ。都市化の影響から逃れるようにひっそりと庭園で暮らすコケ植物は、われわれにどんなメッセージを送っているのだろうか？

　庭園にしゃがんでじっくりとコケを観察すると、そこには小さくて繊細なコケの世界が拡がっている。この小さな世界のなかに、ひょっとしたら、人と自然とが共生するための重要なヒントがあるのかもしれない。

参考文献　Bates, J.W. 1998. Is "life-form" a useful concept in bryophyte ecology?. *Oikos* 82: 223–237.

4-09 階段を上るオオサンショウウオ

田口勇輝（広島市安佐動物公園／日本ハンザキ研究所 研究員）

川の底で、のっそりと生きている世界最大級の両生類、オオサンショウウオ。そのオオサンショウウオのために、「小さな自然再生」の試みとして階段をつくった。なぜそのような階段をつくる必要があるのか。そのわけを理解するには、まず彼らの生態と法的保護、生息環境の現状を知ることが必要だ

　オオサンショウウオ（*Andrias japonicus*）の魅力は、なんといってもその大きさにある。最大のもので全長150.5cmにも達する世界最大級の両生類である。私が勤める広島市安佐動物公園では、その液浸標本を一般公開している。ちなみに、私がこれまで野外調査で遭遇した最大の個体は112cmだったが、1mを超える個体に出会うと、いつもドキッとする（写真1）。

法による保護には限界も盲点もある

　彼らの寿命の長さにも驚かされる。じつに60年以上も生き続けることができるのだ。80年から100年も生きるかもしれないとも推測されている。しかも、3千万年以上も昔から、ほとんど姿を変えていない。生きた化石と表現されるゆえんである。
　オオサンショウウオは、世界的にも特異かつ重要な動物として、1952年に国の特別天然記念物に指定された。よって、文化財保護法で守られている生きものであり、国の許可なく個体を捕獲することはできない。調査や工事の

写真1　この川では標準的な約70cmのオオサンショウウオと筆者

さいにも同じである。ほかにも、国内外の絶滅のおそれのある野生生物の保護を目的に1993年に施行された「絶滅のおそれのある野生動植物の種の保存に関する法律」(種の保存法)や、絶滅のおそれのある種で取り引きにより影響を受ける種としてワシントン条約の「附属書Ⅰ」、環境省レッドリストの絶滅危惧Ⅱ類に指定されるなど、手厚く保護されているかにみえる。

けれど、残念ながら、現実にはそううまく対処できていない。これらの法的整備はオオサンショウウオ自体を保護するだけのものであり、彼らの生息地まで保護するものではないからだ。

生態を把握し、生息環境の現状を知る

オオサンショウウオは、西日本の上流から中流河川に生息している。とくに里山を流れる緩やかな川に多く棲んでいる。夜行性の動物なので昼は川底の大きな石の下や川岸のえぐれた箇所に隠れており、夜になると川底の開けたところに出てきて待ち伏せて獲物となる魚などを捕まえるといった生態をもつ。

しかし、彼らが棲んでいる河川は、近年、急速に人工化されている。コンクリートによる護岸化、利水や治水用のダムや堰など河川横断工作物の設置によって河床に高い段差が生じ、それが生息場所の減少や分断化を招く。このことが、とくに深刻な問題となっているのだ。

オオサンショウウオは繁殖期の前になると、繁殖に使う特別な巣穴を探しておもに上流へと移動 (遡上) する。いっぽう、非繁殖期には定住性が強く、増水などで下流に流されると元の場所へ戻ろうとする。このようなときに、横断工作物があると、上流への移動が困難になる。そうなると、繁殖に失敗したり、適した生息場所に戻れなくなったりするのである。今回、私たちが対処した場所でも、夜になると多数のオオサンショウウオが横断工作物の下に集まる状況を事前に確認していた(写真2)。

「小さな自然再生」に取り組む

さて、ここからが本題となる。これらの段差をどのように解消すればよいのか。その一つの方法として、「小さな自然再生」がある。

小さな自然再生とは、「できるだけ費用や労力を抑え、しかも効果的に自然を再生しよう！」という考え方だ。本来であれば、費用と労力を充分にかけて対策を講じるのが望ましいが、そのような対策を多くの場所でとることは現実的でない。実際に、これまでに莫大な費用をかけた対策例はいくつかあるものの、広く普及してこなかった。そこで、たくさんの場所で取り組める「小さな自然再生」が必要となる。

写真2　堰を登れずに直下流で集まっている個体

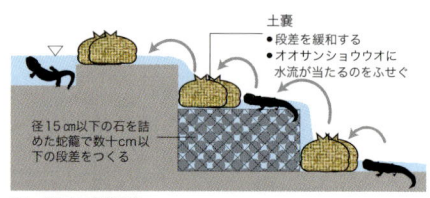

図　施工の断面図

写真3　階段を利用して遡上するオオサンショウウオ

　今回の例でも、オオサンショウウオが生き続けるには生息場所間のつながりが不可欠で、多くの場所で小さな自然再生をはかることによって、彼らの持続的な生息が可能となる。

川底を歩く生きものが魚道を越えられるか？
　今回、小さな自然再生に取り組んだのは、兵庫県三田市を流れる武庫川水系の羽束川にある堰で、高さ約1mもの垂直の段差である。予備調査では、堰の直下流で一夜に、なんと20個体以上のオオサンショウウオを確認した。
　肢の指に吸盤や爪のないオオサンショウウオは、全長（頭から尾の先までの長さ）よりも高い段差をのぼることはできない。このような段差には、魚が遡上できるように魚道を設置していたりする。しかし、たいていの魚道は増水時に魚が助走をつけて遡上するように設計されているため、川底を歩いて遡上するオオサンショウウオには、その多くが利用できないのだ。

重機も大金も使わず住民の力だけで完成させる
　この堰に、パネル式角型の蛇籠（縦120cm×横200cm×高さ50cm）とドンゴロス袋の強化土嚢（85cm×60cm×20cm）を設置することで、段差を数十cm以下にできた。蛇籠の中には径が15cmほどの石を詰めた。蛇籠は本来、流水による岸辺の侵食を防ぐ目的で設置するもので、設置するとしだいに土砂が周囲に堆積することから植物の定着を期待することもできる。さらに、礫を詰めた強化土嚢を蛇籠の上と周辺に置いて段差を緩和するようにした。そのうえで、蛇籠の上流部に強化土嚢を置き、オオサンショウウオが匍匐して段差を越えるときに、水流が直接彼らの体に当たって押し流されないよう配慮した（写真3）。

この施工は、地元の小学生を含む住民や行政の土木関係者との協働で実施した。参加者には石を詰める作業を手伝ってもらい、約1時間で階段づくりは完了(写真4)。経費は、蛇籠8,500円、栗石(1m³)7,500円、強化土嚢(50枚)12,000円の計28,000円であった。これまで数十〜数百万円をかけて行なわれてきた対策よりも格段に安く、簡易な施工といえる。

写真4　リレーして運んだ石を蛇籠に詰める

　なお、この取り組みは、「武庫川上流ルネッサンス懇談会」で計画を提案し2007年7月に実施したものである。この懇談会は地域の人たちが川に親しむことのできる安全で自然と調和した個性豊かな川づくりを実施するため、兵庫県宝塚土木事務所三田業務所が中心となって、学識経験者やNPOスタッフ、地域住民が集まって運営されている。

生態学的なツボの把握が自然再生のカギ

　オオサンショウウオを遡上させる小さな自然再生を行なったのち、それまで堰の下流で確認していた53個体のうち半数を超える27個体が遡上したことを確認できた。既存の保全対策と違い、市民レベルで実施でき、しかも継続性のある自然再生ができた例であるといえる。少ない費用で、重機などを使わずに小さな労力でも充分な成果をあげることができたのは、事前にオオサンショウウオの行動をよく観察したからでもあった。

　このような小さな自然再生には、生態学的なツボを突くことが重要になる。ツボを見きわめるには、保全したい生物の生態をよく観察し、どのようなときに、どこで、どのような行動をしているかをよく理解することが基本だ。「時、場所、方法」の三つをうまく把握しておけば、大きな費用と労力をかけずとも効果的な保全対策が行なえるのである。

　小さな自然再生は低予算・省労力ですむことが特徴だが、強度や機能に不完全なこともありうる。したがって、試行錯誤を繰り返しながら、徐々に改善するという考え方も重要だ。今回の取り組みでも、いったんは蛇籠にのぼったオオサンショウウオが堰を越えずに降りたケースがあった。これは、個体が上流方向を認識できなかったからではないかと推測できる。水の流れや傾斜から上流方向を認識すると考えられることから、今後は可能なかぎりスロープ状に施工するなどの工夫が必要であることも判明した。

4-10 みんなで取り組む流域治水〈ソフト編〉

山下三平（九州産業大学工学部都市基盤デザイン工学科 教授）

> 近年、都市における生物の多様性の価値が再認識され、自然と人間とが織りなす文化の表れとしての景観の価値が見直されつつある。排水路と化した都市河川に、生態系と景観の基盤としての余裕を取り戻す対策を考案し、それを確実に実行することは急務である

　日本各地の市街地で洪水被害が頻発している。「都市型水害」とよばれる現象である。地表面がアスファルトやコンクリートで覆われた都市域では、降った雨水が地面に浸み込まない。この雨水が地表面からいっきに下水管や河川に流れ込み、これが許容量を超えると都市型水害が発生する（図1）。

　近年は、とくに地球温暖化との関連が指摘される局所的な集中豪雨、「ゲリラ豪雨」がいっそう激しさを増しつつある。10分間に20mmを超えるようなゲリラ豪雨が頻発するなか、治水対策の抜本的転換が必要な時期がきている。

都市型水害の対策としての「総合治水対策」

　とはいえ、土地利用が高度に進み、建物や道路に挟まれた都市の河川は空間に余裕がなく、治水の手段はかぎられる。河道を掘り下げる、川沿いにコンクリートの壁（パラペット）をつくる、下水道の雨水管を拡張して排水ポンプを強化するなどの対症療法的な対策である。その結果、河川と沿川の空間は生物の生息にとってきわめて不都合な環境となり、人びとを寄せつけない景観を呈することにもなる（写真）。

　都市型水害の対策としては、すでに1970年代後半、河川の専門家たちによって「総合治水対策」が提言され、いくつかの流域で重点的に実施されている。これは雨水が浸み込む特殊なアスファルト舗装、底面から地中に雨水を浸透させる排水管や貯（溜）め桝、雨水貯留タンク、貯留スペースなどの技術を組み合わせて、雨水をできるだけ流域内で貯留・浸透させる試みである。

　地表に降った雨の水が流域の土地にとどまる割合と、そこから地中へと浸み込む割合が少なければ少ないほど、都市型水害は激化する。そ

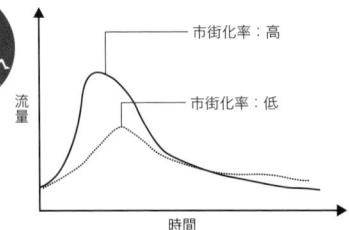

図1　市街化と都市型水害との関係
市街化が進むと、同じ規模の雨でも洪水のピークの流量が増大し、ピークが早く発生する。また総流量も増大する。局所的に急激な雨が降るゲリラ豪雨の場合、これらの傾向はさらに激しさを増し、水害の危険性がいっそう高くなる

こで従来型の対策に加え、流域全体で雨水の流出を抑え、河道と雨水管への負荷を軽減することをめざすのが総合治水である。

行政主導の総合治水対策には限界がある

都市の流域には、公共的な施設や空間だけでなく、多くの民間施設や住宅団地などが混在する。このため、行政が主導する総合治水対策の限界が指摘される。総合治水を効果的に進めるには、雨水を流域で貯留・浸透させ、河川への流出を抑制することの意義を、できるだけ多くの人に理解してもらう必要がある。流域内で働き、生活する市民がそれぞれの役割分担に合意し、共働的で実践的な取り組みが欠かせないのである。

写真　排水機能を優先した河川整備
土地利用が高度化した都市域においては、河川は排水の機能を高めるために極めて硬質な人工的構造になる傾向がある。都市の生物多様性をこうした河川に求めるのは困難であり、文化的な深みのある景観を望むべくもない

治水の計画は一定の規模の洪水を対象として策定される。この規模を超える大きな洪水が発生する可能性は小さいとはいえ、ゼロではない。したがって、いったんそのような大洪水が発生すれば、被害は大きくならざるをえない。被災を想定し、これを軽減する対策が必要である。1980年代後半に提唱され整備されつつある「超過洪水対策」がそれである。この対策には、土地のかさ上げをともなう大規模なスーパー堤防の整備や、水害の危険性を知らせるハザードマップなどの避難情報の精度向上と周知が含まれる。

激化する都市型水害に向きあうとき、とくに避難のしかたに関する検討と対策が現実的な急務である。それには過去の水害の実際を知る市民の情報収集が必要である（図2）。その意味でも、市民共働とそのための工夫が欠かせない。

市民主体・市民共働で流域の雨水流出を抑制する

都市型水害の対策としていまとくに重要なのは、市民主体・市民共働で流域全体の雨水の流出を抑制する取り組みである。ここではこうした取り組みを「市民共働型流域治水」、あるいはたんに「流域治水」とよぼう。これまでの近代的な治水とは異なり、さまざまな関係性の回復を基盤・目標とする治水である。

近代的な治水は、川と街とを分け、雨水を「下水」として街からできるだけ早く排除するものである。地表に降った水は「内水」とよんで河川を流れる「外水」と分け、内水は下水担当行政が、外水は河川担当行政が別々に対処する。しかも、治水を行政の仕事として限定しがちで、市民の直接関与を排除する。結果として、コンクリート護岸は水辺と陸側とのあいだにあるべき生物、物質および情報の交流を断ち、洪水を調節するダムは上流と下流とを分断す

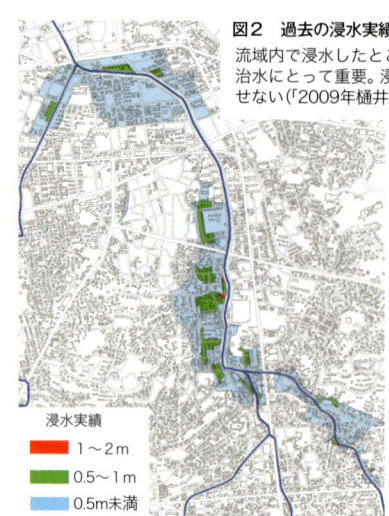

図2　過去の浸水実績を地図にまとめたもの
流域内で浸水したところを調査して、今後の防災、避難のために活用することは流域治水にとって重要。浸水の場所と規模を正確に知るには、住民からの聞き取りが欠かせない(「2009年樋井川流域浸水実績調査」福岡大学 渡辺亮一研究室)

浸水実績
- 1〜2m
- 0.5〜1m
- 0.5m未満

る。こうして河川の環境と景観は、硬質で統一感のないものとなる。

　流域治水は、分断ではなく絆を築く。失われつつある関係性の回復をめざす治水である。計画規模を超える洪水の対策や、自然を多く取り入れる「川づくり」は、1980年代後半から各地に拡がりつつある。1997年には河川行政を規定する河川法が改正されて、治水、利水だけでなく環境への配慮が河川行政の大きな目標になった。同じく市民参加が明確に位置づけられるなど、近代的な治水の問題点が制度的に克服されつつある。

　そのように公的な制度が整ってきたとはいえ、これを実践する主体の問題が残る。地域コミュニティの再生は、現代社会一般の大きな課題である。流域治水は、関係性の回復に向けた市民主体の実践であり、その意味で時代を画する意義がある。

過去に学び、現在を生き、将来を見すえる

　流域治水は、雨水の貯留・浸透をそれぞれの土地利用の範囲で、しかも共働して行なう「オンサイト(その場所での)治水」が大きな特徴である。オンサイトゆえに、上・下流間の分断・格差が軽減される。貯留された雨水は、庭木への散水や水洗トイレへの利用など、水資源として活用できる。この意味で治水と利水の分離がない。負担の軽減された河道では、生態系への配慮の実現可能性も高まる。こうして環境機能との分断も避けられる。

　さらには、みずから貯めて利用することが他者への気遣いを育み、コミュニティ意識を育てる。自然に対する人の力の限界を悟り、治水に必要な情報を共有して水の力をうまくかわす知恵を蓄積する。行政との協力を進め、行政に一方的に頼り批判する不毛を回避する。このような知恵は、近代以前の地域社会ではごく普通に蓄えられていたものでもある。流域治水の実践は、過去に学び、現在を生き、将来を見すえる時間的な関係性の回復をもたらす。

　それにしても、このような理想的な治水の実現は可能なのだろうか。じつは、すでにそのような取り組みは、徐々にではあるが福岡県樋井川流域などで行なわれつつある。

みんなで取り組む流域治水〈賢いハード編〉 4-11

山下三平（九州産業大学工学部都市基盤デザイン工学科 教授）

流域治水は新しい試みである。しかし、そこには古くからの治水に通じるものがある。多くの人が水の破壊力と川の恵みをよく理解し、河川と折りあいをつける治水という意味においてである。それが霞堤であり、ため池であった。そこに、あらたに雨水貯留タンクと雨水ハウスが加わった

霞堤という歴史的な堤防技術がある。扇状地につくられる霞堤の構造的な特徴は、下流側が開放され、次の堤防が陸地側に重複するようにつくられる不連続な堤防という点にある。開放は何か所も行なわれ、洪水時には河川水が開放部から堤内に、すなわち陸地側にあふれる。洪水を分散させることで下流側の被害を軽減し、あふれた水は降雨がおさまると、すみやかに河道にもどる。氾濫をおだやかにし、しかも堤内の耕作地に上流域の肥沃な山の土をもたらす恵みがある。堤防を連続して施工し、洪水をあふれさせない近代的な手法と、きわめて対照的である。

写真1 雨水貯留タンクの利用
貯めた水で植物を潤す。雨の日はタンクに水を貯めることで、すこしでも流出を抑えることになる。このようなささやかな試みに多くの市民が参加することで、大きな流出抑制につながる

図1 雨水の貯留、浸透および活用のしかた
雨水を貯めることには、楽しさとよろこびがともなう（イラスト・吉村デザイン工房 吉村正暢）

身近な技術としての雨水貯留タンクが登場

流域治水は、氾濫時の安全な避難方法の開発と周知などの対策を講じるとともに、流域全体で雨水貯留・浸透をはかって流出を抑制することで洪水の規模をできるだけ小さくしようというものである。しかも、貯留した雨水を暮らしの資源として活用し、その恵みを享受するものである(図1)。

流域治水の身近な技術として雨水貯留タンクがある。これは節水と雨水の有効利用を目的に製品化されているものである。水源に不安のある日本各地の都市で、行政の助成制度やモニタリング制度を活用して普及がはかられている。タンクは通常、数百ℓていどの容量で、庭木の散水など小規模な利用を意図したものが多い(写真1)。そのため、このような小規模のタンクそのものの雨水流出の抑制・治水効果は大きくない。しかも、治水効果を雨水タンクに求めるなら、タンクはあらかじめ空にしておくほうがよいが、利用者には抵抗がある。

しかし、タンクの普及は人びとに、水の来し方と行く末を想い、水の今を肌で感じる機会を与える。人びとの視野を流域全体に拡げ、流域内での合意形成を促す効果もある。流域治水に取り組んでいる地域では、そのような波及効果が注目されている。

氾濫時の流水をあるていど受け入れ、同時にその恵みを享受する霞堤の技術を現代の都市域に適用するのはきわめて困難であろう。高度な土地利用が進む都市を余裕ある土地利用に転換するには、建物等の移転をはじめ多くの資金、労力、時間、それに劇的な合意形成が必要だからだ。現実を見すえた流域治水を進めることの意義は、そのようなところにもある。

「雨水ハウス」は展望を開く象徴的な存在

雨水貯留施設の容量は大きいに越したことはない。そのような観点から、地下に雨水貯留槽を設置し、施設内で雨水を活用している両国国技館(1,000m³)や東京スカイツリー(2,635m³)などの大規模施設がある。都市の中・小規模の施設でも、広範に雨水の貯留、浸透および活用をすれば、その治水効果はおおいに期待できる。この点が流域治水成功のカギを握る。

日本建築学会は、雨水を貯めて使う技術を普及するために、『雨水活用建築ガイドライン　日本建築学会環境基準　AIJES-W0002-2011』(2011年)を作成している。これに並行して、『雨の建築学』(2000年)、『雨の建築術』(2005年)および『雨の建築道』(2011年)を出版した。社団法人雨水貯留浸透技術協会も、日本建築学会と連携して、『雨水貯留浸透施設——製品便覧』を刊行している。こうした技術の基準化と紹介によって雨水の流出抑制の取り組みがひろがれ

図2　W邸における雨水貯留・浸透・活用の試み
「雨水ハウス」とよばれるこの家では、建物とガレージの地下や庭に合計30m³の雨水を貯留する。流域治水の象徴的な手法である

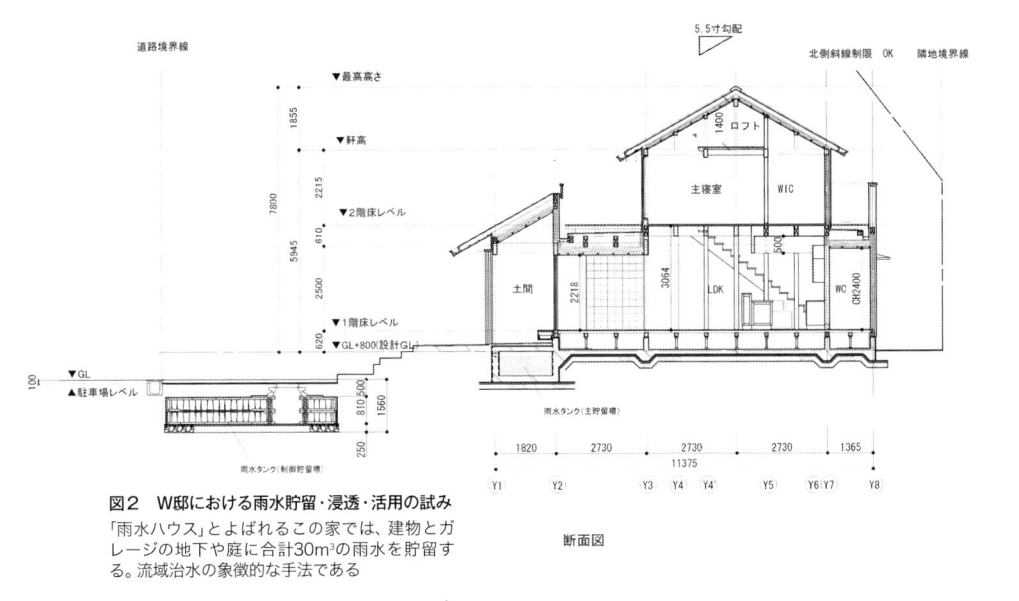

ば、流域治水に大いに貢献すると期待される。

　この技術の実例がW氏邸である（図2）。これは「雨水ハウス」ともよばれ、駐車スペースや住宅の地下、庭に雨水貯留タンクを備えて貯水する。1軒で30m³の雨水を貯めることができ、流域治水の象徴の一つである。

　戸建て住宅がこの規模で貯留することは難しい面もある。しかし、建築面積60m²の宅地で100mm（10cm）を貯留すれば、6m³の雨水の流出を遅らせることができる。1家庭の1日の水使用量を0.4m³とすれば、半月分に相当する量である。都市域の多くの住宅でこれを実現すれば、その効果は大きい。「雨水ハウス」には、このような展望を開く象徴的な意味がある。

「ため池」の役割と価値を現在に蘇生させる

　流域治水への貢献が期待できる比較的大きな施設に「ため池」がある。近ごろは、農業用水の需要が減り、田んぼへの水掛かりの量が減少しつつある。使われなくなった都市とその近郊のため池は、宅地として埋め立てられることが多い。このようなため池を流出抑制の施設として使うことができれば、流域治水の大きな前進につながる。

　現在でも比較的多く残るため池はかつて、地域の文化の形成と維持にも役だっていた。秋の池干しは、池の水質改善と容量の増大に効果がある一方、池の魚やエビなどを大量に捕まえ、地域のみんなで食べる楽しみの場をもたらした。夕日に映える魚鱗の輝きは、子どもたちの目に幻想的なイメージを焼きつけた。手づかみで捕まえた魚の躍動感は、生きもの・生命とはなにかを、

触覚を通じてふかく理解させた。食べきれなかった魚は天日干しにして肥料としても使った。このような年中行事は、地域の連帯を強化し、天の恵みのありがたさを実感させた。こうした行事も、農業に従事する人たちが減少し、高齢化するにつれ、しだいに衰退していった。

このようなため池を埋め立てるのではなく、雨水貯留施設として再生できないか。ただ、それには農業と治水の制度的な壁を乗り越える必要がある。ため池の維持管理を市民が協力して実施する必要もある。これが実現したとき、人と人の関係は活性化し、流域治水に大きく貢献することになるだろう。ため池の生態系が人が関与することで、かつてのように豊かに蘇るはずだ。

反対に、ため池を埋め立てればそれだけ流域の保水力は低下し、流出抑制力が減少する。都市型水害に拍車をかけることなる。維持管理がなくなれば、震災時には堤防の崩壊も危惧される。都市とその近郊にため池がある流域は多い。この技術を流域治水に取り入れる意義は大きい(写真2)。

＊

このほか、公共施設はもちろんのこと、集合住宅や学校のグラウンド、公園などの施設で雨水貯留・浸透ができれば、さらに効果的である。しかし、そのような施設での雨水貯留・浸透のための制度は充分に整っていない。技術的な適応、人的な共働に加え、雨水の貯留、浸透および活用に関する法律の整備と改善が望まれる。その動きを起こすためにも、市民主体・市民共働の流域治水を、できるところから実践することが必要なのである。

写真2　源蔵池の池干し(福岡市)
農業従事者が減少するなかで、市民の共働で2011年11月3日、22年ぶりに実現した。池の管理を市民とともに行ない、雨水の流出抑制効果を維持し、さらにこれを高めることが期待される

第 5 章

「生きもの目線」にもとづく自然再生

大阪万博の跡地に、「自然と人間の共生」をテーマに自然林が再生された（写真提供・日本万国博覧会記念機構）

5-01 都市の自然環境のグランドデザインと生物多様性

森本幸裕（京都大学名誉教授）

> 江戸は、循環型で清潔で自然共生のモデル都市のような存在だった。発生したし尿などは農耕の肥料とし、江戸湾の海産資源は寿司のネタになった。ヨーロッパなどと違い哺乳類の絶滅は記録されていない。一方、現代の都市は、近隣の生物多様性と生態系サービス（自然の恵み）を排除しつつ都市の外部、さらには国外の生態系サービスに依存してきた。はたして、これでよいのか

　都市化が進行した結果、都市住民の福利は向上したのだから、生物多様性が劣化しても、ヒートアイランドが少々生じても、それでよいのではないかとする見方はある。これに対して、地価の高い都市でなぜ自然資本、生物多様性がたいせつなのか。その理由を四つにまとめて整理してみたい。

1. 優れたデザインと順応的管理が、生物多様性を育む……種の生息実態

　都市にも野生動植物は生息する。都市の優れた文化が希少種をはぐくむ例も少なくない。歴史的な社寺林や著名な日本庭園はもちろんのこと、人工的な造成地に再生された緑地が生物生息空間として少なくない意義をそなえることは、われわれの調査などでわかってきている。
　たとえば、京都の都心にある平安神宮神苑では、造成から100年あまりたったいま、木本植物200種、顕花草本植物300種、蘚苔類106種、シダ類40種のりっぱな自然を見ることができる。なによりも、琵琶湖では絶滅危惧となった魚種イチモンジタナゴがこの神苑に生息していることは特筆に値する。
　京都の建都1100年を記念して設けられたこの神社の神苑は、当代最高の庭師である七代目小川治兵衛（通称は植治）によるものである。琵琶湖疏水の水を利用した優れた自

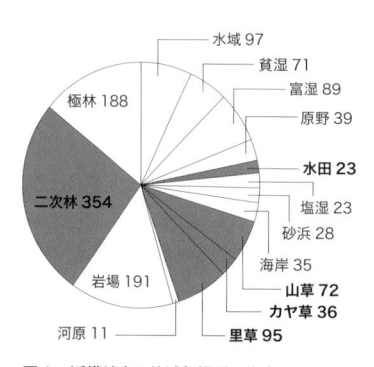

図1　近畿地方の絶滅危惧種の生育環境

- 極林 188
- 二次林 354
- 岩場 191
- 河原 11
- 里草 95
- カヤ草 36
- 山草 72
- 海岸 35
- 砂浜 28
- 塩湿 23
- 水田 23
- 原野 39
- 富湿 89
- 貧湿 71
- 水域 97

表　大阪府から絶滅した84種の生育環境と絶滅要因
「レッドデータブック近畿」をもとに作成
※水田を含む

	海浜	岩場	湿地※	森林	草原	合計
森林伐採				5		5
土地改変	12	1	33	1	15	62
遷移			1		11	12
汚染			12			12
採集			1	3		4

然風景デザインは、その意図を受け継いで庭園管理され、そのことがイチモンジタナゴの生息環境の基盤にある。こうした文化的な自然ともいえる日本庭園は、貴重なシダやコケの生息環境となっていることは、他の章で述べられている(152ページ、4-08)。

　大阪万博記念公園の人工造成地に再生された100ha規模の自然文化園地区は、都市としては大きな自然だが、里山の生態系の頂点とされるオオタカがここで4年連続繁殖している。京都市の貨物列車ヤード跡地に、0.6haとやや小さな自然として再生された梅小路公園「いのちの森」で、水辺の生態系の上位種であるカワセミが繁殖したらしい。都市でもできることは少なくない。

2．特定の生息環境の保全は、都市の責任……ハビタット(生息環境)

　わが国では、沖積平野の氾濫原が古くから都市化の影響を受けた。大阪府で絶滅した植物84種のうち半数強が湿地性であることからも、干潟や氾濫原湿地のインパクトの大きさが伺える。さらに、高度経済成長時代の国土開発では、未固結堆積物からなる丘陵地が新都市開発の舞台となり、近郊の里山二次林が消えた。このような丘陵地の未固結堆積層には二次林とともに小さな湧水湿地がつきもので、ミズゴケ、モウセンゴケ、サギソウ、トキソウなどの貧栄養湿地の植物や、ハッチョウトンボやカスミサンショウウオの生息環境ともなっていた。したがって、こうした湧水湿地の生物群は大きなインパクトを受けた。こうした生物群は深山幽谷には生息しない。つまり、こうした種の存続に都市は責任があるといえる。逆にいえば、こうしたことに気をつけて都市をデザイン・管理すれば、矛盾の大幅な緩和が期待できる。

3．自然再生による恵みは、コストをはるかに上回る……生態系サービス

　生態系・生物多様性のさまざまな機能を生かした都市デザインとしてLID(低負荷開発)というコンセプトがある。自然資本への投資は世代を超えて安全で、豊かで、健全な人間の暮らしに貢献するだけでなく経済的でもあるとの認識も高まりつつある。生物多様性条約COP10にむけてまとめられたTEEB(生態系と生物多様性の経済学)は、気候変動への取り組みが本格化する契機となったスターンレポートの生物多様性版である。生態系と生物多様性を尊重することが、経済的にいかに意義があるかを報告している。日本からは、「兵庫県豊岡市でのコウノトリ保全の取り組みが、安全安心の米づくりとして経済効果を生んでいる」との事例が最終レポートで報告されている。

　都市の身近な自然は、その恵みを享受する市民がアクセスしやすい利点がある。くわえて、都市の緑地は洪水調節やヒートアイランド抑制という調整機能を果たす。この観点から、建築物の緑化も含めて都市を可能なかぎり雨

写真1　老朽化した貯水池から自然再生された氾濫原湿地「ロンドン湿地センター」

上方に整備資金を提供した住宅会社が開発した団地が見える(画像提供・Google Earth™)

写真2　ロンドン湿地センターの園地で行なわれている池の生きもの探し(pond dipping)

都心で野生生物とふれあえることが、子どもの健全な成育に貢献すると考えられている

庭、レインガーデンにすることは、だれもが取り組める対応だ。

　また、多様な生態系サービスのうち、心身の健全なあり方を含む文化的サービスが大きいことが、最近とくにクローズアップされている。たとえば、ロンドン湿地センター(写真1、2)はテームズ川下流の貯水池を自然再生したものだが、その整備資金は、蘇る自然を借景にした住宅をつくれば付加価値が生まれると判断した土地開発会社から提供された。市場経済のもとで自然環境再生の価値が正当に評価された例で、ふだんはWWT(水鳥湿地トラスト)というNPOが管理運営し、市民の憩いの場、都市内の自然再生の拠点、環境教育に役だてられている。しかも、再生した自然環境とのふれあいは、注意欠陥・多動性障害の子どものケアに大きな役割を果たし、子どもの健全な生育をとおして将来的な社会的リスク緩和に役だっていると、TEEBの中間報告で取りあげられた。

4. 地球環境への負荷を軽減する……エコロジカル・フットプリント

　都市は本質的に、都市域以外の生態系・生物多様性とその恵みに依存した存在である。地球生態系が過負荷である以上、持続可能性を高めるには自然共生型で自立分散型のコンパクトシティ化をはかり、外部への依存度(フットプリント)を最小化する方向を考えたい。たんに都市を快適にという目的で、自然環境への負荷を高めるエネルギー多投型の旧来のインフラをつくることは、財政的にももはや許されない。この観点から、都市農業の新たな展開や、周囲の里山と連携した「2地域居住」という方向が、近年評価されている。

また、都市が消費する「水」や「二酸化炭素」の排出に対応した周辺自然への生態系サービス支払いなど、都市と郊外、農山漁村および自然地と連携した新たな枠組みの導入が望まれる。ほかにも、産業の原材料供給の川上から川下に至る生物多様性へのインパクトを評価し、その最小化をはかる認証制度の導入など、さまざまなサプライチェーンのグリーン度も追求されるべきである。

＊

　私は、近畿圏における都市環境インフラの将来像(国交省、2006)の検討に参加した。生きものの生息実態と生態系サービスの評価をもとに、コアとなる「保全を検討すべき地域」や「水辺」を中心として、自然の恵みを享受する人間の立場から重要な役割をになう地域などを位置づけた。これは、道路や鉄道と同じように持続可能で健全な機能を果たすための都市のインフラ（自然資本）といえる。

　京都の三山のような「都市の周りのまとまった緑地」、千里丘陵のように「市街地の中の緑の多い地区」など、いくつかのタイプのコア緑地がある。くわえて、「川や旧巨椋池干拓地などの水辺」が、きわめて重要な自然の回廊と拠点として位置づけられていることに注目してほしい。

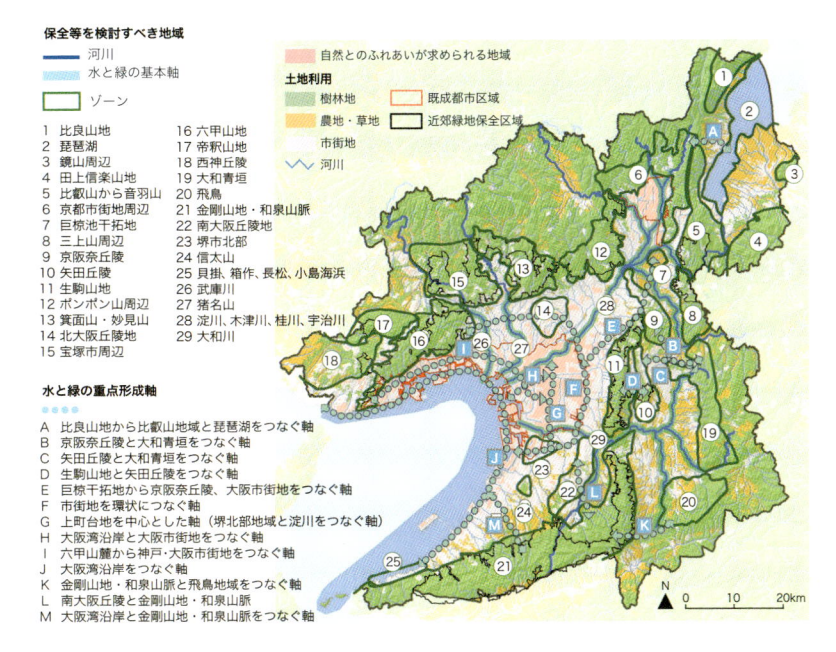

図2　近畿圏における都市環境インフラの将来像図
「近畿圏の都市環境インフラのグランドデザイン～山・里・海をつなぐ人と自然のネットワークに向けた提言～」
（近畿圏における自然環境の総点検等に関する検討会議、2006年）をもとに作成

5-02 都市緑化技術の新しき展開に夢を託す

森本幸裕（京都大学名誉教授）

都市ならではの生物多様性の取り組みは、担い手もツールも得られやすく、生物多様性の課題を克服する鍵になる。では、その実現には、どのような取り組みが必要か。思いだけが先行すると、花粉症の原因となる侵略的外来種の芝草を導入したり、公園整備が河川敷の自然を損なったりするもする。科学的知見や調査にもとづいた最適化（ネットワーク）と統合化技術に期待する

　京都市の平安神宮の神苑と梅小路公園の「いのちの森」(185ページ、5-05)からは、都市での生物多様性の取り組みについてのいろいろな可能性が見えてくる。その一方で、砂漠「緑化」は砂漠のもとの生物多様性を破壊し、新たな問題を生むことは、アラル海問題(62ページ、2-09)が示している。比叡山のブナ・モミ自然林のそばに照葉樹等を植えて「緑化」するイベントや、日本海沿いのブナ林を破壊して建設した風力発電施設がまともに稼働しない事態などを見聞きするにつけ、「テクノロジー・アセスメント」の導入を真剣に考えるべきときにあると考える。

　アセスメントではまず、生物多様性や生態系サービスの現状を都市化する前と比較して、なにがどうなったのか、どこに課題があるかを認識する。そのうえで、緊急性が高く、効果の大きい課題から対応する評価図が必要である。

診断評価・見える化技術

　現状認識については、一部の自治体の「緑のマスタープラン」策定にともなう評価などに萌芽がみられるが、世界的には「都市の生物多様性指標」の開発

写真1　廃線になった高架鉄道敷を緑道として再整備した事例(ニューヨーク)

が注目されている。これは、生物多様性条約COP10の決議のなかでも、都市の生物多様性に関する取り組みの進行状況の自己評価ツールとして取りあげられた。

　イギリスには、造園樹木の都市環境への貢献度に配慮した「資産価値評価システム(Cavat)」がある。2012年には、ロンドンのビクトリア朝時代に植樹されたプラタナスの街路樹1本が75万ポンド(約1億円)と評価された。これは、「見える化(コミュニケーション)技術」の一つである。都市緑化技術がいかに地球環境に貢献するか、それとも負荷をかけるのか。「見える化技術」は、市民のみならず、行政内部の部局間のコミュニケーションにも貢献するであろう。

重層的なハビタット(野生生物生息環境)技術

　現状認識の次になにをするか。まず、緑の町づくりのあらゆる局面に、評価にもとづく生物多様性への配慮を盛り込む。ベランダ園芸から住宅庭園、公園、都市構造まで、以下のような景観生態学的なパラダイムシフトが必要である。

❶都市林、近郊里地里山は保護ではなく、資源利用の促進をはかる。
❷もとの生物相を絶滅させないことを目標に、水辺の自然再生をはかる。
❸緑地の雨庭化、エディブル・ランドスケープ(コミュニティで共有する果樹など食べられる植物による修景)、アーバン・ファーミングなど、装飾緑化から生態系サービス重視に転換する。
❹舗装面は透水化し、構造培土と隙間で最低限の自然基盤を構築する。健全な雨水循環に役だつ「雨の建築」の推進や屋上菜園、水田、水鉢園芸で、トンボとチョウと鳥が移動しやすい飛び石と回廊をつくる。

　こうしたことを無理なく進めるには、以下の2点が必要になる。①産官学民の地域連携拠点「エコロジカル・ネットワーク情報センター」を運営する。②都市公園や河川、森の自然資源を新たなコモンズ(共有地、共有物)として位置づけ、トラスト(大勢の出資者による重要拠点の確保と管理運営)を進める。

　以下に、より具体的な期待を述べる。

◆ **日本庭園の作庭技能を普遍的な科学的技術にする**

　優れた日本庭園がそなえる野生生物ハビタット機能(152ページ、4-08)の可能性は特筆に値する。豊かな自然をかぎられたスペースや条件で再現する日本庭園の技を、作庭家や職人の勘から科学的な技術に展開し、その技術をベランダの緑化や庭園、住民参加で維持する都市住区基幹公園にまで応用可能なものにする。

◆ **構造培土(ストラクチュラル・ソイル)の普及と推進**

　舗装の基盤として必要な路床土支持力を確保しながら、樹木の根が伸ばせ

写真2　構造培土の活用事例（京都大学時計台前のクスノキ）

写真3　土で覆った自宅屋上で約30年の植生遷移を解説する造園家ザネットさんと著者

写真4　洪水危険性の大きい町の中心部から住宅を撤退し、氾濫原緑地として自然再生したクリチバ市（ブラジル）

る土を構造培土という（写真2）。車両交通などの支持力と樹木根系生活領域としての地盤の矛盾を緩和しながらも雨水浸透に役だつ。これからの道路整備には必須だろう。

◆ **建築・構造物等の緑化をとくに都心部で推進する**

屋上緑化（写真3）、壁面緑化の技術は進歩してきたが、給水、保水、保肥、排水、支持、防根、荷重などの基盤性能に加えて、ハビタット性能、生態系サービス性能をも評価する認証制度をつくる。わずかなハビタットでも都心部での存在意義はたいへん大きく、エコロジカル・ネットワークの飛び石機能が期待できる（写真1）。

◆ **中規模攪乱管理技術を確立し、防災に組み込む**

生物多様性と生態系サービスをめざす緑地には、いわゆる順応的な管理技術の開発が必須である。大阪の万博記念公園の「自立した森」プロジェクトでは、自然のギャップダイナミクスを模したパッチ状間伐などの手法を導入し、一定の成果を収めている（180ページ、5-04）。しかし、造成されたいわゆるビオトープは、洪水攪乱がないために遷移・安定化で種の多様性が劣化し、「里山問題」が発生する（191ページ、5-07）。都市河川も、治水の観点からの堰の建設と河川改修、水位調整のため、深く掘られた澪筋と冠水しない高水敷に二極化

し、河原のエコトーンが失われている(54ページ、2-07)。いわゆる中規模攪乱が生物多様性にもっとも貢献するという生態学の原理を、都市林の生態系や河川・湖沼の水位管理や洪水氾濫対応にどのように組み込むかは、これからの環境マネジメントの根幹となるだろう(写真4)。

最適化(ネットワーク)と統合化技術に夢を託す

　都市化は自然を改変し、人の暮らしと自然とを分断してしまう。そのインパクトを緩和するのがネットワーク化技術である。これには大きく二つの方向がある。パッチ(重要拠点)とコリドー(回廊、通路)を保全・改良する方法と、建築物が占有する都市の建蔽地(けんぺいち)(マトリクス)を市民と企業の参加で改良する方法である。京都では、2008年の「源氏物語千年紀」の行事のなかで、物語にでてくるフジバカマが絶滅危惧種となっていることに鑑み、フジバカマを市民が育てる運動が市内各地で行なわれた。すると、長距離の渡りで知られるチョウのアサギマダラが旅の途中で吸蜜源とする役割も果たした。

　いま、都市にとくに欠けている自然は、氾濫する氾濫原湿地、干潟、冠水する河原と河畔林、自然護岸の小川、丘陵地の湧水湿地、野草地である。屋上も使って、これらをネットワークすれば、大きな可能性が期待できる。

　狭い空間的・時間的範囲では合理的な技術も、長い時間や広域でみると、外部化した問題によるシステムとしての劣化が進む。部分最適、全体最悪とならないような統合的な事業の推進と技術の開発が望まれる。

写真5　ワーゲニンゲン(オランダ)の自生種で覆われた建築

写真6　自生種と果樹を活かした癒しの庭(スイス)

写真7　鉄道廃線跡を野生動物と歩行者のコリドーとして整備(チューリッヒ)

写真8　雨を受けとめて保水・利用・浸透させてハビタットを提供する「雨庭」モデル庭園(ロンドン)

生物多様性ってなに？ 調査手法と評価方法 ⑩

葉っぱが光る!?
植物の健康診断の最前線

今西純一（京都大学大学院地球環境学堂地球親和技術学廊 助教）

太陽や電球が光るのはあたりまえでも、葉っぱが光るなどということを聞いたことがあるだろうか？　なにも特別な葉の話ではない。身近にある植物の葉が、じつは光るのである。人の目には見えないほど弱いが、光るのである。

光電子増倍管とよばれる高感度の光センサーが組み込まれた装置を用いれば、葉から出る光を測ることができる(写真)。光電子増倍管は、2002年にノーベル物理学賞を受賞した小柴昌俊教授がニュートリノの検出に採用したセンサーとしても脚光を浴びている。

光をうけて炭水化物と酸素をつくるのが光合成

葉から微弱な光が発せられていることに初めて気づいたのは、アメリカの研究者Bernard L. StrehlerとWilliam Arnolodで、1951年のことである。彼らは、ホタルの発光物質をつかって植物の光合成の過程について研究していたが、ホタルの発光物質がなくても葉が光っていることに気づいた。現在では、この微弱な光のことを遅延蛍光や遅延発光とよんでいる。

私は、この遅延蛍光を利用して植物の健康状態を診断できないかと研究を進めている。その原理は、つぎのようなものである。

植物は、光のエネルギーを利用して、二酸化炭素と水から炭水化物と酸素をつくりだしている。多くの化学反応が連なった巧妙なシステムで、これが光合成とよばれるものである。光合成は、葉の中の緑色の物質、葉緑素が光のエネルギーを捕捉することからはじまる。捕捉されたエネルギーは次つぎに伝達され、さまざまな反応を連鎖的に進めて、最終的に炭水化物と酸素をつくる(図1)。

光合成の逆の反応によって生じる遅延蛍光

光合成では、リレー競走のように化学反応が次つぎとおこなわれ

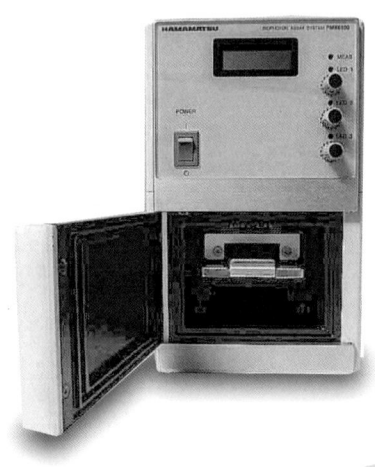

写真　遅延蛍光計測システム
（浜松ホトニクス株式会社・Type-6100試作品）

ているが、植物の葉に強い光を照射したのちに葉の周囲を真っ暗にするとどうなるだろうか。そうすると、一部に逆向きの反応が生じるのである。時間や程度の違いはあるが、しばらく時間がたつと葉から微弱な光が放出される。これが遅延蛍光である(図2)。

健康な植物と弱った植物とでは、光合成の途中で反応が滞る場所や程度が違うため、遅延蛍光の生じ方が異なる。したがって、遅延蛍光を観察すれば、植物の健康診断ができるのではないかと期待している。

この診断技術はまだ実用化されていないが、近い将来、葉っぱの光り方から植物の健康診断ができる日がきっとくるはずだと思っている。

図1 光合成のしくみ

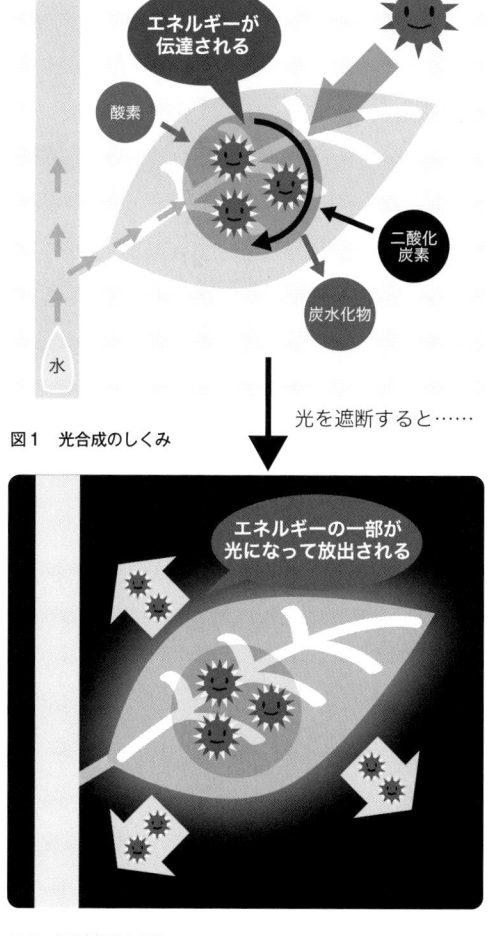

図2 遅延蛍光の発生

5-03 自然林を再生する人類の叡智と自然観

千原 裕（独立行政法人日本万国博覧会記念機構 自立した森再生センター）

広大な竹林を切りひらき、コンクリートと鉄とで未来都市の姿を描いた日本万国博覧会（大阪万博）。あれから40年以上が経過した。最先端の科学と技術を注ぎ込んだパビリオンは解体され、瓦礫を地中に埋め込んだ跡地には約100万本もの苗木が植栽され、現在は緑につつまれた「自然文化園」へと生まれ変わっている。開催テーマ「人類の進歩と調和」にふさわしい着地点だといえようか

　　万国博覧会の会場となった千里丘陵は、標高130mの島熊山を頂点に半球状に拡がる標高50～100mの緩やかな傾斜地であった。丘陵には小さな川が数本流れ、その川に浸食された谷が放射状に伸びていた。丘陵の谷部分には田、尾根部分には竹林を中心としてアカマツ林が散在していた。

「人類の進歩と調和」を旗印に

　　万国博覧会開催のために、千里丘陵の364haの敷地のうちの造成対象の約265haの造成工事が1967年5月にはじまった。途中で造成対象面積が約271haに変わったものの、1968年8月に工事は無事に終了した。
　　工事はできるだけ土砂の搬出がないように、削った土砂（切土）は敷地内に盛るようにし（盛土）、切土と盛土の量をなるべく均衡にする工夫が凝らされた。それでも、最終的に移動した土量は合計1,510万m^3（大阪ドーム約13個分）と大規模なもので、豊かな自然が残る丘陵地は一瞬のうちに消滅してしまった（写真1）。
　　そして1970年「人類の進歩と調和」をテーマに世界77か国、124の団体が参加して万国博覧会が開催された。116館ものパビリオンが出展され、183日間の会期中に約6,400万人（1日平均約35万人）が訪れ、丘陵地に突如一つの大きな都市が誕生したような賑わいであった。

「緑」とは失われつつある自然環境の総称

　　大成功に終わった博覧会の跡地利用については、大蔵大臣（現財務大臣）の諮問機関「万国

写真1　開発前の千里丘陵と万国博覧会の開催時のようす

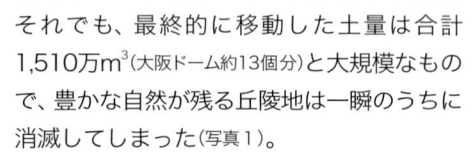

博覧会跡地利用懇談会」が設置され、議論されることとなった。会議では、大学や研究機関を集中的に立地させて研究学園都市をつくるといった案や、国の行政機関を立地させて、東京が災害にあった場合に首都機能を補完できるように第二の行政府をつくるといった案などが出された。

しかし、最終的には「万国博の跡地は、日本万国博覧会を記念するひろい意味の『緑に包まれた文化公園』にする」という基本的な方向が答申された。これを受けて、1971年3月に東京大学名誉教授の高山英華氏が顧問を務める都市計画研究所による「万国博覧会記念公園基本計画」が策定された。ここでは、緑について次のように位置づけている。

「『緑』とは、人類の著しい技術進歩のなかで忘れられ、失われつつある自然環境の総称として考えられる。今日、緑に求められるのは単に慰めではなく、人間の生活環境を維持することである。人間の活動と自然の緑の環境にはお互いに調和した共存関係が必要であり、われわれの活動が瀕死に陥れた自然生態のいくつかを人間の知恵と技術によって復活させ維持する方法が緊急に追求されるべきである」。

写真2　博覧会跡地での自然林再生の経過
（写真はすべて日本万国博覧会記念機構提供）

自然と人間のかかわりの大切さを感得させる公園

計画される森に関しても「単なる修景としての植栽でなく自然そのものを感じさせる自立した森として計画される。そしてこの公園に営まれるあらゆる利用活動を包みこみ、潤いと豊かさの環境を与えるとともに、自然と人間のかかわりの大切さを感得させるものである。自立した森とは、わかりやすくいえば、内外での都市化に抗しても生き生きとしている森であり、また多様な動植物と共存している森である」と書かれている。

いまほど環境問題が議論されていなかった時代には先駆的で、博覧会のテーマである「人類の進歩と調和」にならって、「自然と人間の共生」を念頭に置いた公園づくりが開始されることとなったのである（写真2）。

参考文献　千原 裕. 2006. 自立した森再生センター便り. 森発見 1: 8-9. 日本万国博覧会記念機構.

5-04 自立した森「自然文化園」の挑戦

千原 裕（独立行政法人日本万国博覧会記念機構 自立した森再生センター）

> 万博公園の自然文化園では、2007年から5年連続して生態系の頂点に立つオオタカが園内で営巣し、子育てし、そのうち4年間は雛が巣立っている。「自然文化園の森」は自立した森をめざして、さらにはほかの開発地の再緑化や新たな森づくりの先進的事例となるべく、ますます発展・充実をみせている

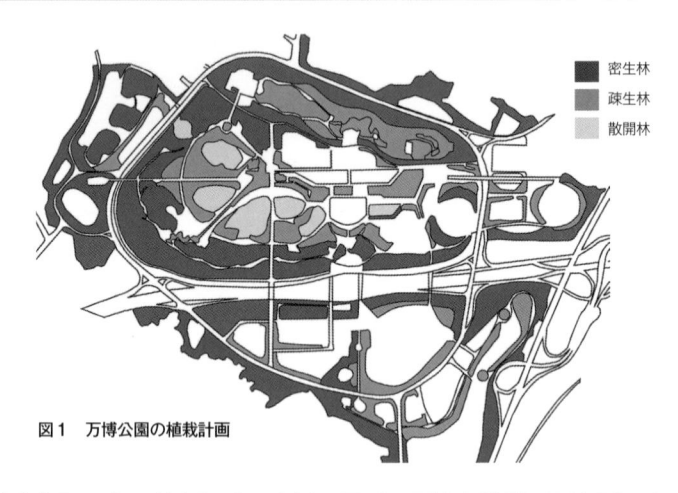

図1　万博公園の植栽計画

　自然文化園の森の基本設計は吉村元男氏の環境事業計画研究所によって行なわれた。森の構成は、樹木密度によって三つのタイプに分けられ、公園の外周側から「密生林」、「疎生林」、「散開林」と配置された。
❶密生林……自然文化園の核となる「自立した森」をめざす常緑樹中心の樹林である(写真1)。
❷疎生林……落葉樹を中心とした比較的明るい樹林である。四季の景観の変化を演出するために、花や池など魅力あるスポットを随所に配してある(写真2)。
❸散開林……明るく広々とした空間に樹木が点在するもので、熱帯のサバンナをモチーフとした芝生広場である(写真3)。

　造成当時は公害が社会問題になっていたことから、保護林として大気汚染に強いとされるウバメガシ、トベラなどの海岸林の樹木を公園の最外周に配し、その内側にシイ、アラカシ、タブノキなど、この地域の極相林とされる種の植栽を試みた。早期に森の景観をつくりあげるため、園路沿いには4mの高木を植栽したが、内側にはできるだけ自然のプロセスを再現しようと、小さ

い多様な種の苗木を密植。これはのちに「エコロジー緑化」の先駆けとなった。

造成10年後の問題の多くは土壌にあった

　植栽開始から約10年たった1982年から、植栽樹木の生長や土壌の調査が京都大学のグループを中心に行なわれた。その結果、樹林地のうち3分の1に樹冠の閉鎖が見られたが、あとは疎林で、明らかな生育不良が全体の3分の1を占めていることがわかった。とくに千里丘陵を構成している大阪層群は植物には硬すぎる地層で、そこに含まれる海成粘土層のパイライトによる影響は大きく、土壌の固結化、排水不良、およびパイライトが酸化して生じる酸性硫酸塩土壌が、樹木の生育に悪影響を及ぼしていることがわかった（写真4）。

　そこで、排水不良の場所は肋骨状に開渠を掘削し、排水を容易にする改良工事を行なった（写真5）。海成粘土により生じた酸性硫酸塩の影響でとくに生育の悪かった西南部の一画は樹林化をあきらめ、当時建設工事をしていたモノレール車庫の残土を持ち込んで再造成、再整備して芝山に変更した。

写真1　密生林

写真2　疎生林

写真3　散開林

樹木の生長とともに明らかになる諸問題

　1995年からも、1982年と同様の調査が森本幸裕ら（当時：大阪府立大学）を中心に行なわれた。その結果、樹木の生長、枯死、新しい芽生えの発生など、林分[*1]に状況の変化はあったが、極端な不良地を除いて樹林形成状況が大幅に改善されていた。とくに排水改良工事をした場所において顕著であったが、森の内部をよく調べてみると新たな問題を生じていることがわかった。
❶多様な樹種の苗木を多数植栽したにもかかわらず、シイ、アラカシなどの特定の常緑広葉樹以外の生育が芳しくなく、樹種が単純化していること。

＊1　林分　林相が一様で、隣りあう森林と区別できるひとまとまりの森林のこと。

写真4　粘土層 　　写真5　排水不良の場所に開渠を掘削 　　写真6　災害に弱いもやし状の林

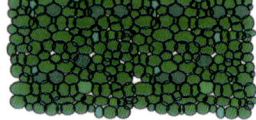

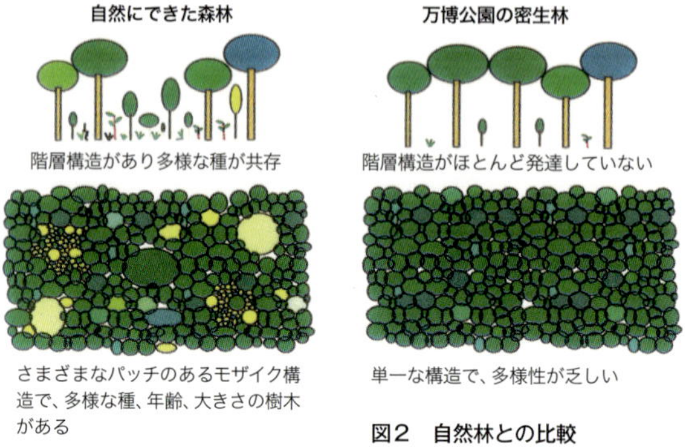

自然にできた森林　　万博公園の密生林
階層構造があり多様な種が共存　　階層構造がほとんど発達していない

さまざまなパッチのあるモザイク構造で、多様な種、年齢、大きさの樹木がある　　単一な構造で、多様性が乏しい

図2　自然林との比較

写真7　低木層のない単一な構造

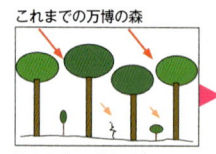

これまでの万博の森　　間伐による光環境の改善　　土壌に眠っていた種が発芽　　自然の山の森林の土壌を撒く

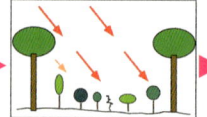

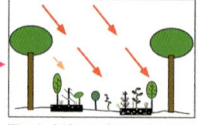

林内は暗く、低木が育ちにくい環境　　上層の樹木を伐採することで林内に太陽光が差し込む　　低木層が成長し、上層の樹木から落下した種は発芽するが、新しい種類の樹木の発芽は見込めない　　撒いた土壌には自然の森に生育する樹木の眠っている種（シードバンク）がたくさんはいっている

図3　密生林での間伐工法の実験のながれ

❷植栽時に、あるていど自然淘汰されることを見越して苗木を高密度で植栽していたが、枯れる個体が予想よりも少なく、樹木がもやし状となって災害に弱い樹林となっていた（写真6）。

❸自然の森は、高い木の下に低い木が生え、その下に草本植物が生える階層構造となっているが、自然文化園の樹林は樹冠のみ葉相が形成され、低木層、草本層が形成されていない（写真7）。したがって、ここに棲む昆虫や鳥などの種類が少ない状態になっている。また、階層構造をしていないのは、若い木が育っていないことを示している。

　老いて枯れた木のあとを埋める若い木が生長していないことは、世代交代がうまくゆかない可能性があることなどが指摘された。基本計画では、2000年

| 土壌を撒いた直後 | 7か月後 | 2年後 |

写真8　森林からの表土撒き出し後の変化

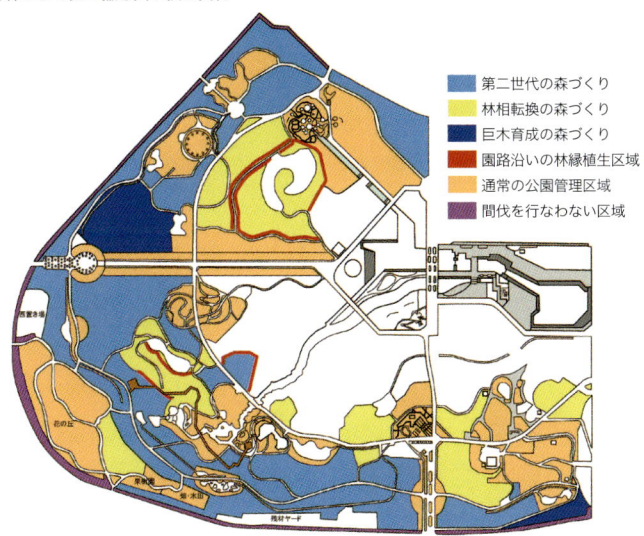

図4　自立した森の施工図(2009年変更)

凡例：
- 第二世代の森づくり
- 林相転換の森づくり
- 巨木育成の森づくり
- 園路沿いの林縁植生区域
- 通常の公園管理区域
- 間伐を行なわない区域

に「自立した森」の完成をめざしていたが、このまま放置すればその実現は困難と思われた。

大規模造成地の上に森を再現する前例のない試み

　現在の森林生態学では、森林群落は単一構造ではなく、地形などの環境や遷移段階によって異なる群落がパッチ状にモザイク構造をなしていること、森林の更新には台風などによる倒木でできる明るい場所（ギャップ）が重要であることが明らかになっている。しかし、いわば1970年代の団塊の世代しかいない、若い樹林なので、そのようなことが起こりにくい状態にあったわけだ。そこで、実験的に森の一部を間伐して林内に光を入れることで多様な植物が生育できる環境をつくり、現在の単一な構造からモザイク構造へと移行させる「パッチ状間伐」を試みることにした。

　大規模造成地の上に「自然」に近い森を再現しようとする試みは過去に例

がなく、試行錯誤をするにも、科学的な方法論による検証が不可欠だ。そこで日本万国博覧会記念機構では、京都大学などの協力をえて2000年から植生を調査し、次のようにタイプを分けて実験的に間伐し、この結果に基づいて今後の管理法を確立することにした。

管理法確立にむけて思いきった手段を導入
❶第二世代の森づくり
　現在の高木層の樹種転換は考えず、あるていどの数の高木を伐採して林内を明るくし、低木、実生の生長を促進させることで次世代の若い木や低木層を育てる。また、林内に空間を設けるギャップ工法と既存木の4分の3を伐採する間伐工法を実施し、この伐採方法の違いによる結果を比較する。さらに、郷土種導入のために周辺の造成予定地から採取した二次林の表土を一部に撒いた。くわえて、伐採した切り株から生えてきた萌芽枝を利用して早期に階層構造をつくる方法も取り入れている。

❷林相転換の森づくり
　常緑広葉樹の単層林になっている群落を、落葉広葉樹中心の群落に転換する。落葉樹以外のほぼすべての常緑樹を伐採するギャップ工法をもちい、周辺二次林の表土を撒き、土壌内の種子から生じた実生で新たな群落をめざす。

❸巨木育成の森づくり
　巨木は、哺乳類から小さな昆虫までのさまざまな生きものを育み、周りの環境形成に影響を与える。そこで、比較的生長のよいクスノキを選び、その木の周囲の木を伐採して巨木の育成をめざす。

❹ 園路沿いなどの林縁植生の導入
　林縁環境は日当たりがよいために多様な植物が生育し、それを求めて野鳥や昆虫が集まってくる。自然文化園では景観上の問題から林縁のつる植物や雑草を刈り取ってきたが、生物相豊かな林縁環境をできるだけ残し、生きものの多様性が富んだ森をめざすことにした。

❺間伐の多様化による森づくり
　自然文化園には公園としての側面がある。公園としての景観を重視する場所では、その景観を維持するために多様な間伐手法を導入する。

　現在までに合計27か所の実験区を設定した。各実験区では、実生の全出現種および樹高、林床の天空率を継続的に測定して、群落がどのように変化しているか調べている。これ以外にも、NPO団体等の協力をえながら、園内に生息する昆虫、野鳥などの生息調査も行なっている。調査は継続して実施し、その結果を基に、より精度の高い管理手法を確立することにしている。

参考文献　千原 裕. 2006. 自立した森再生センター便り. 森発見 2, 3, 4: 8-9. 日本万国博覧会記念機構.

生きものの聖域「いのちの森」の誕生

5-05

田端敬三（近畿大学農学部 非常勤講師）

> エコロジーパーク（自然生態観察公園）は、野生生物の生息空間であるビオトープを整備して生物多様性の再生をはかる「生きものが主役」の公園。自然要素の少ない都心に生態系を再生しようとする類をみない画期的な試み「いのちの森」に、造園、動植物の専門家たちが集い、あるべき姿を思い描いた

「いのちの森」がある梅小路公園（約11ha）は、京都駅から西に徒歩15分ほどの都心部に位置する。公園を建設するまえはJR梅小路貨物駅として広大な線路敷が拡がっていた。この貨物駅の廃止にともない、京都市は1994年の平安遷都1200年記念事業の一つとして、この跡地を梅小路公園として整備することを計画。この中心施設として、周囲の樹林を含めると面積約1.0haのビオトープ「いのちの森」を建設することを決定した。

京都の原風景の再生を目標に

こうした都心でのゼロから自然を再生させた前例はなかった。造園、動植物の専門家による「京都ビオトープ研究会」を発足させ、目標、方法について検討した結果、下鴨神社の糺の森の植生を自然再生の目標とすることになった。糺の森は、ムクノキ、エノキなどの落葉広葉樹が優占する境内林である。

沢

中央部の池

カワセミの崖

樹冠回廊
（撮影・田中泰信、1996年5月16日）

図1　いのちの森の鳥瞰図
（イラスト提供・京都市緑化協会）

京都で唯一、都市化前の古代の山城原野の原植生の面影を残す森とも言われ、目標としてふさわしいと考えられた。同時に、かつてはアカマツ林、コナラ林だった京都盆地周辺の丘陵地の植生や湿地なども断片的に取り入れて、多様な環境の再現を意図した。

再生の理念にしたがって手法と手順を確定する

　自然再生の方法は、次の手順で行なうことにした。

❶盛土をして起伏に富む地形を造成する。
❷早期に環境形成するために、落葉広葉樹を中心に大木をあるていど植栽する。
❸植物相の多様化のために草地も設ける。その後は人為的な干渉は極力控えて、植生遷移の進行に任せる。
❹多様な水辺環境とするために、面積、流速、底質、護岸構造などが異なる池や小川を配置する。
❺いのちの森全体を有料区域とし、過度な人の立ち入りを制限する。入場者の通行も園路に限定する。
❻基本的に動物の導入はせず、環境が整うに従って自然に侵入、定着を待つ。

　このような過程を経て、いのちの森は1996年4月に開園した。その後、この空間でさまざまな生きもののドラマが展開されることとなった。

写真1　整備前の梅小路公園（1974年）
（写真提供・国土情報画像 国土交通省）

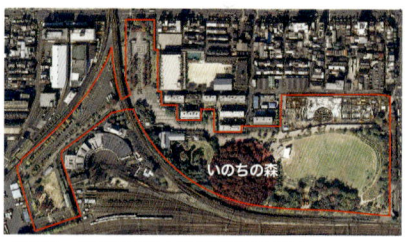

写真2　整備後の梅小路公園（2010年）
（写真提供・京都市行財政局財産活用促進課）

写真3　開園1か月後のいのちの森（1996年5月）
（撮影・田中泰信）

写真4　開園15年後のいのちの森（2011年7月）

参考文献　森本幸裕・夏原由博編. 2005. いのちの森——生物親和都市の理論と実践. 京都大学学術出版会.

都市公園でトリュフを見つけた！

5-06

大藪崇司（兵庫県立大学大学院緑環境景観マネジメント研究科 講師）

闇夜に光るツキヨタケ、三大珍味のひとつともされるトリュフが、京都市内のまん中に設けられたビオトープ「いのちの森」に出現している。この森できのこに魅せられた筆者が、つきることのないきのこの魅力とその秘密の一端を紹介する

　「いのちの森」は、かつて機関車の操車場であった場所に盛土をして誕生した京都市下京区の梅小路公園の一画にある。基本的な公園整備を終えたのは1996年である。ここでは、さまざまな樹木を植栽することで多様な生きものの生息空間として再生しようとしている。すると、導入したつもりのない植物や動物までもやってきた。「きのこ」もその一つ。だれも意図的に持ち込んだつもりはないが、土や植物と一緒に運ばれたり、風に乗ってやってきたりした胞子を起源に、やがてさまざま菌類の発生消長が見られるようになった。

生態系の遷移を反映するきのこの発生消長

　菌類といっても、嫌われ者の「カビ」もあれば、ビールなどの醸造に利用される「酵母」もある。いろいろな形態があるが、なかでも鍋に入れたり焼いたりして食べる「きのこ」は、私たちが観察できるもっとも身近な菌類だ。

写真1　園内に置かれた材から発生したコフキサルノコシカケ

写真2　シイ林に発生したヒメカタショウロ

写真3　蝉の幼虫から発生したオオセミタケ

写真4　イヌブナから発生したツキヨタケ

ツキヨタケの柄の付け根の断面。黒いシミがあることが特徴

写真5　発生間もないマントカラカサタケ

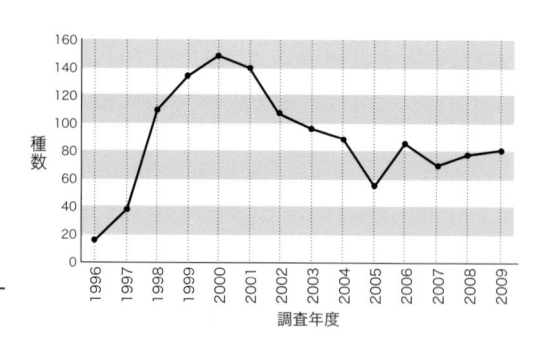

図1 いのちの森における調査年度ごとのきのこの発生総種数

きのこの発生消長といえば、なんとなく難しいもののように感じるかもしれないが、簡単にいえば、きのこが「いつ、どこで、どれだけ発生したか」ということ。これを詳しく調べることで、ある地域の樹木の生育や生態系の遷移の状況を反映した情報が得られる。その秘密に迫る魅力が、「いのちの森」という都市公園で長期にわたってモニタリングする私たちの原動力となっている。

ではまず、きのこの発生消長がそもそもなにを意味するかを考えてみよう。

きのこはみずから光合成ができないため、成長のためのエネルギー供給をなんらかのかたちで外部から受けねばならない。そのエネルギーの供給源となるのが植物や動物である。たとえば樹木が枯れると、枯幹、枯れ枝、落ち葉に蓄えられていた養分は、「腐生性のきのこ」の栄養となる。ほかには、植物の根と共生して栄養を得る「菌根性のきのこ」や、生きた動植物に寄生してエネルギー供給を得る「寄生性のきのこ」などがある(写真1、2、3)。いずれも、基本的には材や落ち葉、動物の死体などの有機物を分解して自らのエネルギーとする一方で、分解によってほかの植物が利用できる無機物にする貢献をしている。

発生する場所によってきのこを分けると、地面に発生する「地上生のきのこ」は、樹木の根と共生して樹木に養水分を供給しているものが多い。枯れた樹幹などに発生する「材上生のきのこ」は、木質の材をひたすら分解してその養分を摂取している。発生するきのこは、そのような状況・環境をそれぞれに反映した種類というわけだ。

なぜ有毒きのこのツキヨタケが発生したか

「いのちの森」が開設されてからの14年間に、ここで発生したきのこの累積種数は45科300種になる(図1)。地上生のきのこは186種であり、このうち腐生性のきのこは106種、菌根性のきのこは80種である。新しく発生する地上生のきのこの種数は、近年、少し減少しつつあるものの、毎年3種から7種の新規のきのこが発生している(図2)。

「いのちの森」の開園時は、落ち葉などの腐植物質も少なく、昆虫や小動物の生息環境をつくろうと設置した組み木や太いケヤキなどの材も導入したてで腐朽が進まず、きのこの発生は少なかった。初年度の1996年度に発生した

きのこは17種で、うち15種が材上生のきのこであった。つまり、これらのきのこは樹木に付着して運ばれてきたものと考えられる。

その典型的な例が、ツキヨタケの発生である（写真4）。ツキヨタケはシイタケとよく似た有毒のきのこで、誤食により毎年中毒者が発生して命を落とされる方もおられる。傘の裏のヒダが発光し、暗室でも新聞が読めるくらいの光を放つ。本来はブナ帯などに発生するきのこなので、京都市のような照葉樹林帯の気象条件下で見つかる種ではない。たまたま持ち込まれたイヌブナの材から発生したものだ。古代の京都盆地に拡がっていた山城原野の自然再生をめざす「いのちの森」としては、異なる地域の樹種を導入したことに問題はあるが、このことが逆に、これからの自然再生への示唆を得るためのモニタリングの意義を高めるという、動機づけにもなった。

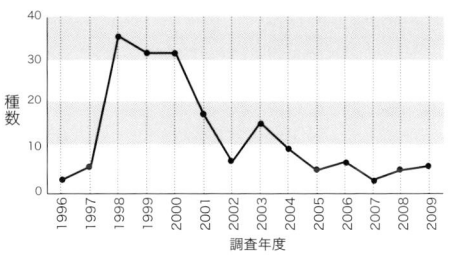

図2　調査年度ごとの地上生新産出種数の変化

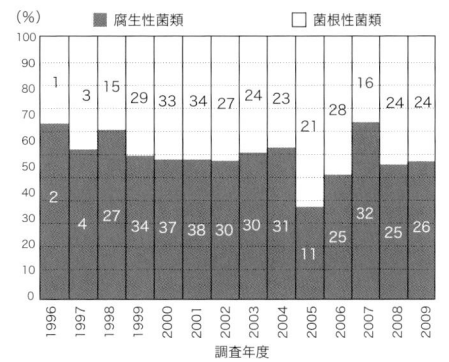

図3　地上生菌類における腐生性菌類と菌根性菌類の割合
（グラフ内の数字は種数を表す）

生態系のサイクルが正常に機能をはじめた証

「地上生のきのこ」では、森林が攪乱されたり、植林されたりしたときに現れるとされるヒメカタショウロが、いのちの森の造成から1年しか経っていない時期に発生した（写真2）。こんなに早く地上生のきのこが確認されたことは驚きであり、自然の復元力を感じさせる。

2年目以降は、持ち込まれた材を分解する、あるいは初期に施肥した養分を分解するなど、富栄養の土壌条件下で発生する種が増えた。3年目には、もっとも多い108種が発生し、そのうち地上生のきのこは42種、材上生は66種を占めた（図1）。地上生のきのこでは、落ち葉を分解するモリノカレバタケ、コガネキヌカラカサタケ、マントカラカサタケなどが多数発生した。なかでもマントカラカサタケは、カサの大きさが約25cm、柄の長さが約50cmの大型で、初夏と秋に38個体が発生して、特異な景観を呈した（写真5）。このような大型のきのこの成立にはかなり富栄養の土壌が必要であり、開園当初に撒かれた緩効性肥料がのちのちまで効果を持続していたことがうかがえた。

都市公園でトリュフを見つけた！──大藪崇司

写真6　コナラ林で発生したイボセイヨウショウロ

　2000年度は、地上生70種、材上生78種の計148種が発生しピークを迎えた(図1)。この理由はつぎのように解釈できる。開園から5年を経過することで、園内に当初導入した材の分解が進み、それまで豊富にあった有機質がなくなりはじめた。かわりに、園内に植栽した樹木からのわずかな落葉落枝にきのこが発生するという正常な生態系のサイクルが機能しはじめ、双方の環境が種数を多くする結果に結びついた。このことを裏づけるように、材上生のツキヨタケは当初の5年間で263個体が発生したが、5年目の発生個体はわずか6個体にとどまり、この年度を最後に発生は途絶えた。

　その後は、徐々に発生種数を減少させたものの、毎年57種から32種で推移している。そういうなかで菌根性菌類の発生率が増加傾向を示しているのは、「いのちの森」の成熟を示唆していると思われる(図3)。

ダイナミックに変容を遂げる都市の人工の森

　そして、9年目には菌根性菌類の一種であるトリュフが、コナラ優占林で発見された。世界三大珍味の一つとされ、真っ黒な硬い形状から「黒いダイヤ」ともいわれるきのこである。とはいっても、フランスなどヨーロッパで食されている黒トリュフ(Tuber melanosporum Vitt.)や白トリュフ(T. magnatum Pico)ではなく、アジア地域に分布するイボセイヨウショウロ(T. indicum Cooke et Massee)の一種である(写真6)。風味的にも価格的にもヨーロッパ産のものには、残念ながら及ばない。とはいえ、まちなかの復元型ビオトープ空間において、森の再生から10年もたたずして、このような食用きのこが産出するようになろうとはだれも思っていなかった。

　たった0.6haしかない「いのちの森」でのきのこは、まだ300種が確認されただけである。外面的には安定しつつある樹木の下で毎年新たな発生種が確認され、われわれが気づかないところでダイナミックな変化を遂げている。今後も引き続き菌類相をモニタリングすることにより、遷移のメカニズムに迫りたいと考えている。

参考文献　下野義人・大藪崇司・森本幸裕・岩瀬剛二．2011．ビオトープ「いのちの森（京都市）」における14年間の地上生菌類相の変遷．環境情報科学論文集 25: 203-208．

生態系モニタリングにみる
驚嘆すべき15年の変遷

田端敬三（近畿大学農学部 非常勤講師）

いったんは自然が失われた都市空間に少し盛土し、草や樹木を植え、池や小川に水をはって「いのちの森」は誕生した。生態系の形成過程をモニタリングする研究者、市民、学生からなるボランティア・グループも結成され、植物や鳥類の毎月の克明な記録は、開園半年後の1996年10月から現在にまで続いている

写真1 「いのちの森」で目撃されたカワセミの家族群（2010年6月）

写真2 ゴマダラチョウとコクワガタ（2000年7月）
（撮影・橋本啓史）

梅小路公園の「いのちの森」では、開園初年に木本119種、草本31種の計150種が植栽された。以後15年間で、累計103科567種もの植物を見ることができた。このうち自然に発生した植物は、木本56種、草本309種の計365種にのぼる。なかには「近畿地方の保護上重要な植物」記載種の希少な植物のヤマユリ、ウチワドコロも含まれる。ウチワドコロはヤマノイモ科の

写真3 「いのちの森」での自然観察会（2009年1月）

つる性多年草で、1997年以降は毎年確認され、とくに保全が必要な種となっている。

「いのちの森」では、植栽した成木の種子あるいは風や鳥が周辺から運んだ種子が芽生え、その稚樹が成長して森林を形成するようはかっている。この形成過程を明らかにするため、「いのちの森」で芽生えた高さ50cm以上の稚樹のすべての成長経過を追っている。

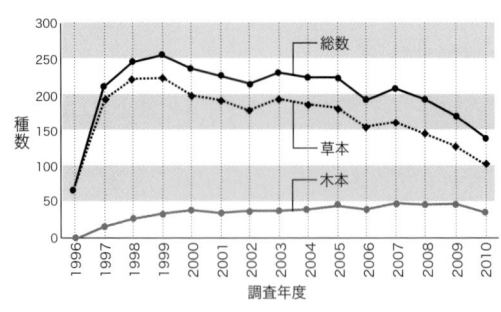

図 いのちの森で自然に発生した植物種数の変化

1998年の調査開始時には297本しかなかった稚樹は、2007年には3,979本まで増加した。エノキがもっとも多く、次がムクノキだった。このまま推移すれば、将来は目標とする糺の森のように、ムクノキ、エノキが中心の落葉広葉樹林となるだろう。

「水辺の宝石」カワセミが飛んできた

1997年以降、毎年26〜34種の鳥を見ることができるようになった。森林性のルリビタキ、ヤマガラ、キツツキの仲間のアリスイなど、15年間の総計は28科61種にのぼる。国内希少野生動植物種に指定されている猛禽類のハヤブサ、オオタカも確認されている。オオタカは2009年12月に見られ、翌年3月にも食痕があり、冬季を通じて定着した可能性があった。

繁殖行動はコゲラ、モズなど16種で記録した。このうち、メジロは古巣を、シジュウカラでは営巣のためのケヤキの樹洞(ウロ)への出入りが確認できた。いのちの森は、たんにシンク(生物種の移入先)としてだけでなく、周囲へのソース(発生源)としても機能している。

カワセミの飛来を願い、「カワセミの崖」と名づけた営巣用の崖も設定した。カワセミは、エメラルドグリーン、コバルトブルーに美しく輝き、「水辺の宝石」ともよばれる水域生態系の最上位の鳥である。1999年に初めて姿を見せ、2010年には巣立ちまもない幼鳥が親鳥とそろってやってきた(写真1)。

いまや公園全体に生息するコクワガタ

都市の公園というかぎられた空間内に生物多様性の高い環境づくりをめざす「いのちの森」では、枯れ枝や倒木を積み上げた多孔質の装置によって、小動物の発生、定着をはかっている。そうするなかでチビクワガタ、オオクチキムシ、オオゴキブリなど、森林の朽木に棲む昆虫が発生した。2000年に出現したコクワガタは、いまでは公園全体にまで拡がって生息している(写真2)。

チョウ類では、2006年までの11年間に、ゴマダラチョウ、トラフシジミ、コミスジ、クロコノマチョウなど、都市域では稀な種を含む38種が見られた。ゴマダラチョウの幼虫の越冬が食樹のエノキ下で確認されている。ほかでは、水田や畦、湿地などに生息するコバネイナゴ、ケラなどが確認されている。森林性、草原性、湿地性など、さまざまな環境に生息する昆虫を「いのちの森」で見ることができるようになった。

土壌動物では、史上初のニッポンアカヤスデの大量発生が1996年11月に見られた。しかし以後は減少し、現在は見られなくなった。

生態系管理に求められている次のステップ
　「いのちの森」では、「雑草」はすべて刈り取る従来の行き過ぎた景観重視の管理はやめている。過度に繁茂して他種を圧迫し、植生遷移の停滞（偏向遷移）を招く外来種等だけを抑制するていどの「ほどほど管理」が行なわれている。そのうえで、当面の管理目標を設定し、モニタリングの結果、問題が生じていると判断すれば管理方針を柔軟に修正する「順応的管理」の原則を採ってきた。しかし、開園から15年を経た現在、対応が必要な二つの課題が生じている。

● **課題1　水域に侵略的外来種が大量に発生**
「いのちの森」の水域で、生物多様性を著しく劣化させる侵略的外来種、北アメリカ原産のウシガエル、アメリカザリガニが大量発生している。この２種は魚類、甲殻類、昆虫など多様な動物を捕食し、ほかの水生生物の定着を阻害している。1997年には５科15種のトンボが羽化し、ミズカマキリなどの水生昆虫も見られていたが、この２種の大量発生以降は激減した。水域生態系の再生をはかるには、今後は駆除が不可欠である。

● **課題2　樹木の成長につれて陽生植物は枯死、草本は減少**
　上層の樹木の成長につれて林内が暗くなり、陽生植物のヌルデなどが枯死している。くわえて、下層にササ類が繁茂して草本種の減少が顕著になっている。
　「いのちの森」の環境は、時間の経過とともに全体的に均質で安定した状態へと移行しつつある。自然再生のモデルである糺の森は賀茂川と高野川の扇状地に立地し、定期的な氾濫によって林内に多様な環境のモザイク構造が形成され、多彩な生物の生息を促してきた。「いのちの森」も、こうした自然攪乱の機能を果たすような管理法の導入が必要だろう。

＊

　都会の真ん中の鉄道線路敷空間は、15年を経て、このように、野生生物の聖域「いのちの森」へと生まれ変わった。生物相の調査に並行して、自然観察会も定期的に開催されている（写真3）。都心にありながら、未来を担う子どもたちが動植物にじかにふれ、自然の営みを学ぶことのできる貴重な環境学習、自然体験の場となっている。
　今後も継続して行なわれるモニタリング活動を通じて前述の課題を解決し、さらに豊かな生態系がいのちの森に形成され、50年後あるいは100年後には、京都の誇りとなる森に育っていることだろう。

参考文献　京都ビオトープ研究会いのちの森モニタリンググループ. 2011. いのちの森 No.15：45.

5-08 名古屋の自然環境インフラ──努力と成果

加藤正嗣（名古屋市環境局）

> 都市の緑はとかくアキラメや見くびりの対象になりがちだ。しかし、南米のアマゾンや東北地方の白神山地の緑が、京都や名古屋の水害やヒートアイランド現象を防いでくれるわけではない。どの都市にも自前の自然が必要だ

　100年前までの都市は、地形の強い制約を受けていた。名古屋の場合、名古屋城と熱田神宮（古代・中世の名古屋地区の中心）を結ぶ台地を中心に、西部には沖積低地、東部には丘陵が拡がっている。1891年の土地利用をみると、西部の低地には水田が拡がり、中央の台地は市街地や畑地、東部の丘陵は松林というぐあいに、地形をそのまま反映していた。さらに細かく見ると、水田に浮かぶ島のように農村集落や畑が点在しており、これらは自然堤防（沖積低地のなかの微妙に小高い所）の上にあったことが読みとれる（図1）。

自然からの自由をめざした20世紀の都市

　20世紀は、都市が「自然からの自由」をめざした時代だ。水や食料、燃料など自然の恵みは都市以外の地域から調達し、都市の内部では自然の制約や影響を排除してできるだけ均質な空間をつくろうとした。市街地を台地から低地（農地）へと拡げ、高度成長期以後は丘陵地（樹林地）を大規模に開発するようになった（図2）。

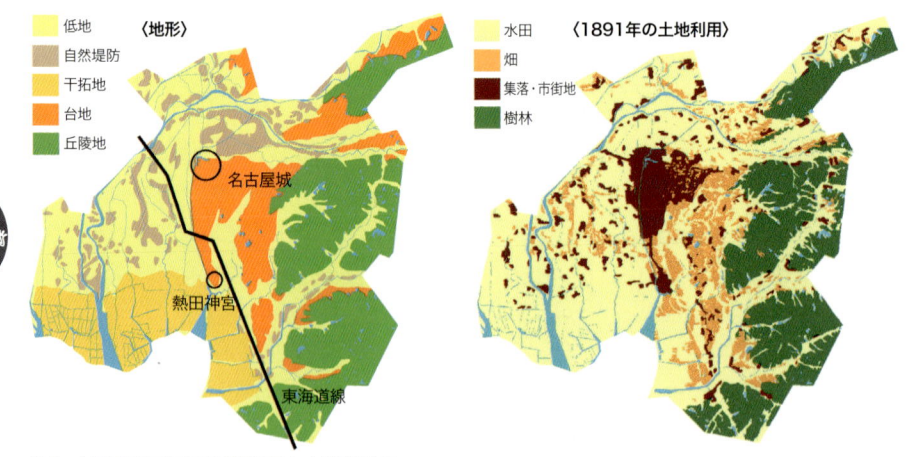

図1　100年前の名古屋の地形（左）と土地利用（右）
「生物多様性2050なごや戦略」をもとに作成

写真1　庄内川中流（名古屋市西区）
河原は都市の中の野生

写真2　大江川緑地（名古屋市南区）
公害対策で整備されたグリーンベルト

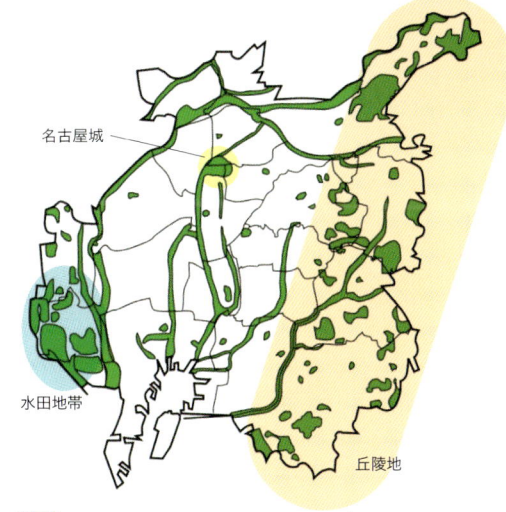

■ 緑被地（樹林、草地、河川、ため池など）
2005年の緑被率は25％

図2　2005年の名古屋の緑被地の分布
「生物多様性2050なごや戦略」をもとに作成

　ところで、市域に占める市街地（人口集中地区）の割合は都市によって大きく異なる。東京都区部や大阪はすべてが市街地、名古屋や横浜は8割、千葉やさいたまは4～5割、札幌や京都・神戸は2～3割、静岡や浜松は1割未満だ。こうした差を生む要因の一つは地形にある。市内の標高差をみると、東京都区部や大阪は50m前後、名古屋・横浜は200m前後、札幌・京都・神戸は1,000m前後、静岡や浜松は2,000～3,000mだ。市域に山地を抱え込んでいるか否かによって市街地比率は大きく異なる。このため都市全体では、当然ながら市街地比率の低い都市の緑被率は高い。しかし市街地の緑被率については、どの都市も2割前後でほとんど差がない。このように都市間比較をするときには、条件の違いに注意が必要だ。

自然の報復（1）

　1959年9月、三重県・愛知県を中心に伊勢湾台風が襲った。死者・行方不明者は5,000人。阪神・淡路大震災までは第二次大戦後の自然災害で最多記録だ。高潮によって海水位が3.9m上昇し、名古屋から愛知県の海部地区をへて三重県北部に至る広い範囲で浸水した。もともと地盤の低い土地であったことから浸水期間は長期にわたった。名古屋市内でも半月以上、海部地区では大半が1か月以上、なかには4か月以上の地区もあった。

　図1に示すJR東海道線以西の地域は、軒並み浸水した。ちなみに、弥生・縄文・古墳時代の遺跡はすべて東海道線以東に分布している。中世以降に人

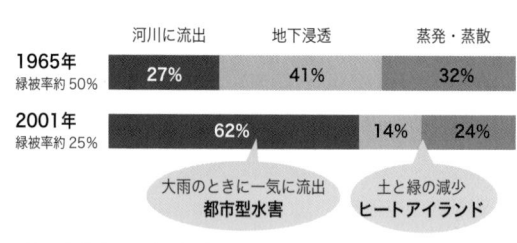

	河川に流出	地下浸透	蒸発・蒸散
1965年 緑被率約50%	27%	41%	32%
2001年 緑被率約25%	62%	14%	24%

大雨のときに一気に流出 → 都市型水害
土と緑の減少 → ヒートアイランド

図3　名古屋の水循環（雨水の行方）
「水の環復活2050なごや戦略」をもとに作成

間が進出した地域を自然が取り戻そうとしたかのようにも見える。これらの地域では、東海・東南海地震にともなう液状化や津波被害も心配されている。

伊勢湾台風以後、名古屋港沖合での防潮堤建設、市の条例によって臨海部の建物の床高や構造に制限を設けるなどの対策がとられた。しかし東日本大震災を受けて、再び防災・減災のあり方が議論されるようになった。

自然の報復（2）

都市内の緑の減少は、都市型水害やヒートアイランド現象などの要因となっている。そこで、名古屋の水循環（降った雨のゆくえ）をみてみよう。

名古屋の緑被率が50％前後だった1965年には、降った雨の7割は地面にしみこむか樹木に吸い上げられていた。河川に流れ込む割合は3割にすぎなかったのだ。しかし、緑被率が25％に半減した2001年には、降った雨の6割が河川に流入するようになった。

20世紀の後半を通して、堤防補強、ポンプ場や雨水貯留施設の設置など洪水対策に多くの労力と経費が費やされた。しかし、土の地面や緑の減少によって河川への流入量は倍増し、現状はいたちごっことなっている(図3)。

愛知万博が開催されていた2005年夏、名古屋市内の200か所で、400名の市民が朝5時から夜8時までいっせいに気温調査を行なった。その結果、都心と緑地とでは4℃の気温差があることがわかった。緑によるヒートアイランド現象抑制効果が実証されたのだ(図4)。

20世紀の都市は、人工的なインフラ整備によって自然の脅威を抑え込もうとした。しかし、物理的にも財政的にも限界が見えてきた。今後は、自然の助けを積極的に借りるとともに、自然の脅威を抑え込むのではなく、「いなす」まちづくりが必要だ。

名古屋市では、コンパクトシティという発想（都市的な土地利用を駅そばに再集約する一方、空地を川そばや森そばに誘導して自然を再生する）を隠し味に、三つの2050年戦略（水の環復活、低炭素都市、生物多様性）を策定している。

馬鹿にできない市街地の人工の自然

視点を変えて、生きものにとっての市街地の緑を考えてみよう。図5は、

名古屋のおもな緑地における野鳥の種数だ。いちばん多いのは庄内川河口（渡り鳥の中継地である藤前干潟＝ラムサール条約登録湿地の一角）の143種。2番目は庄内緑地（河川の遊水地を利用した公園）の112種、3番目が都心に隣接する名古屋城の95種。

里山林の面影をとどめる丘陵の緑地が上位を占めると思われがちだが、そういうところは60種前後であり、人工的な公園である庄内緑地や名古屋城のほうがかなり多い。種数だけで評価するわけにはいかないが、人工的な公園も馬鹿にできない。

人工的な公園の健闘を、もう一つ紹介しよう。名古屋南部の工場地帯にある大江川緑地は、重金属を含むヘドロのたまった死んだ川だった。重金属を封じ込め、その上に都市ごみを埋め立て、土をかぶせて緑地にしたのが約30年前。面積12ha、幅100mほどで、緑地というよりもグリーンベルトだが、ここの野鳥種数は64種。里山系緑地とそん色がない。

名古屋南部から東海市、知多市などに続く臨海工業地帯にも、公害対策で整備された工場緑地が多数ある。これらも整備後30〜40年をへてりっぱに育っており、生きものにとっての意外な穴場になっている。

市街地にも、われわれが気づかないだけで、意外に多くの野生生物が棲んでいる。身近な自然の保全と再評価が必要だ。

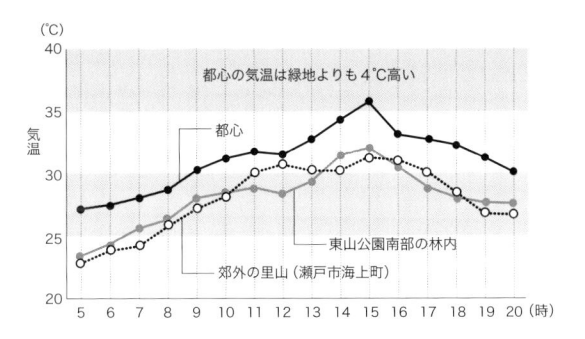

図4　2005年8月7日の名古屋の気温
「名古屋気温測定調査2005報告書」名古屋気温測定調査実行委員会（2006）をもとに作成

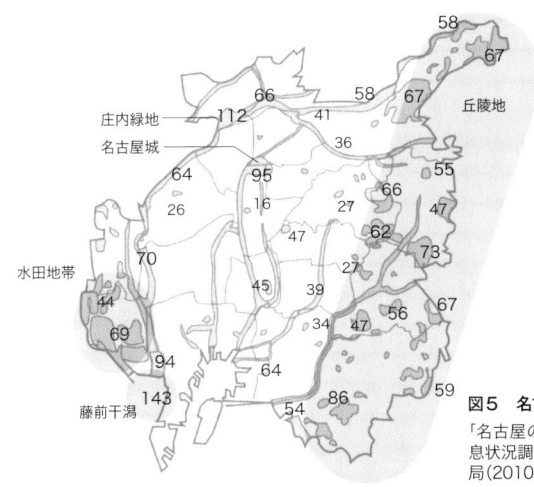

図5　名古屋の野鳥の分布（種数）
「名古屋の野鳥――名古屋市野鳥生息状況調査報告」名古屋市緑政土木局（2010）をもとに作成

生物多様性ってなに？ 調査手法と評価方法 ⑪

ベトナム、フォン川のシジミ
伝統を明日へと繋げるために

鷲谷 寧子（京都大学大学院地球環境学舎）

午前7時、ベトナム中部フエの街角。大量のバイクが行き交う車道の傍らで赤いプラスチックの机と椅子、それに湯気を上げる鍋を並べた屋台が歩道を埋める。朝の忙しい一時、地上50cmの高さで他人どうしが賑やかに食卓を囲む風景に、地域コミュニティの絵を感じる。

フエの朝食の代名詞、シジミご飯

多くのメニューのなかでフエの朝食の代名詞ともいえるのが、郷土料理シジミご飯（Com Hen）である。

この料理には、フエの主要河川フォン川で採集されるシジミが昔から使われているが、近年の漁獲量は減少の一途を辿っている。親子三代でシジミ漁を営む世帯もあり、伝統的なシジミ漁や食文化を次世代に伝えたいという地元のニーズはあるが、この河川でのシジミ類に関する調査や研究事例は存在しない。フエ農林大学とシジミ漁師さんたちの協力を得ながら、2010年の乾季と雨季にフォン川の環境とシジミ類の分布状況を調べることにした。

河口堰の運用方法に影響を受けるシジミの分布

フォン川は、山間部から市街地や水田地帯を抜けてラグーン（潟湖）へと流れ込む。河川流量の少ない乾季には海水が川を遡上するので、水田地帯への海水流入を防ぐことを目的に、2008年に河口部に可動式の堰が建設された。堰は乾季には閉鎖し、流量が増える雨季は開放されている。

今回の調査結果から、その堰の運用方法がシジミ類の分布に影響

写真1　フォン川でのシジミ漁
フォン川河口にて。船上から漁具を水中に降ろし、川底を掻くようにしてシジミを採っていた

写真2　シジミご飯屋
フエ市内でシジミ料理を提供する屋台の店主。つたないベトナム語で話しかけたにもかかわらず、調味料や具材のリクエストに快く応じてくれた

を与えているのではないかと考えられた。河川全体では乾季・雨季ともに大型個体は上流側に、小型個体は下流側に分布する傾向が見られた。しかし、堰の直上のエリアでは季節間の個体密度に大きな違いがあった。乾季には堰の直上に高密度で分布していたが、雨季には同じ地点で著しく個体密度が低下していた。これは上流から流された小型個体が乾季に堰の直上で滞留し、雨季に一気にラグーンへと押し流されたものと推測された。

写真3　シジミご飯(Com Hen)
具材はシジミのむき身と茹で汁、野菜、豚皮のフライ、バナナの花、白米。滋味に富む一品

研究を続ける意味と可能性

　このまま時がたてば、フォン川の景観からシジミ漁を営む人たちの姿が消えてしまうかもしれない。焼けつくような日射しのなか、笑顔を絶やさず一所懸命に調査を手伝ってくださった漁師さんやフエ農林大学生たちの思いはただひとつ、「伝統的なシジミ漁や食文化を守りたい」。

　私は、彼らの思いに応えられる研究を続けたい。堰の運用方法については詳細な研究が必要であるが、当面は堰を利用した資源管理を提案できないかと考えている。乾季に堰の直上に滞留する個体を上流側に移植することで、ラグーンへの流出を防ぎ、河川内での個体群維持をめざす方法である。

　明日のシジミ漁を守るために、これからも彼らとともに汗を流していこうと思う。Hen gap lai

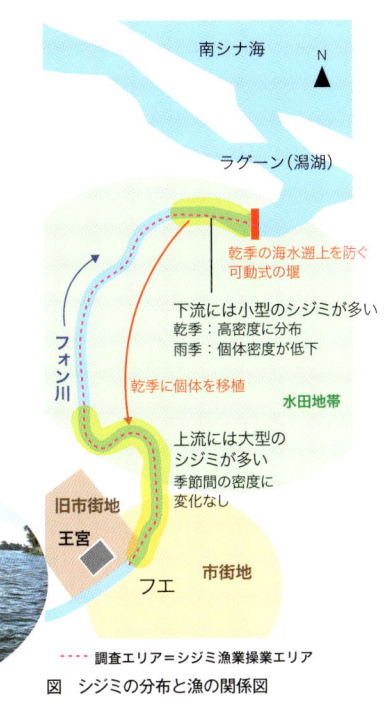

写真4　調査メンバー
夜明け前から日没まで、舟の上で汗を流した仲間たち。毎回の調査後に一緒に飲んだビールはおいしかった

図　シジミの分布と漁の関係図

南シナ海
ラグーン(潟湖)
乾季の海水遡上を防ぐ可動式の堰
下流には小型のシジミが多い
乾季：高密度に分布
雨季：個体密度が低下
フォン川
乾季に個体を移植
水田地帯
上流には大型のシジミが多い
季節間の密度に変化なし
旧市街地
王宮
市街地
フエ
調査エリア＝シジミ漁業操業エリア

生物多様性ってなに？　調査手法と評価方法⓫　ベトナム、フォン川のシジミ　伝統を明日へと繋げるために──鷲谷寮子

第6章

震災復興
生態学からのアプローチ

東日本大震災後の仙台市。壊滅状態のなか津波に抗して残った狐塚の姿は、被災民を元気づけた（撮影・糸谷正俊）

6-01 震災復興の二つの道、「要塞型」と「柳に風型」

森本幸裕（京都大学名誉教授）

気候変動と生物多様性の劣化は、地球の「安全運転の限界」を超えた危機的状況をもたらしているといわれる。そうだとすると、人類にとって大混乱は必至の局面にある。私たちは、環境負荷を「緩和」するとともに、新たな環境に「適応」する社会に変える努力が必要になる

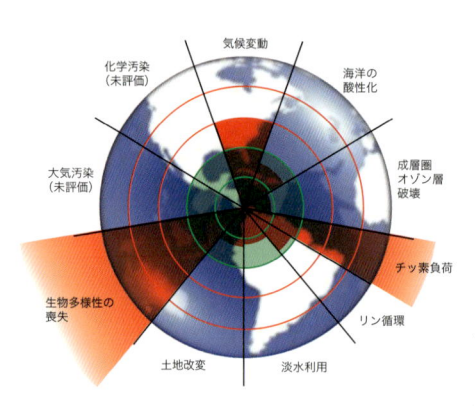

図1　限界を超える負荷　　Rockströmら（2009）
人類にとっての地球の安全運転の限界を10項目にわたって評価した結果、気候変動、チッ素負荷、生物多様性喪失の3項目は緑色で示した限界をすでに超えている

生態系は、大気中の二酸化炭素が増えれば植物の光合成が増えて、いっそう多くの二酸化炭素が吸収されるというフィードバック機構が働く。大気中の含有量に少々の変動はあっても、もとの平衡点に戻る回復力（レジリアンス）がある。だが、負荷が大きすぎて、戻る力の源である生物多様性が劣化すれば事情は異なる。「過去にない速さで種の絶滅が進んでおり、このまま生物多様性の減少に歯止めがかからなければ、地球の生態系はティッピング・ポイント（転換点）を超えて急激な劣化を引き起こすリスクが高く、早急な対策が必要である」（地球規模生物多様性概況第3版）とされている（図1）。

東日本大震災の復興は、閣議決定された「生物多様性国家戦略2010」での宣言「人口が増加を続けたこれまでの100年の間にさまざまな要因により損なわれてきた国土の生態系を、自然の生態系が回復していくのに要する長い時間をふまえ、『100年計画』といった考え方に基づき回復」を実現する契機としたい。

海岸エコトーンは森里海連環のかなめ

東北地方から関東にかけての太平洋岸は、リアス式海岸や松島のような多島海から砂浜海岸まで、それぞれの地域特有の海岸生態系が存在する。海洋も大陸棚から海溝に至る海岸地形と、南下する親潮と北上する黒潮の影響を受けて、多様な環境に恵まれる。全海洋生物種数の14.6％が分布するホットス

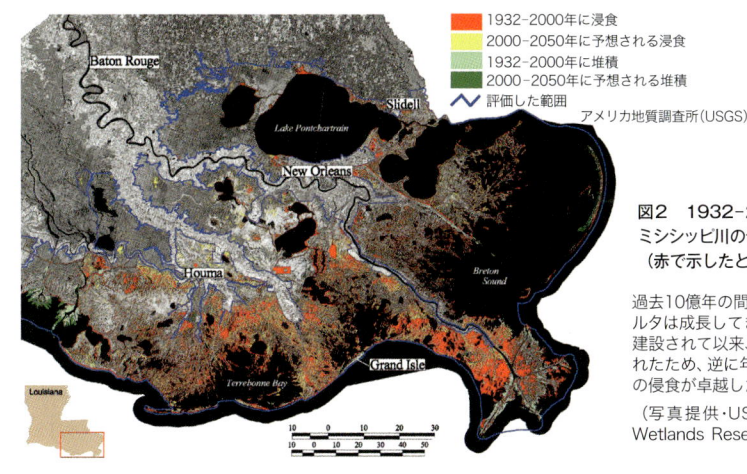

図2　1932-2050年の間のミシシッピ川のデルタの浸食（赤で示したところ）

1932-2000年に浸食
2000-2050年に予想される浸食
1932-2000年に堆積
2000-2050年に予想される堆積
評価した範囲
アメリカ地質調査所（USGS）

過去10億年の間、ミシシッピデルタは成長してきたが、堤防が建設されて以来、氾濫が抑制されたため、逆に年間65-90km²の侵食が卓越した

（写真提供・USGS National Wetlands Research Center）

ポットであることも国際プロジェクト「海洋生物のセンサス」(2010)でわかった。「森は海の恋人」といわれるように、陸上生態系も栄養塩の供給を通して海とつながっていることもだいじだ。とくに藻場、干潟、砂浜、浅海域など陸上と海洋の生態系の境界であるエコトーン（移行帯）は、その場所の生物のみならず、双方の生態系をおもな生息域とする種にとっても、繁殖や採餌にきわめて重要だ。なかでも干潟は生物活性が高く、物質循環の観点からも重要な生態系機能を担っている。

生物にとって重要な水辺エコトーンは人間の利用にとっても重要で、港湾や海岸道路、防潮堤、防波堤などの建設や干拓工事をしてきた。そのために、現在の日本でもっとも危機に瀕した生態系は、陸上の氾濫原湿地とならんで干潟、砂浜、浅海域があげられる。

干潟の再生と必要な条件

東北地方は、「森里海連環」の運動に積極的に取り組むなど、人と自然の良好な関係を実現していた地域である。福島県相馬市にある潟湖の松川浦や仙台市の蒲生干潟は貴重な生態系であり、豊富な漁業資源の基盤としても、自然とのふれあいの場としても機能していた。これらの自然と生物は、東日本大震災でどのような影響を受けたのか。代表的な9か所の干潟を調べると、完全に消失したものもあったが、蒲生干潟のようにダイナミックに形状を変えて自己修復している干潟も、震災前よりも豊かな底生生物相が見られる干潟もあるという。

干潟の専門家である鈴木高男氏は、再生には以下の点が重要だという。①地形と底生動物群集のモニタリング、②生物供給源となるホットスポットの確保、③ヨシ原・塩性湿地－干潟－アマモ場・藻場という生態系の連続性の確保、④淡水と海水の混じる汽水域の確保、⑤内湾や潟湖など波浪の弱い浅海域の修復。

津波対応のタイプ		要塞型	柳に風型
コンセプト		自然を制御し、津波を防ぐことで生命と現有財産を守る	自然の恵みを将来世代に引き継ぎ、現在の財産よりは生命を優先し、巨大津波はかわして逃げる
対応例	緩衝法	防潮堤、防潮堤のさらなる補強	瓦礫も利用の海岸砂丘列再生、地域植生再生、防潮堤は内陸側へ
	避難場所	コンクリート構造物	高台の鎮守の森
	土地利用	復旧	再配置(危険地は非居住)
	沈下土地対応	人工地盤住宅、干拓・脱塩農地	砂浜、干潟、アマモ場、藻場、浅海の自然再生
	復興財源	復興税、建設国債など	左の他に生態系サービス支払い
利点		現行法制で対応可、住民の合意が得やすい	自然資本増強(将来の大きな恵み)、建設コスト格安
欠点		膨大な建設コスト、更新が必要、想定水準の決定法不明	容易でない土地利用再編(私権制限)、土地の信託や買い上げが必要

表　津波被災地復興の二つの道　　　　　　　　　　　　　※二種の対応で大きく異なるところのみを抽出

津波の被害緩和と恵みの確保

　津波も、水際と海の生態系の視点だけでいえば、次世代への活力となる。従来から、50cmまでの津波なら養殖筏が流されることもなく環境がリフレッシュすると歓迎されていた。今回も、すでに大量の魚類資源が戻ってきているとの報道もある。同じことはインド洋大津波のときも指摘されたが、陸上から海に栄養塩類や魚礁が供給されたことも寄与していると考えられる。

　では、復興はいかにあるべきか。日本学術会議東日本大震災対策委員会は、東日本大震災に対応する第三次緊急提言(2011年4月)として、次の4点を提案している。

❶震災前の地域の文化、特性を生かし、子ども、高齢者、障がい者にとって安全で、また異なった文化を受け入れる地域づくり
❷エネルギーに過度に依存しない効率的な生活スタイルと産業構造を軸にして、都市システムの基本機能にコンパクトにアクセスできるまちづくり
❸農林業の再生も含めた競争力のある産業育成を産官学民で進め、基幹産業の確立と雇用の創出
❹防災視点を再検討して、都市計画的措置と防災教育、避難訓練を徹底し、災害危険地域と安全地域の科学的理解を促進する

　いずれも重要なことだが、私は攪乱と再生の景観生態学をふまえた環境デザイン学の視点から、さらに次の5項目を提案したい。

❶「要塞型」防災から「柳に風型」減災へ
❷地形と樹林の緩衝作用を活かし、流域レベルで最適解を追求
❸水辺エコトーン(生態学的推移帯)の自然再生
❹防潮堤内陸側移設による、防災と自然再生の両立
❺三陸復興国立公園を柱に新たな生態系管理の枠組みの構築

　自然のプロセスをすべて止めるのは不可能である。短期的な災害を減災し、長期的な恵みへとつなぐ原則に立ち返ることが肝要だ。ギネスブックにも掲

載された釜石市の巨大な防潮堤は無惨に破壊されたが、国交省の「要塞型」の対応はきわめてコストが高く、しかも更新を必要とする。そうでなくとも、バブルのころの膨大な新規インフラの更新時期がやってくる2030–2050年には、その負担額は2010年の倍増となる。財政赤字が膨大で、しかも人口減少が進むわが国において、新規のインフラ投資は国を滅ぼすことにもなりかねない。

「要塞型」の対応のもっと重要な課題は、海岸エコトーンの自然資本をさらに損なうため、長期的には損失がさらに大きくなることだ。

ハリケーン・カトリーナの教訓

そのような例に2005年にアメリカ南東部を襲ったハリケーン・カトリーナの高潮洪水がある。ミシシッピのデルタはもともと川の氾濫で成長してきたが、ここ数十年間は堤防で氾濫を防いできたので、土砂は堆積せずにメキシコ湾の深みに流れ込み、海岸は成長とは逆に深刻な侵食が進行していた（図2）。だから、湿地幅1kmにつき高潮の高さを1m低下させるという緩衝作用が劣化していたのだ。さらに、堤防を過信して低地で住宅開発が進んでいたことが被害を深刻化させた。天災というより、海岸湿地の減災インフラという生態系サービスの毀損(きそん)による人災といえる。米国科学アカデミーは2006年に、国のこれまでの方針によらない、可能なかぎり自然の土砂移動を再現した海岸防災への転換を提案している。

「要塞型」と「柳に風型」

東北地方のリアス式海岸は沈降海岸で、砂浜の多い宮城県南部も海岸は浸食が卓越する。同じリアス式海岸でも湾の向きによって被害の程度は異なるし、島の多い松島では被害が少なかった。このことが示すように、地域のランドスケープの地形や地質、樹林、非居住土地利用などの配置とデザインは、集落単位、流域単位ごとに最適解を考えることがだいじになる。沈降海岸低地に人工地盤や巨大防潮堤を巡らしたり、高台移転で松島の名勝を毀損する愚はなんとしても避けねばならない。

沈下して排水が困難となった水田などの復旧は、コストとリスクに見あう農業利益は見込めないので、塩水湿地自然再生を検討すべきであろう。生物多様性と湿地の機能再生によって、このB／C（コストに対する将来の利益）はたいへん大きいと予想される。防潮堤は高くするのではなく、津波のみならず海面上昇にも備えて内陸側に移設すべきであろう。前面は海岸エコトーンが自然再生し、海洋資源保全に寄与するよう配慮する。もちろん、沿岸域には緊急避難できる「要塞」にしないとまずい施設もある。そのうえで、孫子の代のことを考えた「土地利用の再編」に切り込むことが必要であろう。

6-02 東日本大震災の湿地への影響と水鳥

須川 恒（龍谷大学深草学舎 非常勤講師）

2011年3月11日に東日本を襲った地震と津波は、沿岸や内陸部に甚大な被害を残した。水田と湖沼とがセットになった内陸部で越冬するマガンやヒシクイも、海岸域で越冬するコクガンも、ともに危機にさらされた。このような事態に、湿地や水鳥に関心を抱く研究者になにができ、なにをすべきか

　1997年1月にナホトカ号重油事故が日本海で発生した。福井県や京都府の海岸域は重油で汚染され、多くのボランティアが重油の除去に立ち上がった。海鳥に関心のある人たちは、汚染された海鳥を救助しようとしたが、現実にできたことは、重油汚染で死亡した海鳥を回収し、汚染された海鳥の状況を記録するだけであった。しかし、米国から急遽やってきた重油事故に詳しい海鳥の専門家は、重油被害の実態を記録し、メーリングリストによってその情報を関係者が共有することの重要性を指摘してくれた。

水田と湖沼の内陸部タイプ、藻場のある海岸域タイプ

　震災の影響を受けた東北地方は、ガン類の越冬地として注目されていた地域である。かつては日本各地で越冬していたガン類だが、湿地の開発や狩猟圧によって渡来地は減少し、いまは採食地や休息地として質の高い湿地が残存している地方で越冬するだけである。

　ガン類の越冬には2タイプある。一つは、マガンやヒシクイなどのガン類で、採食地となる水田と休息地となる安全な湖沼とがセットになった地域で越冬している。最大震度7を記録した宮城県栗原市では、多数の個体が越冬

図1　日本震災域におけるラムサール条約湿地と条約湿地潜在候補地（平泉秀樹／ラムネットJ 作成）

※震度は気象庁ホームページ推計震度分布図（http://www.seisvol.kishou.go.jp/eq/suikei/201103111446_288/20110 3111446_288_1.html）にもとづく

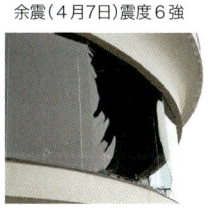

本震（3月11日）震度7　　余震（4月7日）震度6強

写真1　宮城県栗原市伊豆沼・内沼サンクチュアリーセンターの被災状況（撮影・嶋田哲郎、2011年3月、4月）

写真2　宮城県栗原市伊豆沼・内沼周辺の被災状況
宮城県内の内陸部には、伊豆沼・内沼をはじめガンカモ類が多数越冬する湖沼が存在する（撮影・芦澤淳、2011年3月20日）

する。伊豆沼、内沼は、ともに湿地の国際条約であるラムサール条約の条約湿地として登録されている（写真1、2）。宮城県大崎市の蕪栗沼周辺も重要な越冬地で、周辺の水田も含めて保全が進み、条約湿地として登録されている。もう一つのタイプは、海岸域で越冬するコクガンで、採食地の藻場が津波で利用できなくなり、震災直後は通常とは違う群れの動きが観察された（写真3）。

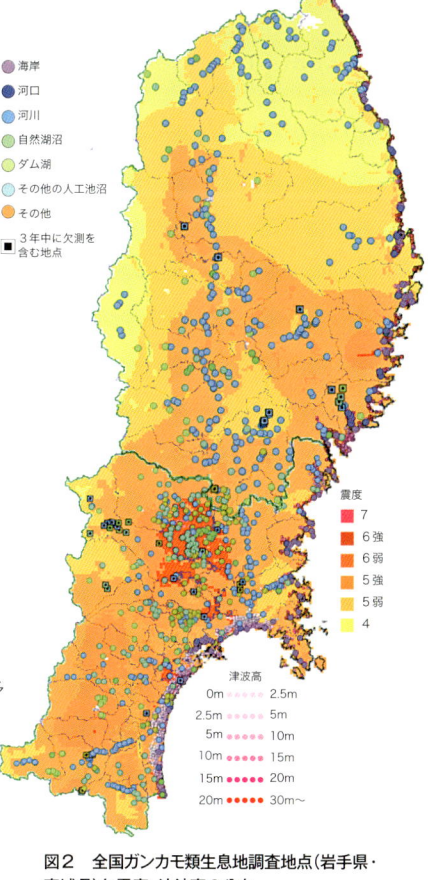

図2　全国ガンカモ類生息地調査地点（岩手県・宮城県）と震度、津波高の分布
（平泉秀樹／ラムネットJ 作成）

※津波高は、東北地方太平洋沖地震津波合同調査グループによる速報値（2011年7月15日版、http://www.coastal.jp/ttjt/）にもとづく

※ガンカモ調査地点は、環境省生物多様性センターのガンカモ類の生息調査の成果物（http://www.biodic.go.jp/gankamo/seikabutu/index.html）にもとづく

危機にさらされた水鳥をどう調査・把握するか

　2011年9月の日本鳥学会大会のさいに、水鳥と湿地を通して東日本大震災の影響をどのように把握すればよいかの研究集会があった。現在は、このときに指摘された以下の視点で調査が進められている。

❶湿地目録に掲載された重要湿地に注目する

　1971年に締結されたラムサール条約は、水鳥などの多様な生物に注目す

写真3　宮城県南三陸町志津川河口におけるコクガン13羽
海岸の採食地が利用できず北帰が遅れたと思われる
（写真提供・日本雁を保護する会、2011年5月17日）

ることで重要な湿地を特定して保全を進めている。日本は1980年に条約に加盟して湿地目録を作成し、重要な湿地は条約湿地として登録・保全に努めてきた。

水鳥に注目して重要な湿地を特定する作業は、まずガン類からはじまった。国内に50か所ほどしか残っていないガン類の渡来地の目録を民間団体が1994年に作成し、環境省が渡り途中のシギ・チドリ類の採食地として重要な干潟の湿地目録を1997年に作成し、水鳥を通して国内の重要な湿地を把握する気運が進んでいた。2001年には環境省によって、さまざまな分野の生物の重要性をふまえた「日本の重要な湿地500」がまとめられ、2011年現在、国内に37か所の条約湿地が登録されている。潜在的な条約湿地候補地としても、172か所の重要な湿地が選定されている。

東日本大震災の影響地域には、そのような多くの条約湿地や重要な湿地が含まれている(図1)。そこで、大震災による湿地の影響を知るために、多様な視点で公開されている情報に地元の観察者の情報を加えることで、上記の重要な湿地への影響が把握できるようになった。

地域的に見ると、表のように被害の大きな湿地が特定されている。

❷ガンカモ類など水鳥のモニタリング調査結果に注目する

湿地の現況は、水鳥の渡来状況を調査すれば知ることができる。しかし、重要なことは、すでに蓄積された情報があることである。それがないと震災の影響を知ることはできない。水鳥については、全国ガンカモ類生息地調査(図2)、「モニタリングサイト1000」によるガンカモ類調査やシギ・チドリ類調査などが多くの観察者や自治体の協力を得て行なわれ、その結果は環境省生物多様性センターが公開している。これらの調査で震災前の情報が蓄積されており、震災後の結果と比較することで震災の影響を検討することができる。

❸水田が生物多様性に果たす役割に注目する

2005年に条約湿地となった宮城県大崎市の蕪栗沼は、これまでのように湖沼だけの指定ではなく、周辺水田を含めた画期的なものだった。この動きは、2008年に韓国で開催されたラムサール条約第10回締約国会議や、2010年に名古屋で開かれた生物多様性条約第10回締約国会議の場で、水田が生物多様性を保全する大きな可能性を備えていることを指摘する決議の採択へとつながった。水田の冬期湛水(ふゆみずたんぼ)など、農業にとってもプラスとなり、水

湿地名	津波被害	地形変化	生物への影響
小川原湖	—		ほとんど影響なし
陸中リアス海岸の湾奥沿岸湿地群	被害大	—	アマモ場消失(大槌湾等)アラメ場は影響少ない
志津川湾	被害大	沈下	干潟底生動物減少アラメ場は影響少ない
北上川(追波湾)河口域および長面浦	被害大周辺長期冠水	沈下	上流堤防決壊、ヨシ原衰退、草地性鳥類分布変化、希少トンボ類少数生残
万石浦	—	沈下(干潟減少)	アマモ場大規模残存
松島湾	海側の島養殖筏	—(東松島:沈下、冠水大)	一部干潟底生動物減少
阿武隈川河口域	被害大周辺長期冠水	＊海側砂州断裂、沈下	＊底生動物減少放射能？
松川浦	被害大周辺長期冠水	海側砂州開口	干潟表層流出、ヨシ原埋没底生動物減少、放射能？

表　東北地方太平洋沿岸部におけるラムサール条約湿地潜在候補地の状況
—は情報がないか軽微なことを示す。阿武隈川河口域自体の情報は少ないので、隣接する鳥の海の状況を＊を付けて示した(平泉秀樹／ラムネットJ 作成)

鳥など生物多様性にとってもプラスとなる農業経営のあり方の模索がはじまっていた。

　東日本の大震災により、内陸部や沿岸域において水田耕作地への影響が出ている。しかし、農業や水産業などさまざまな生態系サービスを提供する湿地に注目することは、復興の基本姿勢となると考えられる。

福島原発事故と情報の共有

　私たちは、コントロールに限界のある核エネルギーを使っているという根本的で倫理的問題に直面している。現状を知るには、広域的に情報を集めるだけでなく、線量計を使って見えない放射能を測定する必要もある。人のさまざまな活動において、放射能を警戒することが必要となっている。そういうなかで放射性物質の動態、とくに水鳥の生息環境である水域に放射性物質が流れ込まないよう監視する必要がある。

　景観生態学的手法が活用できる研究者は、「鳥の目」から見た情報を得ることができる。一方で、重要な湿地の多くには、調査や啓発の拠点となる湿地センターや水鳥センターがあり、「虫の目」「魚の目」をもった自然観察に熱心な人たちが地道な活動を続けている。自宅や職場が被災しても活動を止めない人たちに、頭の下がる思いがする。

　復興にむけての手掛かりは、ラムサール条約も強調していることだが、さまざまな立場の人たちが湿地保全にむけて計画的に情報を共有できるようにすることである。景観生態学者の果たせる役割は大きい。

参考文献　須川恒・呉地正行・嶋田哲郎. 2011. 自由集会報告：東日本大震災の湿地への影響をガンカモ類などの調査を通してどう把握するか. 鳥学通信 (WEB 版) No.33. 日本鳥学会.
http://www.soc.nii.ac.jp/osj/japanese/katsudo/Letter/no33/OL33.html#04

6-03 用と美を兼ね備えた白砂青松の景観と大震災

今西純一（京都大学大学院地球環境学堂地球親和技術学廊 助教）

地盤の変化は、植物にとってもっとも強烈な攪乱のひとつである。東日本大震災で地震と津波の被害をうけた岩手県陸前高田市の高田松原の7万本の海岸林はすべて壊滅した。自然の力だけでも、人の手だけでも、かつての姿を取り戻すことは不可能である。さて、どうするか

　第二次世界大戦後、日本は戦災からの復興にあたり、経済成長を優先する政策を選択し、国土を急速につくり変えた。鉄道や道路、ダム、堤防などのインフラが国中に整備されることにより、暮らしは便利になったが、失ってしまったものも数多くある。その一つが、白砂青松の景観である。

貴重な存在になった白砂青松の景観

　白砂青松は、古くから愛でられた日本を代表する美しい景観で、和歌などにも数多く詠まれた(図)。神戸市の須磨の海岸は歌枕として名高く、『源氏物語』の「須磨」の巻にも登場する。松島、天橋立や厳島(宮島)の日本三景はすべて海の景観であり、白砂青松のイメージが欠かせない。白砂青松の海岸は、海水浴や松露狩りなどの行楽を行なう身近な景観でもあった。

　日本の自然海岸は、高度経済成長期を中心に開発が進められて減少し、本土ではかつての海岸線の半分以下になったといわれる。なかでも、白砂青松の景観は、松枯れやマツ林に人の手が入らなくなったことなども原因となって失われ、現在ではたいへん貴重な存在になった。

用と美を備えた海岸林を育てた先人の知恵

　白砂青松の景観は、自然に成立したものもあるが、海からの高波や潮風による害を

図　白砂青松の図案
「近代デジタルライブラリー」より『略画図案絵画譜』
http://kindai.ndl.go.jp/info:ndljp/pid/851954/102

防ぐために人びとが大切に育ててきたものもある。季節によって海から陸に強烈な風が吹き抜ける地方での人の暮らしは、たいへんな苦労をともなった。高波や潮風によって飛散した塩分が農作物の表面に付着すると、作物が枯れてしまう塩害や潮害を発生する。強い風によって成長が不充分になる風害も発生する。

写真1　東日本大震災の津波を受けて残った海岸林（2011年4月30日）

大量の砂が農作物を埋めることも、人の健康に害を与えることもある。宮城県の仙台平野では、一晩で民家を埋めてしまうほどの砂を風が運んでくることもあったという。

　このように、海からの高波や潮風は、人びとが暮らすうえで克服すべき課題であった。白砂青松の海岸林を育てることは、背後の居住空間や農地を守るための、用と美を兼ね備えた賢い解決策だったのである。

巨大津波に対峙する海岸林

　東日本大震災では巨大な津波が発生し、多くの人びとの命が失われた。震災から約2か月がたったころに仙台平野の海岸林を調査したところ、防波堤の陸側の土は津波に大きくえぐられ、マツ林の木はほぼすべてなぎ倒され、多くの大木が数kmも離れたところまで流されていた。海岸林の背後の集落はほとんどが流され、被害の大きさを物語っていた。

　それでは、海岸林は東日本大震災の津波にまったく効果がなかったのであろうか。われわれの調査では、海岸林の幅（奥行き）が充分にある箇所では、津波に襲われても林は残っており（写真1）、背後の集落の被害も少ないことが観察できた。さらに、震源から少し離れた千葉県では、ほぼ50m以上の幅のあるクロマツを主体とする海岸林において、津波の力を低減する効果が確認されたことが報告されている。青森県八戸市では6mを超える津波に襲われ、20隻を超える船が海岸林の木をなぎ倒したが、船はすべて林に捕捉され、背後の住宅地への侵入は阻止されたとの報告がある。

海岸林の確かな効能

　過去の津波の事例調査によれば、海岸林の津波に対する効果は、以下のようにまとめられる。①津波の力を低減させ、津波の到達時間を遅らせる。②木が

漂流物を捕捉し、漂流物によって生じる被害を防止する。③木が波にさらわれた人がすがりつく所となる。④強風による砂の移動を防ぎ、津波への壁となる高い地形を海岸に保つことで被害を防止する。海岸林は、大規模な津波を完全に抑止することはできないが、被害の軽減に効果を発揮すると考えられる。

名勝高田松原の「希望の松」

　岩手県陸前高田市は、広田湾の奥にあるという地形から津波が大きくなりやすく、被害も受けやすい位置にある。東日本大震災では、海岸近傍で約17mもの高さの津波に襲われた。1960年のチリ地震津波を大きく上回る規模で、壊滅的な被害を受けた。全被災地のなかでも最大級の被害であった。

　陸前高田の海岸に拡がる高田松原は、長さ約2km、幅約150mのアカマツとクロマツの混じるマツ林である。国の名勝や陸中海岸国立公園に指定されている景勝地として、震災前には年間100万人が訪れていた。

　江戸時代の高田松原は立神濱とよばれ、田畑の大部分は激しい飛砂で、毎年のように潮風水害を受けていた。そこで、17世紀の高田の豪商の菅野杢之助が海岸に木を植えた。その後も繰り返し大津波の洗礼を受けたものの、そのつど人びとの手により修復されて、白砂青松の景観をつくり守ってきた。

　名勝高田松原は、地震によって地盤沈下し、津波で砂浜の過半が流されて水没してしまった。生育していた約7万本ものマツはほぼ完全に失われたが、奇跡的に1本の大きなマツが残った（写真2）。奇跡的に残ったマツは、「希望の松」とよばれ、震災直後の陸前高田市の復興のシンボルとなった。

　希望の松は、クロマツとアカマツの雑種のいわゆるアイグロマツで、樹高約30m、直径約80cmの大木であった。震災時には、漂流物により幹が損傷し、15時間余りも海水に水没するなど、過酷な状況に置かれていた。樹勢の低下がみられたため、地盤沈下による海水の影響を軽減するなどの処置がとられた。その甲斐あって、震災約4か月後の7月上旬には新芽が出て回復が期待

写真2　高田松原の「希望の松」

された。しかし、8月以降は状態が悪くなり、残念ながら12月には生育困難な状態となった。

　高田松原は、約350年ものあいだ地域の人たちに育まれてきた歴史のある文化的景観である。被災地の人たちの誇るべきシンボルでもあった。しかし、地盤沈下などによって環境は大きく変化している。松原の景観を短時間で再生することは難しい。海岸林の再生には砂浜の再生がまず必要であり、植樹は適地が形成されたあとに行なわれるべきであろう。

海岸林の再生と樹木の耐塩性

　海岸林の再生には、どんな種類の木を植えればよいのだろう。白砂青松と表現されるように、海岸林には伝統的にクロマツやアカマツが選ばれてきた。高田松原のようにクロマツとアカマツを混ぜて植えた事例や、宮城県仙台平野の海岸林のようにクロマツを植えたあとにアカマツが自然に侵入した事例もある。特別名勝松島の湾内では、クロマツが外洋側に、アカマツが内湾側に生育しており、木の種類によって生育に適した場所が異なる。

　木の種類によって、塩分に耐える強さ（耐塩性）も異なる。東日本大震災の調査では、クロマツはアカマツよりも塩害に強いことが観察された。アカマツでは、塩害で葉が褐変している小さな個体が観察されたが（写真3）、クロマツや雑種のアイグロマツでは塩害はほとんど見られなかった。

　マツはマツ材線虫病（松枯れ）の被害を受けやすい。マツ材線虫病に抵抗性のある品種を植えることも考えられるが、当分は供給量が不足する状況が続く。そこで、海岸林の再生にはマツ以外の種類の木の利用も考えられている。

　東日本大震災の約2か月後に行なったわれわれの調査では、マサキやイヌツゲ、一部のサクラ類は耐塩性が高く、サカキ、ヒサカキ、サツキは耐塩性が低いことが観察された。海岸林の再生にあたっては、現地の海岸に自然に生育している耐塩性の高い種類の木の利用を検討し、生物多様性の高い海岸林を新たにつくることも一つの考え方であろう。

　津波による攪乱は、海浜の自然にとって織り込みずみの出来事であろうが、人の手で育てられてきた海岸林は、自然の力を借りながら人の手でその姿を取り戻すことが必要であろう。今回の津波によって新たにつくられた湿地なども活かしながら、地域の豊かな自然が保たれ、つくられることを期待している。

写真3　アカマツの葉に見られた塩害（2011年5月2日）

6-04 復興へのシンボルとなる被災地の社叢

糸谷正俊（合同会社オフィス・エダ）

地域の安寧を見守る象徴として大切に守られたきた「鎮守の森」は、千年に一度の大津波の前に、どのような役割を果たしたのだろうか。変わり果てた被災地で筆者が見たものは、瓦礫が散乱する野原にしがみつくように生き残ったクロマツの塚、防火帯や避難所の役割を果たした神社の森だった

　お宮やお寺の境内の森、塚の木立、沖縄地方の御嶽（ウタキ）の林など地域の神聖な森、伝統的に守られてきた林などを社叢という。「神々の森」という言い方をする場合もある。先祖代々から地域で大切に守られてきた鎮守の森などの聖なる森であることから、自然林に近い良好な森林を構成し、多様な生物の生息環境となっていることが多い。なにかとストレスの多い現代社会にあっては、鬱蒼（うっそう）として神々しい（こうごう）社叢は自然の大きな力を感じさせ、心に落ち着きや安らぎをもたらす効果も期待される。

　しかし近年は、氏子や檀家の減少、地域社会の高齢化などにより社叢の管理が不充分となり、タケ類・ササ類の侵入、シュロの繁茂、ナラ枯れの拡大、放棄ゴミの散乱等、荒廃が危惧されている。

大津波の中で生き残った社叢

　2011年3月11日に発生した東日本大震災は、東北地方の岩手県、宮城県、福島県を中心に大きな被害をもたらした。

　仙台平野の海岸部では、海辺の集落や農地が高さ10mを超える大津波により全滅し、植林されていた幅300～500mにおよぶ砂防林のマツも、その多くが横倒しとなり、あるいは根こそぎ流出して壊滅状態となった。それでも、いくつかの社叢は津波に抗して残った。

　その一つが狐塚といわれる木立である（写真1）。この木立は、

写真1　仙台市若林区の海岸近くにある狐塚（2011年4月）

農地の一角のわずか10m四方、高さ1.5mの微高地に残されていた樹高15mていどのクロマツの林である。このほか、仙台空港のある岩沼市の海岸部にある稲荷神社や下増田神社などでも、クロマツを主体とする樹林が生き残った。

　被災後数か月のあいだ、被災地一帯は土色や焦げ茶色の破壊の風景が支配した。そういうなかで点在して残った社叢の緑は、「地震や津波になんか負けないぞ」とでも主張しているように見え、多くの被災者を勇気づけ、元気づけることになった。

写真2　防火林の役割を果たした大槌町小槌神社の社叢は火災の痕跡を残していた（2011年8月）

リアス式海岸地域の高台にある社叢の果たした役割

　宮城県北部から岩手県にいたるリアス式海岸の一帯は、長い歴史のなかで大きな津波に何度も襲われ、そのたびに復興してきた地域である。そういうなかで、神社や寺などはもともと高台に立地していることが多い。このため、海辺の市街地や港湾施設・水産業関連施設などが大津波で壊滅的被害を受けても、社叢は比較的軽微な損傷ですんだ。

　リアス式海岸地域では、津波の遡上高は最大40mにも達し、避難場所に指定されていた建物までも水没する事態となって、多くの死者・行方不明者をだした。しかし、そうしたなかでも女川町の水産加工場で働いていた中国人研修生たちは、高台の神社に避難誘導されて全員助かったという報告もある。高台に立地する社叢は大津波からの避難の場となり、多くの人命を救ったのである。

　岩手県宮古市横山八幡宮境内には当初1,000人もの避難者があり、その後、神社の施設は開放されて被災者の応急の生活の場となった。あるいは、岩手県上閉伊郡大槌町の小槌神社や赤浜八幡宮の社叢は、火災の拡大を防ぐ防火帯の役割も果たした（写真2）。

　上記のように、各集落ごとにある神社やその周りの森は、津波からの避難、被災者の応急の生活の場、防火帯となった。さらには、暖房器具や毛布などの救援物資の提供、ボランティアの宿泊場所などの役割も果たした。なかには、境内に設置した津波警報塔を活用した避難訓練を平時に行なっていたり、過

去の津波を記録した石碑などを設置して災害の教訓を生かす防災教育の場としても利用されていた社叢もあった(写真3)。

復興のシンボルとしての社叢

　被災地にあって多様な役割を果たした社叢であるが、その保全・育成に向けていくつかの問題がある。

❶残っている社叢の多くは傷ついている。土壌や地下水の成分変化も激しいため、時間の経過とともに樹勢が衰退する危機的状況にある。

❷社寺の被害だけでなく、氏子や檀家など地域の支援者も被災しており、社叢を育成管理する人手や経済的基盤が失われている。

❸復興の取り組みは復興住宅、就業地確保が優先である。しかも、政教分離の原則から社叢の保全や育成に行政は積極的ではなく、社叢の保全を復興計画に位置づける動きはあまり見られない。

　それでもいま、NPO法人や市民団体などが社叢の保全と再生に向けて取り組みをはじめるなどの地道な活動が徐々に拡がりつつある。

　東日本大震災の復興事業がようやく各地で動きだしている。被災地のガレキ処理、放射能汚染地域での除染、津波をかぶった農地の脱塩、水産施設の再稼動、復興住宅の建設、商店街の再建など、復興までには長い時間が必要となる。挫けそうになる被災者の心を支え、復興地域の安全確保の拠り所になり、いざというときにおおいに役だつ社叢。

　大地震と大津波に負けず残った社叢は、復興のシンボルとなる存在であり、景観生態学の立場から見れば未来に継承すべき自然生態や風景再生のシーズである。

　社叢の保全と育成に関する各方面からの取り組み強化が重要である。

写真3　大船渡市加茂神社の津波警報塔（2011年8月）

執筆者の紹介

五十音順・敬称略
所属・肩書は2012年5月現在

編著者

森本幸裕　もりもと・ゆきひろ
京都大学名誉教授、京都大学農学博士／京都学園大学バイオ環境学部 教授
1948年、大阪府に生まれる。京都大学大学院農学博士課程修了。京都芸術短期大学、京都造形芸術大学、大阪府立大学、京都大学大学院教授をへて、2012年から現職。専門は緑地学、景観生態学。日本造園学会関西支部長、日本緑化工学会会長、日本景観生態学会会長を歴任し、現在は、ICLEE（国際景観生態工学連合）会長、中央環境審議会、文化審議会、京都市美観風致審議会などで委員などを務める。
- 研究テーマ：美しい景観の生態学的な原理の探求、自然環境の保全と再生の技術とデザイン、都市の生物多様性指標の開発
- 著作・論文ほか：森本幸裕・亀山章編著. 2001. ミティゲーション──自然環境の保全・復元技術. ソフトサイエンス社.
森本幸裕・夏原由博編著. 2005. いのちの森──生物親和都市の理論と実践. 京都大学学術出版会.
森本幸裕・竹内典之責任編集. 2010. 森林環境2010：生物多様性COP10へ. 森林文化協会.
森本幸裕. 2011. 里山の概念と意義. 環境技術 40(8): 456-462.

浅野耕太　あさの・こうた
京都大学大学院人間・環境学研究科相関環境学専攻 教授、京都大学博士（経済学）
- 研究テーマ：経済学の立場から環境質や環境政策の評価
- 著作・論文ほか：諸富徹・浅野耕太・森晶寿. 2008. 環境経済学講義 持続可能な発展をめざして（浅野耕太編著）. 有斐閣.
浅野耕太. 2009. 自然資本の保全と評価. ミネルヴァ書房.

飯田義彦　いいだ・よしひこ
京都大学大学院地球環境学舎景観生態保全論研究室 博士後期課程、京都大学修士（地球環境学）
- 研究テーマ：人為作用植物景観の形成プロセス評価とマネジメント
- 著作・論文ほか：飯田義彦・今西純一・大石善隆・森本幸裕. 2010. ウマスギゴケ群落の水分動態観測に基づくコケ庭の微気候保全に関する考察. ランドスケープ研究 73(5): 407-412.

伊勢 紀　いせ・はじめ
株式会社地域環境計画
- GISを駆使した生物生息地の解析の他、地域戦略策定等にも従事
- 著作・論文ほか：Ise H, Mitsuhashi H. 2006. Habitat evaluation of the tree frog and its application for conservation planning in Japan. *Ecol. Civil. Eng.* 8(2): 215-232.

糸谷正俊　いとたに・まさとし
合同会社オフィス・エダ
- 研究テーマ：都市と地域の防災対策について、主に緑地計画の立場から研究
- 著作・論文ほか：糸谷正俊. 2008. 都市防災公園の現状──必要性と今後の方向. ランドスケープ研究 72(2): 202-205
糸谷正俊. 2012. 東日本大震災の復興に思う. 造園修景 117: 11-16.

今西亜友美　いまにし・あゆみ
京都大学大学院地球環境学堂景観生態保全論分野 特定助教、京都大学博士（農学）
- 研究テーマ：都市の社寺林の草本植物の保全、植生景観の変化と人為撹乱の関係
- 著作・論文ほか：今西亜友美・吉田早織・今西純一・森本幸裕. 2008. 江戸時代中期の賀茂御祖神社の植生景観と社家日記にみられる資源利用. ランドスケープ研究 71(5): 519-524.
今西亜友美・杉田そらん・今西純一・森本幸裕. 2011. 江戸時代の賀茂別雷神社の植生景観と日本林制史資料にみられる資源利用. ランドスケープ研究 74(5): 463-468.

今西純一　いまにし・じゅんいち
京都大学大学院地球環境学堂地球親和技術学廊 助教、京都大学博士（農学）
●研究テーマ：自然に囲まれたこころ豊かな環境を形成するための研究
●著作・論文ほか：今西純一．2011．身近な自然が人に健康を与える——生物多様性と統合医療．BIO-City 47: 92-99.
今西純一．2010．都市の生物多様性評価におけるリモートセンシング利用の可能性．日本緑化工学会誌 36(3): 385-386.

大石善隆　おおいし・よしたか
信州大学農学部森林科学専攻 助教、京都大学博士（農学）
●研究テーマ：コケ植物多様性の保全、コケ植物指標を利用した生態系評価など
●著作・論文ほか：Oishi Y. 2012. Influence of urban green spaces on the conservation of bryophyte diversity: The special role of Japanese gardens. Landscape and Urban Planning 106: 6-11.
Oishi Y. 2011. Protective management of trees against debarking by deer negatively impacts bryophyte diversity. Biodiversity and Conservation 20: 2527-2536.

大西文秀　おおにし・ふみひで
ヒト自然系GISラボ、大阪府立大学博士（学術）
●研究テーマ：流域圏を視点にしたヒト・自然系モデルの構築とGISの活用、ヒトと自然の関係の可視化
●著作・論文ほか：大西文秀．2011．環境容量からみた日本の未来可能性 低炭素・低リスク社会への47都道府県3D-GIS MAP．大阪公立大学共同出版会．
大西文秀．2009．GISで学ぶ日本のヒト・自然系．弘文堂．

大藪崇司　おおやぶ・たかし
兵庫県立大学大学院緑環境景観マネジメント研究科／兵庫県立淡路景観園芸学校造園樹木研究室 講師、大阪府立大学博士（農学）
●研究テーマ：都市域における緑地の創造と保全および利活用に関する研究
●著作・論文ほか：大藪崇司．2005．都市緑地の菌類．いのちの森 生物親和都市の理論と実践（森本幸裕・夏原由博編）．130-151．京都大学学術出版会
大藪崇司．2009．樹木医が教える緑化樹木事典 病気・虫害・管理のコツがすぐわかる！（矢口行雄監修）．誠文堂新光社．

加藤正嗣　かとう・まさし
名古屋市環境局 環境推進専門員
●研究テーマ：都市の生物多様性
●著作・論文ほか：加藤正嗣．2011．役に立つ「都市の生物多様性指標（CBI）」をめざして．日本緑化工学会誌 36(3): 369-372.
加藤正嗣．2010．生物多様性条約COP10とまちづくり——自然の助けを借りる知恵．アーバン・アドバンス 52：47-55.

鎌田磨人　かまだ・まひと
徳島大学大学院ソシオテクノサイエンス研究部 教授、広島大学学術博士
●研究テーマ：人の営みの変化と生態系の変化との関係、生態系管理のための協働のしくみ
●著作・論文ほか：Kamada M, Nakagoshi N, Nehira K. 1991. Pine forest ecology and landscape manage-ment: a comparative study in Japan and Korea. In; Nakagoshi, N. and Golley F. B. eds., Coniferous Forest Ecology from an International Perspective. SPB Academic Publishing: 43-62.
鎌田磨人．2010．高丸山千年の森事業での住民参加による自然林再生．自然再生ハンドブック（日本生態学会編）．127-138．地人書館．

笹木義雄　ささき・よしお
学校法人柳学園 柳学園中学・高等学校 理科教諭、京都大学博士（地球環境学）
●研究テーマ：植物生態・保全学、海浜植生の成立過程の解明と保全・管理、劣化した生態系の修復
●著作・論文ほか：笹木義雄・根平邦人．1991．海岸砂丘地における飛砂が植生におよぼす影響．広島大学総合科学部紀要 IV(17): 59-71.
笹木義雄・柴田昌三・森本幸裕．2005．瀬戸内海の半自然海岸および人工海岸に成立する海浜植生の種組成予測と健全性評価．日本緑化工学会誌 31(3): 364-372.

塩野﨑和美　しおのさき・かずみ
京都大学大学院地球環境学舎地球環境学専攻景観生態保全論分野 博士課程、京都大学修士（地球環境学）
●研究テーマ：島嶼における外来種としてのノネコ問題とその管理について——奄美大島を事例として
●著作・論文ほか：塩野﨑和美．2010．京都・東山における景観保全林事業に基づく伐採と哺乳類相の関係について——主に野ネズミの視点から．京都大学修士論文．

柴田昌三　しばた・しょうぞう
京都大学大学院地球環境学堂地球親和技術学廊景観生態保全論分野 教授、京都大学農学博士
- 研究テーマ：竹林も含めた里山管理の再生と、資源の新たな利用に関する研究
- 著作・論文ほか：Shibata S. 2006. Effect of density control on tree growth at ecological tree planting sites in Japan. Landscape and Ecological Engineering 2: 13-19.
柴田昌三. 2010. タケ類 Melocanna baccifera (Roxburgh) Kurz ex Skeels の開花──その記録と48年の周期性に関する考察. 日本生態学会誌 60: 51-62.

須川 恒　すがわ・ひさし
龍谷大学深草学舎 非常勤講師、京都大学修士（理学）
- 研究テーマ：湖や川など湿地環境における水鳥の渡り・生態・保全に関する研究
- 著作・論文ほか：須川恒. 2001. 生き物からみたミティゲーション　鳥類．ミティゲーション──自然環境の保全・復元技術（森本幸裕・亀山章編）. 222-234. ソフトサイエンス社.
須川恒. 2005. 都市河川と水鳥. いのちの森　生物親和都市の理論と実践（森本幸裕・夏原由博編）. 185-213. 京都大学学術出版会.

高橋佳孝　たかはし・よしたか
独立行政法人農業・食品産業技術総合研究機構 近畿中国四国農業研究センター畜産草地鳥獣害研究領域　上席研究員、東京大学博士（農学）
- 研究テーマ：半自然草原の永続的維持管理と利用に関する研究
- 著作・論文ほか：高橋佳孝. 2010. 半自然草地の植生持続をはかる修復・管理法. 草地の生態と保全──家畜生産と生物多様性の調和に向けて（日本草地学会編）. 16-33. 学会出版センター.
野田公夫・守山 弘・高橋佳孝・九鬼康彰. 2011. 里山・遊休農地を生かす. 農山漁村文化協会.

田口勇輝　たぐち・ゆうき
広島市安佐動物公園 飼育技師／日本ハンザキ研究所 研究員、京都大学博士（地球環境学）
- 研究テーマ：オオサンショウウオの生息地評価と保全計画および保全手法
- 著作・論文ほか：田口勇輝. 2009. オオサンショウウオの季節的な移動──流水に棲む両生類による繁殖移動の可能性. 日本生態学会誌 59(2): 117-128.
田口勇輝・夏原由博. 2009. オオサンショウウオが遡上可能な堰の条件. 保全生態学研究 14(2): 165-172.

田端敬三　たばた・けいぞう
近畿大学農学部 非常勤講師、大阪府立大学博士（農学）
- 研究テーマ：市街地に立地する森林の植生動態
- 著作・論文ほか：田端敬三・森本幸裕. 2012. 都市内再生林の造成後早期に侵入定着した木本実生の成長特性. ランドスケープ研究 75(5): 431-434.
田端敬三・橋本啓史・森本幸裕・前中久行. 2007. 下鴨神社糺の森における林冠木の枯死とそれに伴う木本実生の侵入定着過程. 日本緑化工学会誌 33(1): 53-58.

千原 裕　ちはら・ゆたか
独立行政法人日本万国博覧会記念機構 自立した森再生センター、大阪府立大学修士（農学）
- 研究テーマ：再緑化

内藤梨沙　ないとう・りさ
京都大学大学院地球環境学舎地球環境学専攻景観生態保全論分野 博士課程、京都大学修士（地球環境学）
- 研究テーマ：水田地帯におけるナゴヤダルマガエルの生態
- 著作・論文ほか：Naito R, Yamasaki M, Imanishi A, Natuhara Y, Morimoto Y. 2012. Effects of water management, connectivity, and surrounding land use on habitat use by frogs in rice paddies in Japan. Zoological Science 29 (in printing)
Naito R, Sakai M, Morimoto Y. 2012. Negative effects of deep roadside ditches on Pelophylax porosa brevipoda dispersal and migration in comparison with Hyla japonica in a rice paddy area in Japan. Zoological Science 29 (in printing)

夏原由博　なつはら・よしひろ
名古屋大学大学院環境学研究科 教授、京都大学博士（農学）
- 研究テーマ：半自然湿地の生物多様性の保護と持続的利用、都市の生態系管理
- 著作・論文ほか：Natuhara Y. 2012. Ecosystem services by paddy fields as substitutes of natural wetlands in Japan. Ecological Engineering (in printing)
夏原由博・鷲谷いづみ・松田裕之・椿 宣高. 2010. 地球環境と保全生物学. 岩波書店.

丹羽英之　　にわ・ひでゆき

株式会社総合計画機構、京都大学博士（地球環境学）
- 研究テーマ：植物を中心とした景観生態学的アプローチによる生態系評価
- 著作・論文ほか：丹羽英之・三橋弘宗・森本幸裕．2009．流域スケールでの環境類型区分と指標群落の抽出．保全生態学研究 14(2): 173-184.
丹羽英之・三橋弘宗・森本幸裕．2011．流域単位で指標性の高い環境類型区分をつくる場合に適した河川植生データの取得方法．保全生態学研究 16(1): 17-32.

橋本啓史　　はしもと・ひろし

名城大学農学部生物環境科学科 助教、京都大学博士（農学）
- 研究テーマ：都市・里山・湖における野生生物（特に鳥類）の生息環境保全
- 著作・論文ほか：Hashimoto H, Natuhara Y, Morimoto Y. 2005. A habitat model for *Parus* major *minor* using a logistic regression model for the urban area of Osaka, Japan. *Landscape and Urban Planning* 70: 245-250.
橋本啓史．2011．ハビタットモデルで予測する都市緑地への野鳥の生息可能性．BIO-City 47: 86-91.

深町加津枝　　ふかまち・かつえ

京都大学大学院地球環境学堂景観生態保全論分野（農学研究科森林科学専攻環境デザイン学分野兼任）准教授、東京大学博士（農学）
- 研究テーマ：里山における人と自然の関係、地域固有の景観の保全、活用の計画
- 著作・論文ほか：Fukamachi K, Oku H, Nakashizuka T. 2001. The change of satoyama landscape and its causality in Kamiseya, Kyoto Prefecture, Japan between 1970 and 1995. *Landscape Ecology* 16: 703-717.
Fukamachi K, Miki Y, Oku H, Miyoshi I. 2011. Distribution of isolated trees and hedges in a Satoyama landscape on the west side of Lake Biwa in Shiga Prefecture, Japan: A case study from the viewpoint of biocultural diversity. *Landscape Ecology and Ecological Engineering* 7(2): 195-206.

ブレイクニー（岩田）悠希　　ぶれいくにー（いわた）・ゆうき

アジア航測株式会社、京都大学修士（地球環境学）
- 研究テーマ：生態系の文化的サービス評価、現代人の暮らしと自然調和型社会
- 著作・論文ほか：Iwata Y, Fukamachi K and Morimoto Y. 2010. Public perception of the cultural value of Satoyama landscape types in Japan. *Landscape and Ecological Engineering* 7(2): 173-184.

堀内美緒　　ほりうち・みお

金沢大学地域連携推進センター 博士研究員、京都大学博士（農学）
- 研究テーマ：里山景観と人々の営みの変化を把握し、保全・活用方策を探ること
- 著作・論文ほか：堀内美緒・深町加津枝・奥 敬一・森本幸裕．2006．明治後期の日記にみる滋賀県西部の里山ランドスケープにおける山林資源利用のパターン．ランドスケープ研究 69(5): 705-710.
堀内美緒・奥 敬一．2007．比良山地東麓におけるクルマによる運搬方法と山林利用．民具研究 136: 1-12.

堀川真弘　　ほりかわ・まさひろ

トヨタ自動車バイオ・緑化事業部 主任、大阪府立大学博士（農学）／前・森林総合研究所
- 研究テーマ：地球温暖化による植物分布変動予測
- 著作・論文ほか：Horikawa M, Tsuyama I, Matsui T, Kominami Y, Tanaka N. 2009. Assessing the potential impacts of climate change on the alpine habitat suitability of Japanese stone pine (*Pinus pumila*). Landscape Ecology 24: 115-128.
堀川真弘・津山幾太郎・石井義朗．2012．過去千年間の植生復元――カザフスタン全域およびイリ河周辺におけるイネ科草本植物分布域の変動．中央ユーラシア環境史1．（窪田順平監修・奈良間千之編）: 145-152．臨川書店．

Jason Hon　　ホン・ジェイソン

京都大学大学院地球環境学舎地球環境学専攻景観生態保全論分野 博士課程、アバディーン大学（イギリス）修士
- 研究テーマ：塩なめ場保全などによる野生動物と大規模林業のコンフリクト・マネジメント
- 著作・論文ほか：Hon J. 2011. SOS: save our swamps for peat's sake, SANSAI: An Environmental Journal for the Global Community, No. 5: 51-61
　Hon J. 2002. Distribution patterns of water vole *Arvicola terrestris* in the upper catchments of Deveron. MSc. Thesis, University of Aberdeen, U.K.

村上健太郎　むらかみ・けんたろう
名古屋産業大学環境情報ビジネス学部 准教授、大阪府立大学大学院博士（農学）
- 研究テーマ：都市及び都市近郊緑地の生物多様性保全に関する研究
- 著作・論文ほか：村上健太郎・森本幸裕・堀川真弘．2011．近畿地方の市街地に生育するシダ類の種組成と気候要因との関係．日本緑化工学会誌 37(1): 38-43.
村上健太郎・上久保文貴・泉本法子・森本幸裕．2009．都市域の孤立神社林における木本種の多様性保全のための焦点生物種選定手法の適用．景観生態学 14(1): 41-51.

守村敦郎　もりむら・あつお
人間環境大学人間環境学部 准教授、大阪府立大学博士（農学）
- 研究テーマ：植生リモートセンシング、CGによる植生シミュレーションなど
- 著作・論文ほか：守村敦郎・森本幸裕・間野かづき・小林達明．1998．NOAA LACデータによるイリ川デルタ植生の定量的評価．日本緑化工学会誌 24: 30-40.
守村敦郎・堀川真弘・森本幸裕・秋山知宏．2009．多時期MODISデータによるイリ川デルタ植生の変動解析．藝 6: 61-70.

森本淳子　もりもと・じゅんこ
北海道大学大学院農学研究院森林管理保全学分野 准教授、京都大学博士（農学）
- 研究テーマ：自然攪乱と森林再生、人工林・里山林の放置リスク評価、放棄農地の自然再生
- 著作・論文ほか：Morimoto J, Morimoto M, Nakamura F. 2011. Initial vegetation recovery following a blowdown of a conifer plantation in monsoonal East Asia: Impacts of legacy retention, salvaging, site preparation, and weeding. *Forest Ecology and Management* 261 (8): 1353-1361.
Morimoto J, Hirabayashi K, Mizumoto E, Katsuno T, Morimoto Y. 2011. Validation of treatments for conservation of native rhododendrons, the symbol of Satoyama, in the dry granite region of Japan. *Landscape and Ecological Engineering* 7 (2): 185-193.

柳原季明　やなぎはら・としあき
朝霞市都市建設部都市建設 部長、京都大学修士（農学）／前・国土交通省近畿地方整備局淀川河川事務所 副所長

薮原槙子　やぶはら・まきこ
株式会社A.H.N 請負社員、京都大学修士（地球環境学）
- 研究テーマ：森林構造と攪乱が与える森林性鳥類分布への影響
- 著作・論文ほか：薮原槙子．2009．森林構造と攪乱が与える森林性鳥類分布への影響．京都大学修士論文

山下三平　やました・さんぺい
九州産業大学工学部都市基盤デザイン工学科 教授、九州大学博士（工学）
- 研究テーマ：流域景観の計画・設計・管理に関する研究
- 著作・論文ほか：Yamashita S. 2002. Perception and evaluation of water in landscape: use of Photo-Projective Method to compare child and adult residents' perceptions of a Japanese river environment. *Landscape and Urban Planning* 62(1): 3-17.
山下三平・下田隆生．2012．都市河川の護岸法面へのヒメツルソバ（*Persicaria capitata* (Buch.-Ham. ex D.Don) H. Gross.）の逸出に関する基礎的調査：福岡県御笠川の事例．景観生態学 16(2): 63-70.

鷲谷寧子　わしたに・やすこ
京都大学大学院地球環境学舎景観生態保全論分野 博士課程、京都大学修士（地球環境学）
- 研究テーマ：ベトナム中部フエのフォン川におけるシジミ漁文化継承のための景観生態学的研究
- 著作・論文ほか：鷲谷寧子・上甫木昭春．沿岸埋め立て部の海岸林における陸ガニの分布状況の変化．ランドスケープ研究 73(5): 513-518.
鷲谷寧子．2011．ベトナム中部フエのHuong川におけるシジミ漁文化継承のための景観生態学的研究．京都大学修士論文．

おわりにかえて
「景観生態学」のまなざしをたずさえて、いざ、フィールドへ！

◆もし、身近な自然や生きものを世界の人たちにアピールするなら、みなさんはどうしますか。そもそも、なにに注目したらいいの？　おもしろいことってなんだろう？　どう伝える？　本書の最大の魅力は、そんな疑問に真正面に取り組んできた事例が凝縮されていること。そして、本書を片手に水田や河川、公園や森などを実際に歩いてみると、本にも書かれていない新しい発見が出迎えてくれるはず。世界の人たちと一緒に「ランドスケープ」を語る、そんな夢を抱きつつ歩こう！　（飯田義彦）

◆本書には、私たちが自然の営みを尊重して生きるためのヒントがたくさん詰まっています。キーワードは「攪乱」。森本幸裕先生が京都大学に在職されておられた頃に、よく話された言葉でもあります。自然とともに生きるためには、自然の「営み」を理解することが大切だと、本書は語りかけています。本書は、多様な題材で、楽しく読み進めることができるように書かれていますので、生物多様性保全の入門書、副読本として最適です。さあ、みなさんも自然を観察する新しいまなざしをたずさえて、景観生態学の世界に出かけてみませんか？　（今西純一）

◆景観は、動かない模様（パターン）ではない。個々の生態系の間を生物や物やエネルギーが移動することが重要であり、景観そのものも時間とともにうつろうものだということを、本書から読み取っていただけたらうれしい。本書は、そんな景観との賢いつきあいかたはなんなのか、森本先生と一緒に取り組んできた研究の中間報告である。　（夏原由博）

◆本書は森本先生が関わってきたうちの景観生態学分野に限った研究を紹介しているが、それでも幅広い対象にさまざまなアプローチで取り組んできたことに驚かれるだろう。これは、先生が新しい技術をいち早く取り入れてきたことと、さまざまな得意分野をもって集まってきた学生を受け入れてきたことによる。ゼミではおのずと幅広い話題が提供され、さまざまなものの見方を知ることができた。本書を通じてその体験の一部でも共有していただけたらと思う。最後に、我々の研究を（本書を含め）さまざまな機会に宣伝してくださった森本先生に感謝！　（橋本啓史）

◆森本幸裕先生が編集されたこの本は、3種類の多様性がぎっしり詰まった本ではないかと思っています。一つ目の多様性は、この本で取り扱われた生物の多様性。2つ目は、路傍、日本庭園、都市の森林、社寺林、ビオトープから、湿地、アラル海まで、本書で扱われた緑、生物の生息場所の多様性。そして、三つ目が、森本先生を取り巻く、個性の強い研究者たちの多様性。本書を通して、これらの多様性を楽しんでいただければと思います。　（村上健太郎）

◆学生の頃の、京都の北、芦生の森と渓谷のあまりにも美しい「景観」体験が、都会っ子だった私の人生を変えた。以来、美しい景観の論理を探り、その保全再生を生涯のテーマとしようと思った。生物多様性の危機がティッピングポイントを超えたと言われるなか、とくに大阪府立大学と京都大学で苦楽を共にした若い方々とともに我々の考えをまとめ、望みを将来につなげることができるのは嬉しい。多くの若者に読んでもらえるような本に仕上げるために粉骨砕身された京都通信社と井田典子さんに感謝したい。　（森本幸裕）

WAKUWAKU ときめきサイエンス シリーズ 2

景観の生態史観──攪乱が再生する豊かな大地

2012 年 7 月 30 日発行

森本幸裕 編

発行所	京都通信社
	京都市中京区室町通御池上る御池之町 309　〒 604-0022
	電話 075-211-2340　http://www.kyoto-info.com/kyoto/
発行人	中村基衞
制作担当	井田典子 ＋ 山崎早菜
装丁	高木美穂
製版	豊和写真製版株式会社
印刷	株式会社サンエムカラー
製本	株式会社吉田三誠堂製本所

Ⓒ 2012 京都通信社
Printed by Japan　ISBN978-4-903473-51-2